U0342265

奥灰特大突水灾害快速治理技术
——峰峰矿区实例研究

王铁记　白峰青　王君现　关永强　李　冲　编著

北　京
冶 金 工 业 出 版 社
2017

内 容 提 要

本书以峰峰矿区地质、水文地质条件为背景，在煤层底板突水理论和注浆堵水理论的指导下，解释了断层和陷落柱的突水机理，阐明了不同注浆堵水材料的特点与应用范围。以三种不同突水类型的快速治理实例为主线，针对三种突水类型治理的难点，结合现场实际情况，依据通道类型和堵水环境，提供了实现水害快速治理的技术路线和方案，以及奥灰特大突水灾害的快速治理关键技术，实现了被淹矿井（采区）的快速恢复。

本书可作为煤矿从事防治水工作的工程技术人员的参考用书，也可供大中专院校相关专业师生参考。

图书在版编目(CIP)数据

奥灰特大突水灾害快速治理技术：峰峰矿区实例研究/王铁记等编著．—北京：冶金工业出版社，2017.4

ISBN 978-7-5024-7470-6

Ⅰ.①奥…　Ⅱ.①王…　Ⅲ.①矿山水灾—治理—研究—邯郸　Ⅳ.①TD745

中国版本图书馆 CIP 数据核字(2017)第 063464 号

出 版 人　谭学余
地　　址　北京市东城区嵩祝院北巷 39 号　邮编　100009　电话　(010)64027926
网　　址　www.cnmip.com.cn　电子信箱　yjcbs@cnmip.com.cn
责任编辑　卢　敏　美术编辑　吕欣童　版式设计　孙跃红
责任校对　卿文春　责任印制　李玉山
ISBN 978-7-5024-7470-6
冶金工业出版社出版发行；各地新华书店经销；固安华明印业有限公司印刷
2017 年 4 月第 1 版，2017 年 4 月第 1 次印刷
169mm×239mm；13.75 印张；264 千字；203 页
55.00 元

冶金工业出版社　投稿电话　(010)64027932　投稿信箱　tougao@cnmip.com.cn
冶金工业出版社营销中心　电话　(010)64044283　传真　(010)64027893
冶金书店　地址　北京市东四西大街 46 号(100010)　电话　(010)65289081(兼传真)
冶金工业出版社天猫旗舰店　yjgycbs.tmall.com
（本书如有印装质量问题，本社营销中心负责退换）

《奥灰特大突水灾害快速治理技术——峰峰矿区实例研究》编委会

编委会主任：赵兵文

编委会副主任：王殿录

编　　　著：王铁记　白峰青　王君现　关永强
　　　　　　李　冲

编制人员：智建水　陈少帅　高连荣　付晓洁
　　　　　王鹏浩　高延庆　李江潮

前　言

我国是能源消耗大国，煤炭资源在能源结构中占有很大的比例，对于国民经济的发展具有十分重要的意义。然而，我国部分矿区水文地质条件十分复杂，在煤层开采过程中受到多种水害威胁，矿井突水事故时有发生。据统计，2004 年至 2013 年 10 年间共发生各类煤矿水害事故 388 起、死亡 1994 人，直接和间接损失巨大。尤其是对于华北岩溶型大水矿区，煤层底板奥灰水害是煤矿安全生产的巨大潜在威胁，历史上曾发生多起突水淹井事故，经常以数倍、数十倍，甚至数百倍于矿井排水能力的水量突入矿井。1984 年开滦（集团）有限责任公司范各庄矿发生的陷落柱奥灰突水量达到了 $2053m^3/min$，截止到目前为世界采矿史上最大突水量。

冀中能源峰峰集团是我国重要煤炭企业之一，主要生产矿井位于河北省邯郸市峰峰矿区。峰峰矿区位于邯邢水文地质单元的南单元，属于我国典型的大水矿区，与其他矿区相比，无论是地质与水文地质条件、底板水害问题的多样性和复杂性，以及受底板水害威胁程度等都是最复杂和防治水形势最严峻的地区之一。特别是随着开采深度的增大，矿井底板奥灰水害问题更加突出，底板奥灰水害对矿井安全生产的威胁越来越大。近 10 年来，峰峰矿区先后发生过牛儿庄矿、九龙矿和辛安矿等多次特大奥灰突水灾害，幸运的是均未造成人员伤亡，但每次特大突水灾害都给企业造成了巨大经济损失。

面对日益严重的水患问题，峰峰集团有限公司技术人员进行了大量的防治水工作，所采取的矿井防治水措施甚至超出了相关规定、规范的要求，但仍不能实现彻底杜绝奥灰特大突水灾害终极目标。事实上，受地质和水文地质条件的不确定性，以及掘进前后和开采前后对围岩扰动破坏的差异性等的制约，以目前探测技术和水平，在如此复杂的地质环境下开采受高压奥灰水威胁的煤层，要实现终极目标难度极大，需要广大水文地质工作者长期不懈的努力和不断创新。在采取相应的矿井防治水技术与措施的前提下，将奥灰水害最大限度地控制在最小危害范围内，并实现对突水灾害的快速治理，快速恢复矿井生产，应该是比较现实的目标。

本书旨在通过对峰峰矿区近年来先后发生的几次特大奥灰突水灾害的分析和治理技术的研究，总结奥灰特大突水灾害的快速治理关键技术，为矿井开展防治水工作、最大限度地避免或减轻突水对生产的影响提供参考依据，对类似条件下矿井水害快速治理具有重要的指导意义。

本书共分8章。第1、2章主要介绍了峰峰矿区的概况，使读者对峰峰矿区有一个基本了解。第3章介绍了突水理论和三种煤层底板通道的机理，以加强读者对煤层底板突水基本原理的系统认识。第4章介绍了注浆堵水理论和广义注浆堵水材料与技术。第5章主要介绍了峰峰矿区奥灰特大突水快速治理的难点问题和技术。第6~8章以3个案例分别介绍了不同突水通道类型突水时，所采用的不同治理技术，特别是在动水条件下不同突水通道类型封堵的关键技术。本书可以作为从事矿井地质和水文地质工作的工程技术人员的指导用书，也可以作为相关专业的在校本科生和研究生的教学参考。

作　者

2017年1月

目　　录

第1章　峰峰矿区概况

峰峰矿区煤炭资源丰富，煤炭品种齐全，主要包括焦煤、肥煤、贫煤、瘦煤、无烟煤等煤种，同时也是我国最早开发利用的矿区之一，开采历史悠久，是我国焦煤和动力煤的重要生产基地。特别是主导产品冶炼焦精煤为国家保护性稀缺煤种，具有低灰、低硫、低磷、挥发分适中、黏结性强的特点，被焦化、冶金企业誉为“工业精粉”。

1.1　自然地理概况

1.1.1　地理位置

峰峰矿区位于太行山东麓，处于太行山东麓煤田南部。行政区划隶属河北省邯郸市峰峰矿区及武安、磁县管辖。矿区西邻太行山，东为华北平原，北起南洺河、鼓山北部拐头山，南至水冶。南北长约40km，东西宽约25km，面积约$1000km^2$。原峰峰矿务局所在地位于东经114°9′45″，北纬36°39′8″，高程+195m。

邯郸环行铁路绕矿区一周，到各生产矿井有运煤专线。公路分别以邯郸、峰峰矿区两地为中心，可通往全省各个县市，交通十分便利。

1.1.2　地形地貌特征

整个矿区为半掩盖区，基岩多出露在鼓山、九山山区和边缘地区以及丘陵地区的冲沟内，其余大部分地区则被第四系所覆盖。

峰峰矿区以东属华北平原，西邻太行山之余脉——九山。矿区中部有鼓山纵贯于南北，统观其山势，以北高南低为特征，呈NNE方向延展，两端略成NE方向，构成了“S”形。北部山势陡峻，风化切割严重，峰谷高差悬殊，向南变化为宽缓之低山，延伸没入石庙岭附近。标高变化由北而南分别为：凤凰台为+491m，老石台为+886m，九合为+550m，立合村为+443m，南山村老槐树为+344m，石庙岭为+298m。

鼓山以东为低缓山丘，标高在+105~+280m之间。鼓山以西至九山间，为长达20km左右的和村-孙庄盆地，南达孙庄井田之南端，由北延展到万年井田南端与武安盆地南缘相接，由北至南其标高为+330m→+240m→+190m。

矿区南、北和中部有漳河、南洺河和滏阳河。两岸侵蚀阶地表现明显，尤以一、二级侵蚀阶地发育较好，多形成沿岸平台式地形。区内冲沟发育，一般切割较深，沟形随地形而异，其源头均达九山腹部和鼓山复背斜轴部或附近，尾部都与上述河流相通，构成了矿区地表泄洪网道。冲沟在山麓附近剖面呈“V”字形，丘陵地区呈“U”字形。

矿区地貌大致可分为三种类型：京广线以东广大地区为平原，标高在+70～+120m；京广线以西至鼓山，鼓山西麓到九山之间属丘陵地带，标高为+105～+350m；鼓山及九山为山区，标高一般在+500m 左右，最高可达+800m 左右。

1.1.3　气象、水文

气象：峰峰矿区属半干旱暖温带大陆性季风气候，四季分明，冬季寒冷干燥，夏季炎热多雨。全年的总体气候特征为：雨量集中，光照充足，无霜期较长，光热资源丰富，降雨主要集中在每年的 7～9 月。依据观测资料，多年平均降雨量 487.2mm，年最大降雨量 728.7mm（2000 年），最小降雨量 325.7mm（2014 年），多年平均蒸发量 1678mm，5～6 月份蒸发量最大。历年最高气温 42℃（2005 年），历年最低气温-11.1℃（2002 年），高温主要出现在每年的 7 月份，低温多出现在当年的 12 月份或次年的 1 月份。风向随季节变化，冬季以北风为主，夏季多东南风，历年最大风速 17m/s，多年平均无霜期 233 天。

水文：峰峰矿区内地表水系比较发育，矿区北部属南洺河水系，中部属滏阳河水系，南部属漳河水系，多为季节性河流。因受河流上游修建水库影响，河流平时流量受水库控制，矿区内主要地表水体的基本特征如下：

南洺河：为季节性河流，发源于武安市西部境内太行山区，经矿区北部向东北至紫山西麓的紫泉村附近与武安市城北的北洺河汇合，形成洺河，向东到耿家桥与滏阳河汇流，后注入子牙河，经塘沽入海。区内南洺河床由卵石、漂砾及泥沙等冲积物组成。河床坡度为 5‰～6‰，河内平时干涸，雨季水流湍急，最大流量在磁县附近为 3230m^3/s，庄晏村附近为 4700m^3/s，流速为 3.5m/s（1963 年），最高洪水位在罗峪村一带为+233m，竹昌村为+160m。

滏阳河：发源于矿区鼓山中段的元宝山，由奥陶系石灰岩黑龙洞泉群汇流而成，为东武仕水库的主要水源。自然条件下，自西向东横穿矿区，向东经磁县北转至献县与滹沱河一并汇入子牙河，经天津塘沽入渤海，属海河水系上游支流。区内河床弯曲，河床坡度为 4‰～5‰，最大流量（1963 年）1417m^3/s，正常为6～9m^3/s，年平均流速 1.162m/s，最高洪水位在黑龙洞村附近+126.7m。

漳河：发源于山西境内太行山西麓，上游由清漳河（清漳东源及清漳西源组成）和浊漳河（浊漳西源、浊漳南源及浊漳北源组成）汇合而成，为岳城水库的主要水源。自然条件下，经矿区南侧于徐万仓与卫河汇流合称卫运河，后汇入南运河至塘沽入渤海，是峰峰矿区与漳南矿区天然分界线。河床弯曲，坡度较陡，在矿区内坡度在 3‰～5‰。最大流量为 9200m^3/s，最小流量为 0.1m^3/s，最大流速为 3.39m/s，最小流速为 0.19m/s，最高洪水位为+15.197m。

东武仕水库：于 1971 年建成蓄水，设计库容量 $1.52\times10^8m^3$，坝顶标高+111.20m，闸底标高+84.5m，流域面积 $340km^2$，千年宏观水位为+110.05m。按照设计回水位，在九龙井田内 7-14 勘探线之间存在一个面积 $2km^2$ 的洪泛区。

岳城水库：位于矿区最南端，坝高+51.5m，坝顶标高为+155.5m，设计最高水位+154.8m，最低洪水位+115.0m，一般洪水位+135.0m，洪峰流量 $16600m^3/s$。最大库容 $1.091\times10^9m^3$，泄洪量 $8890m^3/s$，是海河水系大型水库之一。1961 年该水库开始蓄水，设计服务年限为 100 年。

1.2 矿区煤炭开采情况

峰峰矿区是我国最早开发利用的矿区之一，煤炭开采历史悠久。据古籍记载，在东汉建安 15 年（公元 210 年）之前，便有峰峰煤田发现和开发的记载，一直持续到解放战争时期。但这一时期的煤炭开采活动，均未形成规模化开采，仅在矿区内留下了很多零星的开采痕迹，其开采深度一般不超过 100m。

冀中能源峰峰集团有限公司是峰峰矿区主要煤炭生产企业，其前身为 1949 年 9 月成立的峰峰矿务局。随着 1949 年 9 月峰峰矿务局的成立，峰峰矿区煤炭开采规模加大。1998 年 8 月，峰峰矿务局由原煤炭部部属企业划拨到河北省管理。2003 年 7 月通过债转股改制为峰峰集团有限公司，2008 年 6 月重组后为冀中能源集团有限责任公司子公司。现已发展成为集煤炭开采、洗选加工、煤化工、电力、现代物流等，以煤为基础多产业综合发展的国有特大型煤炭企业。峰峰集团共有正常生产矿井 13 对，分别为九龙矿、新三矿（北区）、羊东矿、大社矿、新屯矿、辛安矿、梧桐庄矿、大淑村矿、万年矿、孙庄采矿公司、牛儿庄采矿公司、通顺采矿公司、大力采矿公司。

峰峰集团各生产矿井主要开采地质、水文地质条件相对简单的上组煤（2 号、4 号和 6 号煤层），下组煤（7 号、8 号和 9 号煤层）因受奥灰水威胁较大，只进行了部分开采。集团公司年生产能力合计为 1700 万吨左右。经过多年持续开采，浅部上组煤的开采殆尽，几乎所有矿井都将面临开采深部煤层的问题，防治水形势日趋严峻，煤层底板突水风险增大。

第2章　峰峰矿区地质、水文地质概况

2.1　矿区地质概况

2.1.1　矿区地层概况

峰峰矿区为半掩盖区，基岩多出露在鼓山、九山山区及边缘地区和丘陵地区的冲沟内，其他地区则被0~40m厚的第四系所覆盖。自西向东出露的地层依次有寒武系、奥陶系、石炭系、二叠系、三叠系和第四系，泥盆系、志留系、侏罗系、白垩系地层缺失。矿区各时代地层岩性组合和分布特征简述如下。

2.1.1.1　元古界

震旦系（Z）。

大红峪组：本区出露最古老地层，仅在鼓山西侧仙庄东冲沟（小鬼道口）内出露。出露厚度15~30m，平均18m。上部为紫红或肉红色中粗粒石英砂岩、中夹薄层红色沙质页岩，具有龟裂。中部呈砖红色薄层石英砂岩或石英岩，内含铁质及海绿石。下部呈白灰岩色或浅红色板状石英岩，夹红色或黄色砂质页岩。波痕、交错层理发育。与下古生界寒武系为假整合接触。

2.1.1.2　下古生界

A　寒武系（ϵ）

（1）下统（ϵ_1）。馒头组：厚度51~88m，平均65m。分布于鼓山西麓的北响堂寺、仙庄和双玉泉一带。顶部为一层紫红色角砾状泥灰岩。上部黄灰色薄层含硅质白云岩，夹紫、黄、绿色页岩及紫色泥灰岩，中部灰黄色薄层泥质灰岩，厚层泥质灰岩，夹紫红色钙质页岩，含燧石结核微晶白云岩。下部浅灰色薄层含燧石结核方解石化微晶白云岩，薄层含泥粉砂质微晶白云岩夹粗粒钙质石英砂岩。

毛庄组：厚度51~53m，平均52m。主要为一套紫、棕红色页岩。页理发育，含云母碎片，云母片顺页理平行分布。中部夹灰色薄层灰岩，紫红色薄层鲕状灰岩（三层）和竹叶状灰岩，紫红色中厚层含氧化铁泥质白云岩。底部紫红色页岩夹浅黄色薄层粉砂质页岩，含角砾泥灰岩。含三叶虫化石馒头褶颊虫、褶颊虫、刺山盾壳虫等。

（2）中统（ϵ_2）。徐庄组：厚度82~91m，平均85m。上部为黄绿、暗紫色页岩，夹薄至中厚层灰色鲕状灰岩，黄色泥质条带鲕状灰岩和竹叶状灰岩。中部暗紫、绿色页岩，夹黄灰色薄层碎屑灰岩，紫色钙质粉砂岩及含砂灰岩。下部暗紫色含云母片页岩，云母片平行页理排列，夹暗紫、灰色薄层砂质灰岩。底部为一层紫红色含海绿石石英砂岩。

张夏组：厚度159~191m，平均165m。顶部为一层分布稳定的厚度7~8m的含藻鲕状灰岩。上部为中厚层灰色鲕状灰岩。中部为厚、巨厚层鲕状灰岩。夹厚层致密灰岩和块状灰岩。中下部弱白云岩化含鲕状结晶灰岩，深灰色豆状灰岩，豆粒呈窝状或似层状赋存。下部为厚层结晶灰岩和白云质结晶灰岩，经风化淋滤，常常形成较大溶洞，深灰色巨厚黄花斑状灰岩，又称带条灰岩。底部为灰色薄层状灰岩或白云质板状灰岩。含三叶虫种、德氏虫、叉尾虫、小无肩虫、原附栉虫等。

（3）上统（ϵ_3）。崮山组：厚度45~80m，平均60m上部为灰色薄、中厚层致密灰岩和厚层泥质条带致密灰岩，夹黄绿色页岩，局部夹薄层紫灰色竹叶状灰岩（或称似竹叶状灰岩）。中部为薄层微晶灰岩，夹中厚层泥质条带灰岩，竹叶状灰岩，致密灰岩和鲕状灰岩。下部为灰色薄板状灰岩与黄绿色页岩互层，薄、中厚层致密灰岩夹竹叶状灰岩。薄板状灰岩具有龟裂和波痕。含三叶虫化石蝙蝠虫、假球接子、刺状山盾虫比较种、中华蝴蝶虫比较种、帕氏蝴蝶虫等。

长山组：厚度34~47m，平均42m。顶部为一层中厚、厚层泥质条带致密灰岩。上部浅灰色薄层致密灰岩夹黄绿色页岩与灰色薄、中厚层竹叶状灰岩互层，灰色中、厚层泥质条带灰岩。下部浅灰色薄层致密灰岩和黄绿、紫红色页岩互层，夹灰紫色中、厚层竹叶状灰岩。底部为浅灰色薄层致密灰岩夹灰紫色中厚层竹叶状灰岩。含三叶虫化石满苏虫、庄氏虫和腕足类化石、神父虫。

凤山组：厚度74~87m，平均82m，与奥陶系为整合接触。上部为黄灰色泥质细条带粗结晶白云岩，灰色厚层花斑状白云质灰岩，中厚层粗结晶白云岩及假竹叶状白云岩。中部黄灰色中、厚层白云岩夹泥质条带白云岩，深灰色中厚层灰岩夹泥质条带状灰岩和竹叶状灰岩。下部灰色中、厚层结晶灰岩夹2~4m厚的大涡卷灰岩，灰色中厚层鲕状灰岩夹泥质条带灰岩。含三叶虫化石泰勒氏虫、卡尔文虫、济南虫、褶盾虫、宝塔虫、马里达虫、网形虫和腕足类化石：伯灵虫、许文贝。

B 奥陶系（O）

（1）下统（O_1）。冶里组：为一套细结晶厚层白云岩。顶部局部有零星白色燧石小块。厚层白云岩风化后呈板状白云岩，岩层表面常呈褐黑色或褐黄色，披麻状构造（刀砍纹）明显。接近顶部有1~2层小竹叶状白云岩。本组厚5~20m，平均15m。

亮甲山组：与奥陶系中统为假整合接触。上部为浅黄、灰白色中厚层白云质灰岩或粗结晶白云岩，内含不稳定的白色条带和团状燧石。下部为灰黄色厚层白云质灰岩和粗结晶白云岩，含有3~4层白色燧石条带，底部两层稳定，最下层为本组与冶里组的分界线。岩石风化后，披麻状构造清晰，燧石均突出层面。本组厚31~54m，平均45m。

（2）中统（O_2）。包括下马家沟组、上马家沟组和峰峰组，每组又可以分为2~3段，共计8段，俗称三组8段，厚度550~600m。

下马家沟组分为两段，每段基本特征如下：

第一段：厚度5~65m，平均35m。顶部为薄层（板状）纯灰岩。上部为灰色角砾岩，角砾以灰质为主，白云质次之，角砾大小不等，最大达0.3~0.5m，棱角清晰，钙质胶结。下部为姜黄色松散白云质角砾岩，角砾为灰岩、白云质灰岩及页岩碎片，钙质胶结，易风化成碎块。底部为0.2m黄绿色钙质页岩（贾旺页岩），夹板状泥灰岩或薄层白云质灰岩，其下为含砾砂岩，含砾砂岩厚0.2~1.0m，砾石以石英颗粒为主，次为粗粒岩。页岩和白云岩块等。

第二段：厚度90~115m，平均110m。顶部为深灰色中厚层纯灰岩，内含5~6层，每层0.13~0.2m的石盐、石膏假晶体，晶体大小不一，呈方形、圆形，少量呈板状或针状，称“麻点灰岩”。中部为15m左右的花斑灰岩，花斑呈浅红色，浸染性明显，称“云雾状灰岩”。下部为纯灰岩、白云质角砾岩互层。底部为深灰色薄板状致密灰岩，夹白云质角砾岩。风化后具水平层理，蜂窝状溶孔及溶洞发育。含头足类化石（假埃斯基莫角石、五顶角石）和腹足类化石（冬纳氏螺、马氏螺、链房螺）。

上马家沟组分为三段，每段基本特征如下：

第一段：厚度25~55m，平均43m。为一套浅红、灰黄白云质角砾状灰岩，角砾以白云质灰岩、灰岩为主，角砾大小不等。棱角清晰，钙、泥质胶结。风化后表面呈蜂窝状构造。底部为黄绿色钙质页岩与薄层泥质白云质灰岩互层，层理明显，风化后呈碎片状。

第二段：厚度100~150m，平均125m。顶部为深灰色中厚层纯灰岩，向下逐渐变为花斑灰岩。纯灰岩内含5~6层燧石层，呈链状分布，间距0.5m左右，沿走向分布稳定。上层为薄层致密纯灰岩与白云质灰岩互层，内夹两层1~2m厚角砾状灰岩，局部相变为白云质灰岩。中下部为厚层花斑灰岩与纯灰岩互层。花斑呈灰、灰黄、浅红色等，风化后突出表面称“蠕虫状灰岩”。底部为厚层纯灰岩，层内普遍含有燧石结核，呈团块状，风化后呈浅黄色或铁锈色。突出层面内含头足类化石多种。

第三段：厚度60~90m，平均74m。顶部为一层厚0.2~2m粉红色白云质灰岩或泥质灰岩，层理发育，层位分布稳定。上部为深灰色具水平层理薄层纯灰岩、白云质灰岩及红色条带状花斑灰岩。中部为灰色中厚层纯灰岩，时而夹薄层花斑灰岩、白云质角砾岩。纯灰岩内有数层燧石，层间距 0.2~0.4m，沿走向成串珠状分布且稳定，称“层瘤灰岩”。下部为巨砾岩，角砾大小悬殊，其成分下部以灰质为主，白云质次之，向上则相反，风化淋滤易形成溶孔、溶洞。含头足类化石半枕角石、阿门角石等。

峰峰组分为三段，每段基本特征如下：

第一段：厚度 40~72m，平均 55m。为一套褐黄、浅红色白云质灰岩及白云质角砾状灰岩。角砾以白云质为主，灰质次之，角砾大小不等，棱角清晰，胶结以白云质为主，钙、泥质次之，胶结紧密，层理不明显。风化后蜂窝状溶孔发育。该段中部夹 1~2 层（一般为 1 层）厚 2~4m 具水平层理纯灰岩，局部由微含白云质似花斑灰岩代替，分布稳定。底部为一层 2~3m 厚不甚稳定的白云质灰岩。

第二段：厚度 63~95m，平均 85m。上、中部为深灰色中厚层纯灰岩与花斑灰岩互层。花斑为灰白、灰黄和褐黄等色。自下而上花斑由大变小，由褐黄、灰黄色渐变为灰白甚至白色。中部含数层暗褐色纯灰岩，锤击具臭鸡蛋味。下部为纯灰岩。底部为深灰色纯灰岩与薄层角砾状灰岩互层，角砾状灰岩不稳定，常相变变为白云质灰岩。顶底部纯灰岩中常含有燧石结核，零星分布于层面。经风化淋滤纯灰岩易形成溶沟、溶槽。含头足类化石（鼓山峰峰角石、峰峰角石、链角石等）和腕足类化石（扭月贝、瑞芬贝）。

第三段：厚度 8~28m，平均 18m。与上古生界石炭系地层为假整合接触。上部为缟绞状灰岩、薄层纯灰岩、白云质灰岩互层。缟绞状（又称纹状或线理状）灰岩，韵律明显清晰，绞理间距 1~2mm，风化后呈褐黄色，新鲜面呈浅黄或白色。下部为角砾状灰岩，风化后角砾清晰，胶结物为白云质。

2.1.1.3 上古生界

A 石炭系（C）

（1）中统（C_2）。本溪组：厚度 0~35m，平均 25m。上部为浅灰色含铝细砂岩或粉砂岩，内含 1~2 层煤，称尽头煤，厚度 0.1~0.2m，局部呈煤线。中下部为灰白色具鲕状结构的 G 层铝土岩，风化后层面具有铁锈色氧化薄膜，中夹一层极不稳定的浅灰色石灰岩，厚 0~3m。底部为不稳定山西式铁矿，呈结核或透镜状赋存，局部为紫红色铁质页岩或黄褐色粗砂岩所代替。铝土岩内含植物化石大脉羊齿；石灰岩内含蜓科化石小纺锤蜓。

（2）上统（C_3）。太原组：为本区主要含煤地层，与二叠系下统山西组为整合接触，厚度 90~120m，平均 115m。呈一套黑、黑灰色泥岩，灰、浅灰色砂质泥岩及灰、灰白色中细粒砂岩互层。中夹 5~8 层海相薄层灰岩。从上而下有：一座灰岩（不稳定）、野青灰岩（稳定）、山青灰岩（区内南部稳定，北部为泥岩或砂岩）、伏青灰岩（稳定）、小青灰岩（不稳定）、中青灰岩（稳定）大青灰岩（稳定）及下架灰岩（不稳定）。内含煤12～15层，可采者6层，局部可采者1层。从上而下有：一座煤、野青煤、山青煤、伏青煤（局部可采）、小青煤、大青煤及下架煤。本组底部为一层灰白、浅黄色中粒砂岩（称晋祠砂岩），成分以石英为主，长石次之，高岭土或泥质胶结，节理发育，风化后呈似方块或菱形状，层面常见铁质氧化圈或铁质薄膜。本层分布较稳定，在矿区南部常被砂质泥岩或矿质泥岩代替。厚度3～6m，局部厚达10m左右，平均5m上下。砂岩及砂质泥岩中含有蕨类的科达树、鳞木等植物化石。薄层石灰岩中动物化石丰富。

野青灰岩含化石有蜓科化石（长似纺锤蜓、柔似纺锤蜓、高尚希瓦格蜓、日本希瓦格蜓）、腕足类化石（太原网格长身贝、巴夫洛夫唱贝、弱小始围脊贝）。

山青灰岩含化石有蜓科化石（枕形希瓦格蜓、亚那托斯特氏希瓦格蜓、李希霍芬氏希瓦格蜓、日本希瓦格蜓早氏变种）、腕足类化石（太原网格长身贝、弱小始围脊贝）、珊瑚化石（刺隔壁顶柱脊板珊瑚）。

伏青灰岩含化石有蜓科化石（日本希瓦格蜓、费组尔希瓦格蜓软弱变种、光希瓦格蜓）、腕足类化石（太原网格长身贝、东方围脊贝）、珊瑚化石（刺隔壁顶柱脊板珊瑚）。

小青灰岩含化石有蜓科化石（层开希瓦格蜓、李希霍芬氏希瓦格蜓华丽变种）、腕足类化石（润槽胡贝、太原网格长身贝）。

大青灰岩含化石有蜓科化石、腕足类化石、珊瑚化石。

B　二叠系（P）

（1）下统（P_1）。山西组：为本区主要含煤地层，厚度50～95m，平均60m。上部为深灰、灰色中粗粒砂岩及砂质泥岩，砂质泥岩中有1～2层具鲕状结构。下部以灰黑色砂质泥岩为主，夹灰色砂岩、含煤2～5层，可采者1层（大煤），局部可采者1层（1号小煤）。底部普遍存在一层分布稳定，厚2～3m的灰色中细粒砂岩称“北岔沟砂岩”。成分以石英为主，长石次之，钙矽质胶结，具斜层理，风化后层面局部有铁锈色的圆形小球突出。含植物化石多脉带羊齿、栉羊齿、星轮叶等。

下石盒子组：为一套黄、棕、紫红花色泥岩，厚度20～60m，平均30m。夹灰绿、紫红色薄层细、中粒砂岩和数层铝土泥岩，具铁质鲕状结构。底部为灰色浅黄色中粗粒石英砂岩，称“骆驼脖子砂岩”，厚3～8m，钙质胶结，成分以石英为主，长石次之，分选中等，斜层理发育。风化后铁质氧化圈清晰。局部有底砾岩，砾石成分为石英及燧石，直径2～3cm。含植物化石截楔叶、多脉带羊齿、芦木等。

（2）上统（P_2）。包括上石盒子组和石千峰组。

上石盒子组分为四段，每段基本特征如下：

第一段：厚度110～160m，平均140m。上部为黄绿色中粗粒砂岩和细砂岩，砂质或铁质胶结，中夹灰、暗紫、黄紫色泥岩，局部含鲕状结构。中下部为黄绿色砂岩、砂质泥岩，中夹黄色代紫斑泥岩、浅灰色具鲕状结构的铝土泥岩，下部有一层6~8m浅黄、紫红色具鲕状结构的花斑泥岩，称“桃花页岩”，内含云母碎片，铝质成分较高，风化后泥岩变为黄色，鲕粒呈红色黑色（含铁质）突出层面。底部为黄绿色中粗粒砂岩，粒度为上粗下细，接近底部变为粗砂岩，钙质胶结，成分以石英为主，长石次之。含植物化石带羊齿、安氏栉羊齿、平安瓣轮叶、脉羊齿。

第二段：厚度80~140m，平均90m。灰白色长石石英砂岩，层间夹暗紫色、灰绿色及紫红色花斑砂质泥岩和粉砂岩，砂岩层数多达五层以上，每层厚2~8m。底部为一层平均厚28m左右灰白色厚层状含鲕粗砂岩，石英成分占85%~90%，矽质胶结；致密坚硬，粒度分选性差，交错及斜层理发育。砾石在砂岩层中分布呈带状（似层状）或透镜状，成分为石英、长石、黑色燧石、绿帘石或绿泥石，呈棱角或次棱角状。砂岩由下而上粒度由粗变细，石英含量减少，长石增多。风化后砂岩层面含铁质较高的圆形砂质结核突出层面，直径1~1.5cm。

第三段：厚度90~130m，平均100m。为暗紫、灰绿、灰黄、深灰色泥岩和砂质泥岩互层，中夹数层细砂岩或粉砂岩。接近顶部夹3~4层灰绿色铝土质泥岩，厚0.2~0.3m，节理发育，风化后表面有铁锈色氧化薄膜，岩层形成斜方或菱形岩块。底部为一层黄灰、黄紫色中厚层中粒砂岩，粒度由下向上变细，分选差，含小砾石，具斜层理，厚度6~8m，平均7m。含植物化石（肾状掌状获、座延羊齿）。

第四段：厚度110~170m，平均140m。上部以暗紫、棕红色泥岩或砂质泥岩组成。接近顶部为一层厚3~4m的暗紫色泥岩，色调特殊。风化后呈鳞片状脱落。中部为紫、灰绿、灰黄、深灰等色泥岩或砂质泥岩组成，中夹数层中、细砂岩或粗砂岩。其中一层约2m左右的粗砂岩，铁矽质胶结，致密坚硬，内含砾石，滚圆度极差，其砾石成分以肉红色长石为主，绿色矿物次之。下部为黄灰色砂岩，夹黄绿、暗紫色泥岩。底部为一层灰白色含砾砂岩，具波纹和斜层理，钙质胶结，成分以石英为主，白、肉红色长石次之，少量燧石，分选不好，滚圆度差，砾石大小不一，砾径常见0.3~1.5cm。该层厚4~14m，平均6m。含植物化石栗叶单网羊齿、带羊齿、平安瓣轮叶、大羽羊齿。

石千峰组：与中生界三叠系为整合接触，厚度210~270m，平均250m。上部为紫红色薄层砂质泥岩、细砂岩及泥岩互层。细砂岩其成分为石英、长石和云母，钙质胶结，水平层理发育，局部出现斜层理。中部暗紫、灰紫、紫红色细砂岩，灰薄层紫色泥岩，浅绿、灰白色泥灰岩（淡水灰岩）。泥灰岩一般为2~5层，多者可达7~8层，内含鱼类化石碎片，最下一层泥灰岩风化后局部有似竹叶状或假叶状特征。下部以紫色砂质泥岩、泥岩为主，夹薄层紫色细砂岩。砂质泥岩中含4~5层白黄色钙质结核，形如姜状，故称姜状结核。呈层状或链状沿层分布。底部为一层黄发紫色中粒砂岩，内含泥岩碎屑或碎块，该层底有不稳定底砾岩存在，砾石成分为石英和黑色燧石，以及少量长石。

2.1.1.4 中生界

三叠系（T）：

（1）下统（T_1）。刘家沟组：以紫红、浅紫色细砂岩为主，夹2~3层紫色砂质泥岩，厚度476m。细砂岩成分为石英、长石、云母及少量重矿物，钙质胶结。细砂岩从下而上均含砾石，从平面上看砾石大小悬殊，圆度度好，形如椭珠；从侧面上看砾石由下至上从小变大，达之中部再由大变小之规律。砾石存在方式：有的沿层面排列，有的在砂岩中存积，有的呈似层赋存。砾石成分与砂岩一致。未风化时与砂岩界限不清，风化后界限清晰，逐渐和砂岩脱离，并有呈层剥落现象，它的形成可能在沉积时，与胶结物产生化学分异有关，故称“同生砂砾岩”。下部细砂岩中波痕发育，层理明显，风化后变成薄板状，云母片沿层分布为特征，又称“薄板状砂岩”。

和尚沟组：以紫红色薄层、中厚层细砂岩、粉砂岩中夹暗紫、紫红色薄层泥岩为特征，厚度233m左右。砂岩成分为石英、长石和少量云母碎片，砂质胶结。顶部砂岩内偶含泥岩称“纸片页岩”中部细砂岩具交错、水平及斜层理发育。底部为4~5m红色泥岩或细砂岩，内含少量小砾石。

（2）中统（T_2）。流泉组：与新生界新近系成不整合接触，厚度106~225m，平均200m。为一套浅绿色中细粒砂岩，夹薄层不稳定紫绿色泥岩。砂岩交错层理发育，钙质胶结，分选性好，成分为长石和石英，风化砂岩易破碎，长石呈高岭土或泥质底部为2~3m的黄绿、紫绿色纸片状泥岩。含植物化石（新芦木）。

2.1.1.5 新生界

A 新近系（R）

厚度0~190m，平均120m。主要分布于漳河两岸，岳城、梧桐在、九龙口、李兵庄、林坦及马头至邯郸以西一线，呈NNE向广泛分布，与第四系为不整合接触。据地面观测及少数钻孔资料，其岩性为灰黄、白色中粗粒砂岩，灰绿、紫灰色砂质泥岩、泥岩或细砂岩，红砂、黄砂，红黏土和灰绿色亚黏土，红色黏土砾石层等。砾石成分以石英砂岩及石英岩为主。泥灰岩、燧石少见，偶见砂岩及泥岩块。砾石表面常见铁锰质薄膜，砾径大小不一，一般5~10cm，大者可达50cm。灰绿色砂质泥岩和泥岩中含2层褐煤，均达可采厚度。总之，该系地层岩层相互交替出现，分布极不稳定，岩性岩相变化较大，地层厚度也有较大差异，平、剖面均如此。含哺乳动物化石（鹿、羚羊）。

B 第四系（Q）

不整合于各个时代地层之上，矿区广泛分布，但不同区域厚度差异较大，厚度0~60m，平均40m。鼓山与九山山麓，以残积和坡积物的灰岩碎石常见。其他地区为冲积层和洪积层。冲积层为灰黄色或稍带红色黄土状黏土和亚黏土，具粗粒层理，垂直节理发育，钙质管状孔道多见，内含较多的砂质垆姆和蜗牛壳，分布较广，常构成小平原及台地，易于耕作、洪积层以洪积砾石层为特征。夹镶于冲积层之中，一般沉积1~3层，多达5层，砾石成分主要为石灰岩，砂岩少见，砾径1~10cm，大者30cm，滚圆度较差。其中上部一层胶结较好，均为钙质胶结，致密坚硬。

2.1.2 矿区煤层概况

峰峰矿区为石炭、二叠系煤田，煤系地层主要为太原组和山西组，总厚度140~250m，主要有焦煤、肥煤、贫煤、无烟煤。全区煤系地层厚度变化不大，层位较稳定，共含煤层15~22层，煤层总厚度17.48m，含煤系数8.64%，可采煤层6~7层，可采煤层总厚度13.50m，可采煤层含煤系数6.68%。各可采煤层特征如下：

（1）大煤（2号煤）。为二叠系山西组的可采煤层，平均厚度5.50m，属全区稳定可采煤层。煤层含夹石3~4层，顶大煤厚度稳定，厚2.20~2.5m，厚者达3.5m；底大煤厚度变化较大，一般厚2.20~2.7m，最厚可达6.0m，最薄在0.60m以下。大煤在本区分两层的矿井有大力公司、羊东矿和九龙矿等。

大煤厚度在矿区总的变化规律是中部厚两端薄。中部通顺公司、羊东矿、大力公司、九龙矿厚度一般在5.0m左右，最厚者达6.80~7.00m；北部万年矿一般在3.0m左右；南部新三矿、孙庄、辛安矿等，一般在2.5~3.0m之间。

（2）一座煤（3号煤）。一座煤属石炭系太原组顶部，厚度变化不大，一般厚0.40~0.80m，平均为0.60m，属稳定的局部可采煤层。

（3）野青煤（4号煤）。煤层一般厚度0.70~1.2m，最大厚度1.40m，除局部不可采外，其余地区基本达到可采厚度以上，属稳定煤层。

（4）山青煤（6号煤）。山青煤在个别井田有尖灭和分层现象，矿区中部地带厚度1.40~1.50m，最大2.40m，北部万年矿为1.00m左右，南部的辛安矿为0.97m，全矿区平均为1.40m，属稳定煤层。

（5）小青煤（7号煤）。本煤层有尖灭及分层现象，局部含夹石两层，厚0.20m左右，个别井田其中一层夹石增厚，最大厚度3.0m，一般1.30m。下分层均达可采厚度。本煤层厚度0.15~1.55m，平均厚度0.9m，属较稳定煤层。

（6）大青煤（8号煤）。该煤厚度变化不大，煤厚0.25~2.07m，平均厚度1.15m，属稳定煤层。

（7）下架煤（9号煤）。为煤系地层最下一层稳定可采煤层，含夹石1~2层，其中一层分布稳定，厚度0.15~0.20m，变厚时把下架煤分成两层，间距

1.50～1.0m。上层下架煤厚度 0.31～3.04m，平均 3.0m；下层下架煤厚度 0.40～1.40m，平均 1.0m，未分层的厚度最大 5.80m，平均 2.50m。

2.1.3　矿区岩浆岩分布概况

岩浆岩主要分布在峰峰矿区北部，大淑村、大社、白沙、杨二庄和磁山一线及其以北地区。在矿区北、南外围地区均有大面积出露，王凤矿西山有零星分布。其分布及出露特点：北部邯邢地区，分为三个岩带，自东向西有东部岩带，主要分布在上郑、洪山和胡峪一线；中部岩带，主要由美村、矿山村、武安及团镇岩体组成；西部岩带，主要分布于符山一带。南部安林地区也分三个岩带。从东到西有东部岩带，主要分布水冶、马鞍山等地；中部岩带，主要在李珍、卜居头和泉门一线；西部岩带，主要分布于东冶、东街一带。

岩浆岩分布均以 NNE 向呈条带状侵入，但每个条带上可清楚表现一段较强烈、一段较微弱。较强烈地区相连线，又构成北西西岩带，如北部地区自南至北有：胡峪、白沙、磁山、固镇及符山一线构成南部岩带；洪山和矿山村一带形成了中部岩带；綦村、上郑等地又属于北部岩带。而南部地区同是如此。

岩浆岩分布方向与 NNE 主干断裂构造走向基本一致，并沿它们发育方向或附近侵入较强烈，远者微弱。而与主干断裂相配套的北西西的张扭断裂，也是岩浆岩侵入的最好通道。两组断裂交会地段及附近侵入较为强烈，尤其是一级旋扭构造在其发育时，侵入程度更为强烈。如磁山旋扭构造靠近北西西的杨二庄断裂，形成较大母岩体的侵入。往往这些地段是金属矿床富集的最好地带。

经有关科研和生产单位对南北两地区岩浆岩同位素地质年龄数值测定，为 0.69～1.8 亿年之间，其侵入时代应为早侏罗世到晚白垩世。这和本区地壳激烈上升运动，缺失侏罗和白垩两系地层的时代是一致的，和大规模断裂构造的形成是相对的。两者时代相同的特点，说明强烈的构造运动将伴随激烈的岩浆侵入，而大量的岩浆侵入活动必然引起强烈的构造运动发生。其强烈地区往往发生在两个较大构造单元的转换地带。

岩浆岩岩性主要为闪长岩、闪长玢岩、云斜煌斑岩。

闪长岩：主要分布于磁山、白沙村及以北地区。岩体呈圆形～岩株状。风化后呈黄白色、灰白色、肉红色等色，全晶质，细粒～中粒结构，部分为片麻状构造。磨片观察：岩石为较典型的柱状结构。主要由自形长柱状和半自形柱状斜长石与半自形角闪石组成。副矿物质主要为屑石。

闪长玢岩：在万年、大椒村井田所施工的钻孔揭露。为浅绿色、灰白色和灰色，大部分为斑状结构，局部为细晶结构。其斑晶由普遍角闪石组成并有较轻微的绿泥石化。基质由自形长柱状酸性斜长石的细小晶体组成。

云斜煌斑岩：在大淑村井田所施工的钻孔揭露，为绿、灰绿色，粗粒结构，由多量暗色矿物组成。磨片观察：暗色矿物主要为自形黑云母鳞片，普通角闪石长柱状晶体和短柱透辉石，其含量占岩石约80%。基质由少量酸性斜长石与极少量石英组成。

岩浆岩的侵入方式呈岩株、岩墙、岩脉、似层状和透镜状等各种产状。与岩浆岩接触的岩层或岩石，均有不同程度的形变和接触变质等现象，如中奥陶系的石灰岩蚀变成结晶灰岩或大理岩化，并形成接触交代式矽卡岩铁矿床；煤系地层的砂岩，矽质成分增多，性质坚硬，煤层变质程度增高，局部变为天然焦等。

2.1.4 矿区地质构造概况

2.1.4.1 矿区地质构特征

峰峰矿区于元古代末，经较强烈的吕梁运动，受南北压应力作用，地壳上升，缺失震旦纪全部地层沉积，伴随产生断裂构造，形成东西向断裂破碎带。因强大的挤压应力产生东西向派生力，使近南北向太行山东麓大断裂略具雏形。然后，挤压应力渐弱，盖层沉积，奠定了较稳固之基底一稳定地台。随之地壳转入以波浪运动——微弱地升降运动为特点。这种运动之力源，仍来自南北压应力作水平运动的结果。古生代寒武纪初本区地壳下降，接受海相沉积。中寒武世海侵扩大，沉积速度加快，厚度增加。上寒武世地壳有所回升，为浅海和滨海沉积。到奥陶纪初期，地壳再度下降，海侵再次扩大接受海相沉积，达中奥陶世末，因加里东运动影响，地壳升起，形成大规模海退，地表长期遭到风化和剥蚀。该次运动仍以波浪式运动为主，但使太行山东麓大断裂借以复苏，并造成山西台背斜与河淮台向斜的开始分野。石炭纪的初期，本区又受海西运动影响，太行山东麓大断裂又经历一次较大的复活活动，断裂以东除个别地区下降接受石炭纪时期的地层沉积外，绝大部分地区均为上升，长期风化剥蚀，而断裂以西普遍下降接受海陆交替相、过渡相、陆相等地层沉积。沉积仍以波浪式的方式进行。这种沉积方式，以陆相延续最长，直到中生代三叠纪早期。自中生代以来，峰峰矿区先后经历了两次来自不同方向挤压应力的构造运动。中生代晚期至燕山运动期间，太平洋~库拉板块向西北俯冲于华北板块之下，因俯冲带不断消融使地温升高而造成地幔上拱，使其东部变为活动大陆边缘。太行山深断裂表现异常活跃，太行山区开始慢慢隆起，同时在隆起上升过程中遭受剥蚀。随着燕山运动的加剧，挤压应力不断增强，塑性较强的沉积盖层形成轴向近 NE 的褶皱及与其配套的 NNW 和 NNE 向两组断裂构造。随着挤压应力的进一步增强，以及北西向挤压应力和地幔上拱的联合作用下，导致 NE~NNE 向断裂大规模活动，并伴随发生大量岩浆活动。新生代喜山运动时期，由于印度板块与欧亚板块碰撞，构造应力场发生改变，挤压应力转为 EN~SW 向。由于该区域主要处于 NW~SE 向拉张应力场中，新生的断裂和复合断裂的活动剧烈，后期断裂追踪、改造、贯通先期断裂，并受到先期断裂的限制，使区域构造更加复杂。此次构造运动期间，太行山深断裂以西继续抬升并遭受剥蚀，以东的平原区大幅度下降，并形成了巨厚的新生界沉积物。

峰峰矿区处于我国新华夏构造体系最西一条隆起带与祁吕贺字形构造体系东翼复合部位。区内地层除鼓山西侧及局部地区高达 60°左右外，大部分地层倾斜较缓，一般在 10°~25°之间，矿区内断层比较发育，褶皱次之，参见图 2-1。

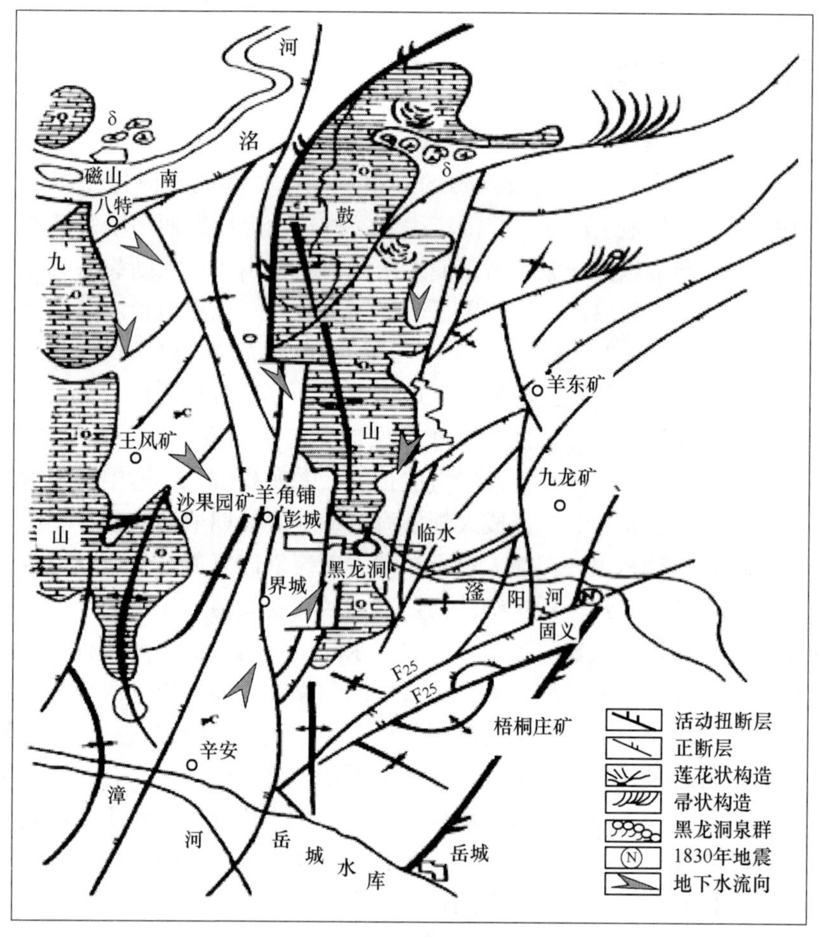

图 2-1　峰峰矿区构造略图

A　断层分布特征

矿区内以 NNE 及 NE 走向断层最发育，NWW 向次之，NW 向仅以小断裂形式出现。不同走向的断层相互切礎，将煤系地层分割成若干小型地垒、地堑及阶梯状单斜断块组合等构造形态。断层发育具有以下特点：

(1) 正断层占绝对优势，在目前已经探明的数千条断层中，仅在羊东和梧东井田各发现一条小型逆断层。

（2）断层具有多期活动性，多数为压扭性正断层。

（3）断层平面组合为“S”形，反映扭动走滑特点。

区内以鼓山复背斜为脊柱，鼓山断层、何庄断层、胡峪断层等为主干。东部构造线向北东撒开，向南西收敛。西部恰好相反，构造线向南西撒开，向北东收敛。西部复合及联合的帚状构造、入字型构造占据着矿区内绝大部分。整个矿区断裂构造线展布方向，各处又有较大差异。如北部大社、大淑村等井田一带为N35°~60°E，局部地段N70°E左右。向南到牛儿庄井田附近呈N25°~30°E。大力公司、二矿、张家庄、义井等井田地区为N25°E左右。一矿、羊角铺、彭城地区为N10°~25°E。新市区、南山村及张家楼以北变为N10°E，有的近南北。再向南的三矿、孙庄、辛安等井田为N25°E。梧桐庄及辛安井田为NE。延至漳河两岸及以南呈N40°~45°E，有的达N52°E。

B 褶皱分布特征

矿区内较大褶皱为鼓山复背斜。它以滏阳河为起点，其背斜轴向南呈近于南向北渐变为N10°E左右，延伸到峰峰局电视塔以南略有倾伏，后被断层所切其走向偏向北西，在达苍龙庙附近为N20°~30°W，向北延至风门以南倾伏尖灭。风门以北成为单斜构造，直达鼓山北端的拐头山。因扭应力作用，拐头山的南坡发育有较密集的小型弧形背、向斜及断裂构造。鼓山东坡，从南至北，时断时续也出现许多北北东和北东向轴短小型背、向斜，个别在到达鼓山背斜时有“叠加”主背斜特点。

鼓山复背斜以东为内跷式的单斜构造，但发育着斜列式的次一级的小型背、向斜，并呈有规律地分布在各个井田之中，鼓山复背斜两翼的背向斜，多以NEE及NE方向大致呈雁行排列形式，比较规则地分布在矿区内。由北而南有：牛薛穹窿（N15°E）、大力公司背斜（N34°E）、一矿穹窿（N12°~15°E）、大峪背斜（N10°E）；再向东由北至南有：大社向斜（N15°E）、朴子背斜（N10°E）等。

鼓山复背斜与九山之间，整体看为一个大向斜构造，称和村-孙庄向斜，是由许多小型椭圆型向斜呈串珠状连接起来的，并在两翼发育着成排成列的较小向斜构造。其东翼分布有彭城向斜（N10°E）、街王庄背斜（N30°E）、界城背斜；西翼分布有大沟港背斜（N15°E）、王看背斜（N10°E）王风向斜（近南北）、胡村背斜（N20°E）、南山背斜（N20°E）、三合背斜（N25°E）、都党背斜（N15°E）、观台向斜（N15°~20°E）等。

上述鼓山复背斜两翼的背、向斜，除和村-孙庄向斜随鼓山山势从北部向南由NE~NW，NNE~NW转动而外，其他的背、向斜轴向同样北端倾状，向东摆动，西南端恰恰相反。排列以NNE及NE方向。大致呈雁行排列，成行成列地分布在矿区范围之内。

2.1.4.2 矿区构造线特点

峰峰矿区主体构造线方向呈 NNE~NE 展布，控制矿区构造格架的大型褶皱为鼓山-紫山背斜。该背斜将矿区分为东西两部分，西侧为武安-和村向斜，东侧为向 SEE 缓倾的单斜，在此基础上发育了一系列不同级别的地堑、地垒和阶梯状单斜断块等构造。

A 褶皱构造线特点

除鼓山复背斜、和村-孙庄向斜及彭城向斜，由多个椭圆形背向斜组成较长的长轴外，其他绝大多数的背、向斜的长轴均较短。尤以鼓山以东表现明显，多为椭圆形，个别呈近圆形穹窿构造（如一矿穹窿）。这些背、向斜两翼在没有其他构造干扰的条件下，往往西翼陡于东翼。若附近有断裂构造存在，距断裂构造较近的一翼地层倾角较陡，而远离者一翼地层倾角较缓。部分区域背、向斜之间呈雁行式有规律的排列。这种排列方式以鼓山复背斜为界，以东靠北部表现明显，以西靠南部表现明显。

B 断裂构造线特点

矿区断裂构造极其发育和密集，每条较大断裂，多由几条断裂或成束状断裂组成，断裂束与另一条断裂束之间往往形成地堑或地垒。主干断裂落差大、延伸长，常呈缓波浪形出现，倾角上陡下缓。中、小型断裂落差较小，延伸较近，其走向往往北端向东略有转弯，南端向西略有扭动，具有“S”形特征。

断裂构造结构面的特征：NNE、NE 及西向断裂有糜棱岩、破劈理、片理和鳞片状泥岩构造。煤系地层砂质泥岩或泥岩中，呈现大量摩擦镜面、擦痕和断裂泥。奥陶系地层及下伏地层中，可见定向排列、被挤压成菱形或扁豆状大小不等的构造体。断裂两盘有剧烈牵引现象和波浪状褶曲，致使地层倾角变陡，达 60°左右，尤其鼓山东翼表现最为明显。经长期风化作用，常形成灰华（钙灰）。

峰峰矿区主干褶皱构造与断裂构造相辅相成，互相影响。主要表现在构造线展布方向基本一致，只是形成的先后次序有所不同。如鼓山复背斜的主背斜、和村-孙庄向斜等，与 NNE 的鼓山大断裂、何庄断裂和胡峪断裂等。这些断裂构造和褶曲构造的结构面具有明显的压性特征，而在它们东西两侧发育的次一级构造，无论是褶曲还是断裂构造，均与主干构造有一定的夹角关系，这种夹角关系，可以滏阳河为起点，向北、南有逐渐扩大之趋势，并往往接近主干断裂的背、向斜的倾伏端随之而消灭。

2.1.5 矿区陷落柱分布概况

截止到目前，峰峰矿区共发现 100 多个陷落柱，在平面上大致上呈串珠状形式出现，多数为不含水和不导水。陷落柱一般受区域构造条件裂隙分布规律控制，其发育程度是构造规律的反映。

矿区内开采发现的陷落柱大小悬殊、形状各异、发育高度差异明显。长轴直径最小1~2m，最大可达500m，一般为数十米。形状多为近圆形和椭圆形，少数呈长方形或不规则形状。陷落柱内充填物均为上覆地层岩块、碎屑及煤屑。堆积多杂乱无章，呈半胶结或未胶结状态，个别为胶结和胶结甚好。少数成层陷落。如彦亭西山坡陷落柱、矿区西部白庄村西陷落柱等，陷落柱与地层接触关系，一般以参差不齐者居多。少数使地层向陷落柱中心倾斜，如羊渠河村西南陷落柱。有的沿地层下滑形成如同断裂构造面，具擦痕、糜棱岩和破劈理，如辛安矿北翼一水平陷落柱。峰峰矿区陷落柱分布，主要集中在以下几个区域：

（1）鼓山复背斜以东地区。陷落柱主要集中分布在一矿北区、二矿及羊东矿南区以南地区的煤系地层及上覆地层中。该区共计发现陷落柱40余个，其中最发育的地区，为二矿南区，仅0.4km^2面积内就有18个陷落柱。其他地区，如大社矿的三水平向斜西翼（3个）、三矿北大峪区（2个）、中央区（1个）、马家荒区（1个）等，均有零星分布。

（2）鼓山复背斜以西地区。陷落柱的分布主要集中在四矿井田、通顺公司西翼一水平及四矿的八特地区。该地区共计发现陷落柱有43个，其中四矿井田21个，通顺公司一水平15个，八特区6个，辛安井田1个。

（3）鼓山复背斜区。陷落柱的发育及分布仅限于奥陶系上马家沟组的第三段（O_2S_3）至峰峰组的第二段（O_2f_2）地层中。集中分布地区主要在南山村周围及仁义村附近（已发现9个），其他地带也有零星分布（北部四堂村附近发现2个）

陷落柱分布方向多为NNE方向，如一矿、二矿及大社矿三水平向斜西翼；其次为NE方向，如四矿井田及通顺公司西翼一水平；第三为近EW方向，如南山村周围及四矿八特地区等。

（4）除上述区域外，在矿区深部矿井，陷落柱多呈现零星分布，部分陷落柱导水。

2.2 矿区水文地质概况

2.2.1 区域水文地质概况

按岩溶水的补给、径流、排泄条件划分水文地质分区，峰峰矿区属于太行山东麓邯邢水文地质南部水文地质单元的一部分，即峰峰水文地质单元，也称黑龙洞水文地质单元。峰峰水文地质单元，西起长亭涉县断层，东至矿区东界奥陶系灰岩埋深-1250m标高起，北起北洺河地下分水岭，南至漳河南地下分水岭，总面积2404km^2。

按区域地层、地质及水文地质条件分析，南单元水文地质边界如下：

东界：以奥灰埋深标高-1250m为界，结合东部井田边界和阻水断层，大致在岳城、新坡、中史村一带。根据区域内奥陶系灰岩岩溶发育和充填随埋深的增加，而分别呈减弱和增强的规律分析，标高−1250m 以下岩溶不发育，且裂隙岩溶多被全充填或半充填。

西界：以长亭、涉县断层为界。

南界：根据地质构造、地形特点和地下水位、东段在漳河南岸李珍北、东傍佐、李辛庄一带；西段由于地形和地质构造相一致，位于漳河北部白土凸、古羊圈、老爷山一带。

北界：位于北洺河区域地下分水岭一带。西段沿北洺河、岩体和构造在贺进、沙洺一带。东段为北洺河铁矿东、崇义、武安、康二城一带。

2.2.1.1　地下水补给、径流、排泄条件

A　地下水补给

区域地下水的主要补给来源是大气降水和局部地区沟谷河床渗漏。该区西部和西北部，由于 ϵ_2、O_1、O_2 等裂隙岩溶发育的灰岩裸露于地表，且植被很少，而裂隙率达 7%~20%，最大达 40%，这就构成了良好的渗入条件和水在岩层中运动汇集的条件。大气降水是区域地下水的主要补给来源，山区沟谷和河流的渗漏是区内地下水的集中补给来源。1961 年在台华沟附近测得漏失量 340L/s，前岩−后岩测得漏失量 210L/s。1975 年 8 月 29 日雨后分别在庙庄、蟒虫当、张家庄三处进行过漏失量测定，依据测定结果总漏失量达 408.5L/s。目前，上述区内地表径流量一般不大，沟谷除雨季外常干涸，地下水埋藏深。

矿区范围，新近系地层、第四系地层及砂岩含水层一般接受降水补给；煤系地层灰岩含水层除接受渗漏补给外，在构造条件下局部接受下伏奥陶系灰岩地下水的补给。奥陶系灰岩裂隙岩溶地下水，大气降水入渗补给区主要位于鼓山、九山露头和西部及西北部岩溶发育的灰岩裸露区，除接受地区降雨渗入补给外，还接受西部、西北部山区裂隙岩溶地下水的侧向补给。由于区域内裂隙岩溶含水层均为厚层含水层，且裂隙岩溶发育，含水层通过众多断裂构造发生水力联系，山区裂隙岩溶含水层与矿区奥陶系裂隙岩溶含水层，构成统一的含水体，而奥灰水又反过来补给上覆含水层。河谷渗漏补给主要位于西北部洺河，渗漏段主要位于河床为灰岩的河段。主要集中在南洺河常年有水的地区，如小店−阳邑段、木井一带、沙洺−西寺庄地段。十里店−磁山段河床南岸奥灰裸露区，主要在雨季和洪水季节形成渗漏补给地下水。南部漳河流经的区城内的河床地段大部分为震旦系和寒武系地层，河床两侧局部分布有奥陶系灰岩地层，由于河底分布有一层具有良好隔水性能的冰积泥砾层，只有特大洪水年份，才会发生洪水渗入河床两侧灰岩裸露区的岩溶裂隙中，形成对奥灰的补给。北洺河在沙洺以上也是常年有水，沙洺至西寺庄地段，也因河床为 ϵ_2、O_1、O_2 灰岩，河水漏失补给地下水。河流水因面积小，降雨集中的影响，除雨季期间形成短暂地表水流外，常年干涸

无水，因而河水补给地下水有限。

南部漳河流经的区城内的河床地段大部分为 Z_1、ϵ_2、O_1、O_2 灰岩地段，河底又有水积泥砾层分布地区，该层具有良好的隔水性能。只有特大洪水年份，洪水倒灌渗入河床两侧灰岩的裂隙岩溶，才补给地下水。

人工补给区内灰岩，局部范围有一定意义，如从张家头至峰峰矿区的跃峰渠，据该渠管理处了解，由于修渠质量有问题，在放水后的一段时间内，对局部地区有一定影响。

B 地下水径流

地下水径流主要受地层产状、构造和地形因素的控制，局部范围受水动力条件的影响，区域奥灰水自然条件下，总体径流方向为自西向东或略向东南。

不同时代形成不同地层，受构造的影响，不同岩性对地下水富集和运动影响不同。本区地下水的类型依据含水介质的岩性、特征、受构造影响程度及埋藏条件大致分为四种类型，即裂隙岩溶水、裂隙水、裂隙-孔隙水和孔隙水。但不论哪种类型水在径流过程中，受影响因素无外乎构造、地形和水动力条件。

西部山区，地势较高，由西向东逐渐降低，岩层向正东或东南方向倾斜，倾角平缓，倾角 5°~10°。地下水在地层产状和地势的控制下，地下水的流向的总趋势自西向东或略向东南。地下水汇入峰峰矿区相对集中的地段是南洺河北岔口-青碗窑、白土和观台等地段。在此过程中由于受地下分水岭影响，局部向东北方向流动。到九山一带受 NNE 向新华夏构造和 NW 向构造复合影响，地下水径流受阻，只有少量通过构造复合部位，而总的流向发生重大改变，经索井-胡村、贾壁-张二庄两个地段进入盆地。

南部这种交接部位的流向大体为北东方向，途经石场、申家庄、前辛安地段进入和村盆地后，沿东北方向经上庄—孙庄—彭城流入黑龙洞泉群排泄。

北部这种交接部位的流向大体呈南东方向，途经崔炉、八特、四矿一带自西北进入和村盆地后，向东南方向流动，至黑龙洞泉群排泄。

鼓山东为一断块单斜构造，受黑龙洞泉群排泄和构造控制，地下水总体流向自北而南由黑龙洞泉群排泄。在和村盆地北张庄附近，鼓山断裂有一段使鼓山东、西两边奥灰水发生水力联系，使西部奥灰水径流到东部，与鼓山东奥灰水汇合，构成了鼓山东径流带。

受工农业用水和矿山排水的影响，在各井田内形成了多个地下水局部疏降中心，因而形成各小中心区地下水的局部径流特征。

单元内强径流带主要受构造和地势控制，总体分布在鼓山背斜、莲花山背斜和贾壁东山背斜的东翼（九山），弱径流带主要分布在区内规模较大的向斜和地堑展布的地段。

径流带展布的宽度一般在背斜地段比向斜地段展布的宽，而在两个褶皱交接或两个构造体系交接的地段，则径流带的平面宽度会更大些。前者如大沟港背斜与王风矿东南部向斜的交接处（在西王看附近），后者如辛安矿附近。

C　地下水排泄

本区以集中排泄为主，主要排泄方式有两种：一是泉群排泄方式；二是矿区内工、农业用水和矿山排水的人工排泄方式。白龙洞泉位于武安盆地上泉村南约500m 处，磁山、崇义火成岩东侧中奥陶统灰岩浅埋区中部。武安盆地由于受边界条件控制，形成独立的水文地质单元。奥灰水除接受西侧露头地带降雨渗入补给外，主要接受地下水潜流补给。盆地西侧地带灰岩出露埋藏浅，且南北向断裂发育，因而在天然条件下，西侧水位高，而白龙洞泉地势低，奥灰水自溢成泉。1966 年测得最大流量 0.131m^3/s，最小 0.536m^3/s，一般 0.081m^3/s。

黑龙洞泉群位于鼓山南段黑龙洞村、响堂寺一带，由大小 60 余个泉点组成，其中以黑龙洞泉、娘娘庙泉、郭家庄泉、广胜泉为主。泉群的形成由于东侧断层和煤系地层阻水，奥灰水流动受阻，地下水沿断层导水地段及构造复合部位及构造复合有利部位溢出成泉。泉群出露标高+122.84～+132.0m。泉水排泄形成滏阳河，多年流量 6～7m^3/s，最大为 32m^3/s（1963 年），最小流量 1.7m^3/s（1985 年）。泉群的形成是由于东侧断层和煤系地层阻水，使奥灰水流动受阻，地下水沿断层导水地段及构造复合部位溢出成泉。近年来由于人工开采量增大，区域奥灰水位降低，泉流量日趋减少，滏阳河已成为以排矿坑水为主的河道，枯水期接近干枯。

随着工农业的发展，工农业用水及矿坑生产排水将成为本区奥灰地下水主要的排泄途径。如 1987 年降雨量小的情况下，黑龙洞泉已断流。

2.2.1.2　地下水的动态特征

地下水的运动规律、动态特征，取决于其补给、排泄特征，受自然和人为因素的制约，本区裂隙岩溶水动态是典型的气象型。影响地下水动态变化的诸因素中以气象因素为主，人为因素为次。据目前资料分析有如下规律。

（1）地下水的动态变化取决于补给周期性变化。因为大气降雨作为矿区地下水的主要补给源，因而地下水水位的升降与降雨量有密切的关系。雨季迅速上升，旱季迅速下降，具有集中补给、长年消耗、以丰补歉、周而复始、7～10 年出现一次高水位的特点。

（2）降雨量大，水位升值大，年变幅值亦大（1963 年）；反之降雨量小，水位升值小，年变幅值就小（1979 年）。

（3）从区域水位变化来看，不同区的水位变化存在明显的差异。西部山区水位高，进入矿区，流场发生变化，总趋势流向自西向东，水位逐渐降低，在西部山区，奥灰水位标高可达 500m 左右，而在黑龙洞排泄区，水位最低其标高为+122.84m。

（4）西部山区灰岩裸露面积大，直接接受降雨补给，水位高，水位动态不稳定，年变幅大，甚至达百米；在矿区范围，其水位较西部山区低，因受西部地下水侧向补给影响，地下水位动态相对稳定，矿区径流区范围内年变幅值一般为5~10m(1975年)；排泄区年变幅值小，一般为2~4m(1975年)。

（5）雨后水位反应灵敏迅速。据水位瞬时观测表明，降雨后一天甚至几小时后，地下水位即发生变化，水位上升至最高值时的时间，一般在山区滞后最大降雨期10~30天，在矿区滞后2~3个月。

2.2.1.3 含水层、隔水层分布特征

（1）下寒武统和中寒武统徐庄阶泥岩隔水层。主要为泥岩类岩石，本区主要分布在鼓山西侧双玉泉、集贤村一带，厚191m，为区域性隔水层。

（2）中寒武统张夏阶鲕状灰岩裂隙岩溶含水层。本区主要分布在仙庄-北响堂寺一带。灰岩质纯性脆，溶隙较发育，张开程度一般在1~4cm，大者可达20cm。平均面裂隙率为8.54%，裂隙发育方向以N5°~30°E和N60°~75°W两组发育。这些裂隙是良好的通道，利于地下水的渗入和溶蚀，在厚层鲕状灰岩与徐庄顶部，薄层泥质条带灰岩和泥灰岩为隔水层之上，沿层面和主要裂隙方向发育许多大溶洞，如关防、玉林井、管陶、木井一带和鼓山北响堂寺溶洞等。江家溶洞深达30~40m，洞口直径0.5m；玉林井西南溶洞长10m，宽3.5m，高15m；莲花寺溶洞体积达15500m^3。

本层厚187m，裸露于地表时这良好的透水层，埋藏于地下时为区域富水性较强的含水层。西部山区大多民用井均取本层地下水。钻孔最大单位涌水量3.213L/(s·km)（后匡门），泉水最大流量16.667L/s(牛家庄)。

（3）上寒武统竹叶状灰岩、泥质条带和薄层泥灰岩为弱含水层。本区主要分布在鼓山、北响堂寺天宫庙一带，厚1.28m，节理裂隙发育、平均面裂隙率6.5%，但多被充填，在N5°-30°E和N65°-80°W的方向上较发育。局部岩溶发育，但规模小富水性相对差。

（4）下奥陶统白云岩、白云质灰岩裂隙岩溶含水层。以白云质灰岩为主，夹有4~6层厚10cm左右的燧石条带或燧石结核。本区主要分布在正峪西山，老道坪、小麻花一带。厚148m，裂隙较发育，宽度一般1~3cm，大者5~6cm，平均面裂隙率7.83%，主要在N10°~30°E方向上见有大溶洞。如玉林井东南虎头册附近，溶洞长30m，宽6m，高8m。

本层裸露于山区时为透水层，埋藏于地下时为良好含水层，尤其在构造附近，其富水性会更好。如曹家庄附近的下降泉，水量可达40~50L/s，枯水期泉水不外流，待旱年才干涸。符山铁矿打在构造附近该层的供水孔，单位涌水量1.52~3.125L/(s·m)，水质HCO_3-Ca型，矿化度0.3g/L。

（5）中奥陶统灰岩裂隙岩溶含水层。岩性为几套角砾状灰岩、厚度花斑灰岩和泥灰岩。薄层灰岩和泥灰岩所组成。主要分布在鼓山和鼓山东南，以隐伏的形式埋藏于煤系地层之下。本层厚 545m，裂隙岩溶发育，据钻孔资料和水文地质试验资料将其分为三组八段，其中二、四、五、七段富水性强，平均面裂隙率分别为 5.6%、20.35%、13.96%和 9.93%。中奥陶统灰岩是本区富水性强的含水层。

（6）上石炭统本溪组细砂岩、铝土岩和铁质砂岩所组成的隔水层，是煤系底部的重要隔水层，厚度为 15~50m，一般厚度为 25m 左右。

（7）上石炭统太原组泥岩、粉砂岩、砂岩夹薄层灰岩含水层，厚 120m，含煤 7~12 层，稳定可采 6 层，夹薄层灰岩 6~8 层，对采煤影响较大的有三层，即野青灰岩、伏青灰岩和大青灰岩。野青灰岩厚度 1.8~2.5m，平均厚度 2m，裂隙发育，局部地带裂隙密集，井下揭露该层时，涌水量为 0.5~1m^3/min，伏青灰岩距山青煤很近，采煤时受伏青灰岩水影响很大，伏青灰岩厚 2~5m，裂隙发育，局部有溶蚀现象，该层涌水量一般为 1~3m^3/min，较稳定，局部地区涌水量较大，如大力公司-125m 水平，该层涌水量达 10~11m^3/min，大社矿该层稳定涌水量为 6m^3/min，大青灰岩为 0.5~2.46m^3/min，据二矿、四矿放水试验，水量一般为 6~10m^3/min，大的可达 60m^3/min，该层与奥灰水源存在垂向和侧向上的水力联系，含水丰富，为峰峰矿区矿井涌水的重要来源。

（8）下二叠统相对隔水层。主要是砂岩和粉砂岩，本层厚 160m，对采煤威胁不大，视为相对隔水层。

（9）上二叠统石千峰组和上石盒子组砂岩、粉砂岩和泥岩，厚 720m，为隔水层。

（10）下三叠统流泉群厚层中粗砂岩夹薄层砂岩及黄绿色泥岩，主要分布在流泉村附近，厚度大于 106m，为相对隔水层。

（11）新近系棕红、灰绿色半胶结砂岩和砾岩孔隙-裂隙含水层，夹少量的泥岩和流砂、分布在本区北洞沟-界段营一带。据钻孔抽水试验资料，单位水位涌水量为 0.0122~0.889L/(s·m)，水质类型为 HCO_3-Ca 和 HCO_3-Ca·Na 水。

（12）第四系含水层，以砂层和砂砾石层为主，厚度由零至数十米不等。在该含水层中出现局部的水积湖积卵砾石夹黏土和粉砂夹砂时则具有相对隔水的特性。

2.2.2　矿区水文地质概况

2.2.2.1　矿区水文地质特征

峰峰矿区属邯邢水文地质单元的一部分，矿区被鼓山分为东西两个水文地质构造部分，东为一单斜构造的水文地质次级单元。西为向斜构造的水文地质单元。在大的地质单元划分的基础上，根据构造及水文地质条件的不同又可分为不同的且有独立意义的水文单元。峰峰矿区奥陶系灰岩裸露面积 1260km^2 左右，奥灰补给面积大，奥灰含水层具有弹性储水量大、富水性和岩溶裂隙发育极不均一、水平和垂直分带明显，不同区域差异明显，主要表现在以下几个方面：

（1）峰峰矿区奥灰含水层普遍具有厚度大、水位高。奥灰含水层厚度500～600m，目前奥灰水位比邯邢水文地质单元的其他单元高90m左右，水位标高一般为+110～+135m。

（2）峰峰矿区地质与水文地质条件复杂，位于不同径流区域的矿井条件差别大，奥灰含水层岩溶发育程度、富水性和水化学特征差异明显，参见表2-1。

表2-1 峰峰矿区各矿井水文地质特征一览表

主要特征＼径流区			强径流区	中等径流区	弱径流区	极弱径流区
奥灰顶板标高/m			水位以下～±0	±0～-200	-200～-500	-500以下
矿井			孙庄	辛安、大社、羊东、牛儿庄、新三矿	新屯、万年、梧桐庄、九龙	大淑村
构造特征			褶皱轴部和构造复合部位	向斜走向抬起部位，背斜和单斜浅部	向斜两翼和单斜深部位，地垒断块	向斜或单斜延深很深部位，地垒构造
岩溶发育程度	单孔平均溶洞个数		3.4	2.2	0.57	0
	岩溶裂隙充填程度/%		9～24	24～54	54～66	>66
	含裂隙、岩溶率/%		8.84	6.55	1.55	
	钻孔溶洞/%		18.8	6.2	0	0
岩溶水主要特征	富水性	单位涌水量 $/L\cdot(s\cdot m)^{-1}$	一般1～7.4，构造附近>7.4	一般0.92～2.9，构造附近2.3～7.4	一般0.41～0.92，构造附近>0.92	一般0.3～0.4，构造附近≥0.82
	水化学特征	水化学类型	HCO_3-Ca、$HCO_3-Ca\cdot Mg$	$HCO_3-Ca\cdot Mg$ 和 $HCO_3\cdot SO_4-Ca$	$SO_4\cdot HCO_3-Ca$、$SO_4\cdot HCO_3-Ca\cdot Na$，$Cl\cdot SO_4-Na\cdot Ca$	$Cl\cdot SO_4-Na\cdot Ca$
		$TDS/g\cdot L^{-1}$	0.3～0.4，石膏分布区0.5～1.2	0.3～0.6，石膏分布区1.9～2.4	0.6～6.0	>6
		硬度	33.6～53.3，石膏分布区8.8～115	36.5～58.8，石膏分布区199～241	58.8～412	401～429

（3）不同区域奥陶系灰岩含水层水文地质条件差异明显，自然条件下局部奥灰含水层与上覆煤系地层含水层具有明显的水力联系。总体上，羊东井田以南的区域水文地质条件较以北的区域要复杂得多，表现最为突出的区域为梧桐庄井田所在的区域。梧桐庄井田与其他区域最明显差别主要表现在两个方面。一方面，梧桐庄井田自然条件下局部奥灰含水层与上覆野青灰岩含水层存在水力联系；另一方面，梧桐庄井田自然条件下奥灰含水层存在明显的水温异常，一般奥灰水温40℃左右，明显高于相邻的区域。

（4）奥灰含水层岩溶裂隙发育具有明显的不均一性和方向性。如2004年9月25日牛儿庄煤矿发生了奥灰特大溃水事故后，距离很近的观测孔奥陶系灰岩含水层水位仅下降了0.76m；2008年九龙矿在放水试验过程中，沿北东方向在几小时到几十小时内奥灰水水位下降了近200m；2011年元旦前辛安矿发生突水淹井事故，同样沿北东方向很远的大社矿奥灰观测孔下降了0.5m，而其他方向则没有明显奥灰水位下降的趋势。

2.2.2.2 主要含水层

根据井田水文地质勘探以及矿井多年采掘揭露，矿区范围内共有9个含水层，自上而下为：第四系孔隙含水层（Ⅰ）、新近系砂砾岩裂隙含水层（Ⅱ）、上石盒子组砂岩含水层（Ⅲ）、下石盒子组砂岩含水层（Ⅳ）、大煤顶板砂岩裂隙含水层（Ⅴ）、野青灰岩裂隙岩溶含水层（Ⅵ）、山/伏青灰岩裂隙岩溶含水层（Ⅶ）、大青灰岩裂隙岩溶含水层（Ⅷ）、奥陶系灰岩裂隙岩溶含水层（Ⅸ）。其中，有4个含水层对采煤产生一定影响，按埋藏顺序自上而下分别为：

（1）大煤顶板砂岩含水层（Ⅴ）。为大煤直接顶板，以细砂岩、中砂岩及粗砂岩为主，厚度0.80~18.70m。裂隙不发育，富水性弱，主要以淋滴水的形式进入到采掘区域，工作面回采时涌水量6~30m^3/h，以静储量为主，易疏干。

（2）野青灰岩裂隙岩溶含水层（Ⅵ）。以青灰色厚层状石灰岩为主，含燧石结核，厚度0.30~3.40m，平均厚2.08m。裂隙较发育，富水性弱，工作面回采正常涌水量一般为6m^3/h，揭露时初期水量较大，随后水量逐渐减少直至疏干。局部与奥灰含水层存在一定的水力联系时，接受奥灰水补给，富水性增强。

（3）大青灰岩裂隙岩溶含水层。为大青煤层直接顶板，分布普遍且稳定，夹2~3层薄层黑色燧石层，厚度4~6m。该含水层是煤系地层薄层灰岩含水层中最厚、距奥灰含水层最近的一个含水层，裂隙发育，局部有溶蚀现象，在构造发育部位接受奥灰水补给时，富水性较强，矿井涌水量一般较大。

（4）奥陶系中统灰岩岩溶裂隙含水层。为厚层裂隙岩溶含水层，主要由角砾状石灰岩、中厚层纯灰岩、致密灰岩与花斑灰岩组成，平均厚度605m。该含水层的质纯中厚层灰岩中裂隙岩溶发育，裂隙主要沿北北东方向发育，次为北西西方向。按其沉积旋回可分为三组八段，各组岩层由于其化学成分、结构、岩性组合及裂隙发育情况的不同，使其含水特征及富水性存在着明显的差异。其中，第7段埋藏相对较浅，厚度一般103m左右，富水性强或极强，成为开采深部煤层的主要威胁。

大气降水通过灰岩裸露区的渗入补给是奥灰含水层的主要补给源，主要补给期为每年的7~9月，具有集中补给，长年消耗的特征。据降雨资料估算，奥灰含水层最大补给量为$32m^3/s$，最小补给量$8.481m^3/s$，平均补给量$15.65m^3/s$。近10年来，矿区范围内奥灰水水位标高一般在+95~+125m左右。

2.2.2.3 地下水动态特征

（1）地下水补给。峰峰水文单元为一均匀状构造断块岩溶水文地质结构类型，形成以灰岩裸露山区补给区，构造断陷盆地径流区和以泉群形式为主。本区属大陆性半干旱气候，年平均降雨量560mm，一年有2~3个月的降雨补给期。补给区是本区西部九山及纵贯矿区中部鼓山之基岩裸露区，以及南北洺河之间的山地。裂隙发育的灰岩裸露于地表，且植被很少，面裂隙率7%~20%，最大可达40%，构成了良好的渗入条件。大气降水的渗入是地下水的主要补给来源。南北洺河之间的山地，本区众多的沟谷和河流，水库的渗漏是地下水的另一补给来源，漳河对奥陶系灰岩含水层无直接渗漏补给关系。

（2）地下水的径流。地下水径流条件主要受构造和地势控制。在其控制下，单元内岩溶裂隙发育，富水性和渗透性皆大的强径流带基本上围绕着鼓山背斜、莲花山背斜和贾壁东山背斜的东翼（九山）分布。位于鼓山背斜强径流带的峰峰集团矿井，西翼有四矿、通顺公司、孙庄公司、辛安矿、东翼有大社矿、牛儿庄公司、大力公司。处于深部奥灰水弱径流带、停滞带的矿井有新屯矿、羊东矿、九龙矿、大淑村矿、梧桐庄矿等。

（3）地下水排泄。自然条件下，奥灰水主要以黑龙洞泉群集中排泄为主，多年平均流量为$7\sim9m^3/s$，最大流量$32.5m^3/s$(1963年8月)，最小流量$1.7m^3/s$(1985年)，自从1979年以来，由于连续干旱及工、农、民用水增长，泉流量日益减少。目前，地下水已经转化为人为排泄为主。

第 3 章　煤层底板突水理论与机理

煤层底板突水是一种十分复杂的工程地质现象，是底板隔水层结构遭到破坏和功能发生转化（隔水层转化为透水层）的外在表现，由采动和下伏承压水复合作用引起，底板存在未知或隐伏导水构造是前提。底板发生突水的本质是底板隔水层产生的抗力（阻水能力）小于水压力，采动条件下底板形成贯通的导水通道。煤层底板发生突水前，首先要经历下伏高承压水通过原生和次生裂隙导升，并逐渐与其他含水层沟通，在矿山压力和水压力的持续作用下高承压水继续导升，当煤层底板隔水层的阻水能力小于水压力时，下伏高承压水沿底板存在的强渗流通道淹没采掘空间的突水事件就不可避免地发生了。采动条件下，底板阻水能力演变和承压水导升是完全不可见的量变到质变的积累和转化过程，是在煤层底板中悄然孕育和发生的。所能直观看到的是所有这些过程完成以后，下伏高承压水向采掘区域渗水到突水的现象。大量突水案例表明，煤层底板突水由渗水到突水的演变过程往往具有一定的滞后性，有的会在几小时，甚至几十分钟或更短时间就完成了突变转化，有的则需要较长的时间。突水滞后时间与突水通道类型、底板承受水压大小以及开采条件密切相关，并受多种地质因素控制。

底板突水理论是研究采动条件下底板隔水层阻水能力的演变、底板突水影响因素、底板突水判定标准等的理论基础，对预防底板突水灾害的发生、矿井防治水措施制定以及突水治理具有重要指导意义。

3.1　煤层底板突水理论

国外煤矿开采已有 100 多年的历史，特别是匈牙利、波兰、南斯拉夫、西班牙等国在煤矿开采中都不同程度地受到底板岩溶水的影响。因此，这些国家对底板突水的研究也是率先进行的。早在 20 世纪初，国外就有人注意到底板隔水层与底板突水的关系，并从若干次底板突水资料中认识到，只要煤层底板有隔水层，突水次数就少，突水量也小，隔水层越厚则突水次数及突水量越少。20 世纪 40 年代至 50 年代，匈牙利韦格弗伦斯第一次提出底板相对隔水层的概念，指出煤层底板突水不仅与隔水层厚度有关，而且还与水压有关。前苏联学者 B. 斯列萨列夫将煤层底板视作两端固定的承受均布载荷作用的梁，并结合强度理论，推导出底板理论安全水压值的计算公式。20 世纪 60 年代至 70 年代，匈牙利国家矿业技术鉴定委员会将相对隔水层厚度的概念列入《矿业安全规程》。20 世纪 70

年代至80年代末期，很多国家的岩石力学工作者在研究矿柱的稳定性时，研究了底板的破坏机理。C. F. Santos、Z. T. Bieniawski 等人基于改进的 Hoek-Brown 岩体强度准则，引入临界能量释放点的概念，分析了底板的承载能力。

我国的底板突水理论研究始于20世纪60年代，以原煤科总院西安勘探分院为代表的研究机构，在焦作矿区水文地质大会战中，借鉴匈牙利底板相对隔水层理论，提出了作为预测预报底板突水的定量指标突水系数，并利用数理统计方法给出了不同地区突水系数红线。开采过程中，众多水文地质工作者采用各种综合测试手段，对采动矿压、底板应力和动态以及其他各影响因素的综合作用进行分析和研究，积累了大量经验，深化了对“底板突水理论”的认识。20世纪90年代，随着岩体力学及与其相关的岩体水力学、断裂力学、工程地质力学和计算机技术的发展，对煤层底板突水理论的研究也逐渐深入，并初步形成了一些理论和假说，对防止煤层底板突水具有重要指导意义。

3.1.1 以静力学理论为基础的煤层底板研究理论

3.1.1.1 斯列萨列夫理论

20世纪40年代至50年代，苏联学者斯列萨列夫以静力学理论为基础，将煤层底板视作两端固定的承受均布载荷作用的梁，分析研究了煤层底板在承压水作用下的破坏机制，并结合强度理论推导出了底板隔水层理论安全水压值的计算公式，即：

$$P_0 = 2K_p h^2/L^2 + \gamma h \tag{3-1}$$

式中 P_0——底板隔水层所能承受的理论安全水压值，MPa；

K_p——隔水层的抗拉强度，MPa；

h——底板隔水层厚度，m；

L——工作面最大控顶距或巷道宽度，m；

γ——底板隔水层平均容重，kg/m^3。

目前，《煤矿防治水规定》中在评价巷道掘进期间底板隔水层厚度和安全水头压力值时，依然采用该公式。

3.1.1.2 等效隔水层厚度理论

20世纪60年代至70年代，匈牙利学者以静力学理论为基础，并结合隔水层岩性和强度，以等效隔水层厚度为切入点，研究了底板突水机理。即以泥岩抗水压的能力作为标准隔水层厚度，将其他不同岩性的岩层换算成泥岩的等效厚度，并将其作为承压含水层上开采煤层底突水与否的判断标准，给出了单位水压所允许的等效隔水层厚度 V 的计算公式，即：

$$V=\frac{\sum M_i\delta_i-a}{p} \tag{3-2}$$

式中　M_i——组成隔水层的各分层厚度，m；

δ_i——组成隔水层的各分层同泥岩相比的等值系数；

a——不可靠的隔水层厚度，m；

p——隔水层承受的水压，MPa。

3.1.2　突水系数理论

20世纪60年代，我国科技人员在分析研究了大量矿井突水案例的基础上，借鉴匈牙利学者提出的“相对隔水层厚度”理论，应用数理统计方法找出了煤层底板隔水层承受水压和隔水层厚度与煤层底板突水的关系，提出了用突水系数T进行底板突水判别的标准，并建立了最初的突水系数计算公式，即：

$$T=P/M \tag{3-3}$$

式中　P——煤层底板隔水层承受的水压力，MPa；

M——煤层底板隔水层厚度，m。

20世纪70~80年代，通过对实际突水资料及模拟试验资料的深入分析与研究，对初期突水系数公式进行了改进，将底板扰动破坏深度引入到公式中，改进后的突水系数公式为：

$$T = P/(M - C_p) \tag{3-4}$$

式中　C_p——采矿对底板扰动的破坏深度，m；

$M-C_p$——有效隔水层厚度，m。

式（3-4）考虑了开采条件下由于底板扰动破坏对隔水层阻水能力的影响，与初期公式比较更符合客观实际情况。在1984年原煤炭工业部颁发的《矿井水文地质规定》（试行）、1986年颁发的《煤矿防治水工作条例》（试行）和1991年颁发的《矿区水文地质土程地质勘探规范》中都推荐和采用了式（3-4）。

2009年在新颁布的《煤矿防治水规定》中，依然采用突水系数作为评价掘进和回采期间煤层底板突水与否的标准。突水系数的表达方式与20世纪60年代的计算公式一致，只是划定的两条红线发生了变化。即临界突水系数在具有构造破坏的地段按0.06MPa/m考虑，隔水层完整无断裂构造破坏地段按0.1MPa/m考虑。

3.1.3　“下三带”理论

20世纪80年代初，我国科研人员经过多年的现场实践，并结合相似材料模拟、有限元模拟等研究工作后，提出了“下三带”理论。该理论认为底板突水不仅与煤层底板隔水层承受水压和底板强度有关，而且也与底板含水带在水压和矿压共同作用下升高关系密切，底板强度低于水压力是底板突水的根本原因。采动条件下，煤层底板也像采动覆岩一样存在着“三带”，由上至下分别为底板采动导水破坏带，完整岩层带(或有效保护层带)和承压水导升带(或隐伏水头带)。“下三带”理论认为，完整岩层带对阻隔底板突水起着主要的保护作用，完整岩层阻水带每米平均岩层阻水能力是预测突水的判据。

3.1.4 原位张裂与零位破坏理论

20世纪90年代初，原煤科总院北京开采所王作宇、刘鸿泉等科研人员，在综合考虑了采动效应及承压水运动的基础上，利用塑性滑移线场理论分析了采动底板的最大破坏深度，阐述了底板岩体的移动发生、发展、形成和变化的过程，提出了“原位张裂”和“零位破坏”理论。该理论认为，矿压、水压联合作用对煤层的影响范围可分为：超前压力压缩段（Ⅰ段）、卸压膨胀段（Ⅱ段）和采后压力压缩稳定段（Ⅲ段）三段。

3.1.5 “关键层”理论

中国矿业大学钱鸣高院士根据底板岩层的层状结构特征，于20世纪90年代中期建立了采场底板岩体的关键层理论。该理论认为，煤层底板在采动破坏带之下，含水层之上存在一层承载能力最高的岩层，称为“关键层”。采动条件下，将关键层作为四边固支的矩形薄板，然后按弹性理论和塑性理论分别求得底板关键层在水压等作用下的极限破断跨距，并分析了关键层破断后岩块的平衡条件，建立了无断层条件下采场底板的突水准则和断层突水的突水准则。

此外，原煤科总院北京开采所刘天泉、张金才等根据各自的研究成果还提出了“薄板模型”、“强渗通道”、“岩水应力说”、“下四带”等理论，进一步丰富了底板突水理论的内涵。

纵观矿井底板突水理论发展历程，不同阶段提出的突水理论反映了人们对矿井底板突水的认识是一个从实践到理论，再从理论到实践不断深入的过程。然而，矿井底板突水理论涉及多学科和多领域，所有理论必须在实践中不断深入与升华，才能满足复杂条件下的矿井防治水的需求。尤其是随着我国煤矿开采深度的增加，开采环境发生了明显变化，受复杂的地质、水文地质条件及探测水平的制约，煤层底板水害事故仍无法避免。

3.2 煤层底板突水类型

煤层底板突水可以发生在采煤过程中的不同阶段，受煤层底板隔水层、下伏承压含水层水压和矿山压力等多种因素制约。采动条件下只要达到底板突水的充要条件都会突水。通常可以依据突水量大小、突水与生产阶段的关系及突水表现形式等进行煤层底板突水类型划分。

3.2.1 按突水量大小分类

依据突水量（$Q_{突}$）大小，将煤层底板突水类型划分为小型突水、中型突水、大型突水和特大型突水4种类型。

（1）小型突水：$Q_{突} \leqslant 60m^3/h$；

（2）中型突水：$60m^3/h < Q_{突} \leqslant 600m^3/h$；

（3）大型突水：$600m^3/h < Q_{突} \leqslant 1800m^3/h$；

（4）特大型突水：$Q_{突} > 1800m^3/h$。

3.2.2 按突水与生产阶段的关系分类

煤层、隔水层和下伏含水层空间组合特征，煤层底板构造发育特征以及下伏含水层水压力是影响煤层底板突水的主要因素，煤层底板突水可以发生在采煤的各个阶段。依据突水与生产阶段的关系，将煤层底板突水分为掘进过程中突水和回采过程中滞后突水两种基本类型。

（1）掘进过程中突水：是指在掘进巷道过程中接近或揭露未探明或隐伏的导水构造，煤层底板隔水层或煤层阻水能力不足以抵抗所承受的水压力发生的突水现象。此种类型的突水多数是由巷道附近存在未探明的导水构造和煤层底板高承压水联合作用所致。

（2）回采过程中滞后突水：是指在回采过程中接近或揭露工作面中未探明或隐伏的导水构造发生的突水现象。此种类型的突水是由于采动引起底板破坏致使底板隔水层阻水能力降低，下伏承压水沿导水构造裂隙导升并与煤层底板采动裂隙贯通所致。此种类型的突水最大特点是突水与工作面推进具有一定的滞后性，突水量、滞后时间与突水通道类型和煤层底板隔水层承受水压大小有关，突水通道往往存在于工作面推采后形成的采空区内。

此外，此类突水也可能发生在大采深的工作面内裂隙比较发育的块段。在没有明显的导水构造前提下，单纯由采动裂隙引发的煤层底板突水，一般突水量较小。

3.2.3 按底板突水通道类型分类

（1）断层突水：主要指在采掘过程中接近或揭露未探明的断层诱发的突水。此类突水一般分为两种情况：一是断层本身导水，二是采动引起断层“活化”突水。

（2）陷落柱突水：主要指在采掘过程中接近或揭露未探明及隐伏的陷落柱诱发的突水。

上述两种类型的突水一般具有初期突水量较小，中后期突水量快速增大，最大突水量和稳定突水量较大的特点。一旦发生上述两种类型的突水，轻则淹没工作面和采区，重则淹没矿井，危害极大，需要专门治理才能恢复生产。

底板导水裂隙突水：此类突水主要发生在煤层底板隔水层承受水压很大的工作面回采过程中，矿压和水压的联合作用致使煤层底板隔水层阻水能力降低是诱发采动裂隙突水的主要原因。此类通道诱发的突水，一般突水量小且衰减较快，往往作为矿井涌水量的组成部分。

3.3 煤层底板突水机理

煤层底板突水是底板隔水层结构遭到破坏和功能发生转化（隔水层转化为透水层）的外在表现，由构造、矿山压力和下伏承压水复合作用引起。地质构造、矿山压力、底板岩性组合特征、厚度和强度决定了隔水层阻水能力大小，隔水层承受的水头压力是产生底板突水的力源，底板形成联通的导水裂隙是发生底板突水的前提。煤层底板突水可以发生在采煤的各个阶段。大量开采实践表明，在底板完整情况下很少发生突水，由导水陷落柱和导水断层诱发的煤层底板突水量大，威胁矿井安全。

3.3.1 断层突水机理

断层是岩体中规模较大的构造结构面，它在破坏了岩体本身完整性的同时缩短了煤层与含水层的距离，特别是当这些结构面与工作面边缘煤柱内的剪切破坏带相连接或重叠时，断层将成为下伏承压水突出进入采掘空间的薄弱面。

3.3.1.1 断层突水规律

断层作为一个突水优势面，引起的突水具有一定规律性，主要表现在：

（1）突水主要发生在正断层的上盘。断层的导水性与断裂面的力学性质、断层两盘的岩性、规模及充填胶结程度有关。首先，正断层是在低围压条件下，由于上盘的拉张并沿断层面相对下盘下滑形成的，断裂面属张裂面，破碎带疏松多裂隙，透水性强。其次，上盘煤层较下盘煤层埋藏深，开采时产生的矿山压力促使断层的活化，使得上盘的裂隙增加，贯通性加强，易于导水。再次，上盘煤层至下盘含水层距离缩短，削弱了断层带及其附属岩层的阻隔水能力。

据峰峰矿区历次突水资料统计（参见表3-1），由断层引起的突水事故占总突水事故的75%以上。其中，98%的断层突水是由正断层引起且85%发生在断层的上盘。主要原因是正断层形成于低围压条件下，其断裂面的张裂程度很大，并且破碎带疏松多孔隙，透水性强；而逆断层多是在高围压条件下形成的，破碎带宽度小且致密孔隙小，在采动条件下，当工作面揭露到张性断层或正断层时，断层带和其影响带内的地下水会直接溃入工作面，造成工作面突水现象的发生。

表 3-1 峰峰矿区突水与构造关系一览表

峰峰矿区	突水次数	断层突水次数	陷落柱突水次数	断层突水比例/%	陷落柱突水比例/%
九龙矿	1	0	1	75	25
辛安矿	2	2	0		
梧桐庄矿	2	1	1		
牛儿庄矿	2	2	0		
孙庄矿	1	1	0		
合计	8	6	2		

（2）多条断层交汇处。同一条断层具有不同的导水优势部位，多条断层的交汇形成导水优势面的叠加，使之成为岩体中最为薄弱的部位。多条断层交会部位即主干断层与支断层的会合部位，裂隙发育，连通性好，特别是张性断裂的交会部位，形成地下水的良好通道。采动条件下，煤层底板在高水头承压水作用下更易发生突水。

（3）小断层密集带。主干断层派生的次级序次的小断层成群出现时，小断层密集带附近张性裂隙发育、透水性好，足以形成突水优势部位。尤其在高水头压力的承压水作用下，在上述部位更易发生突水。

3.3.1.2 断层突水机理

（1）断层缩短了开采煤层与奥灰含水层之间的距离。采掘过程中接近或揭露未探明的断层，致使煤层与含水层之间的距离减小，在奥灰水压和矿山压力的联合作用下，奥灰水突破煤层底板隔水层，从而造成巷道或工作面突水，此类突水主要发生在断层的上盘。如辛安矿于 2010 年 11 月 19 日 112124 掘进工作面发生突水事故，原因就是未探明的 F_{55-1} 断层使原来煤层与奥灰含水层距离由 150m 减小为 30m，而隔水层承受水压达 7.6MPa 以上，在奥灰高水压和地应力的联合作用下，奥灰水突破煤层底板隔水层，发生了巷道底板滞后突水。

（2）采动引起断层“活化”。采动条件下，随着工作面推进距离的增大，顶板悬空到一定面积时原来的平衡被破坏，需要通过围岩应力重新分布来达到新的平衡，主要表现形式为顶板垮落和底板岩层产生剪切变形和破坏。在围岩应力重新分布过程中会使附近岩体中的裂隙发生扩展或产生新的类型，从而改变围岩的渗透性。当接近或遇到断层时，其上、下盘易产生错动，即“断层活化”，断层两盘之间由“胶结”状态转化为“断开”状态，其渗透性和导水性发生改变，致使原来的不导水断层可能转变为导水断层，或使原来导水断层渗透性增强。在矿山压力和底板高承压水的联合作用下，使得奥灰水在压力作用下沿断层面导升。当水压力超过煤层底板隔水层阻水能力时，高压的奥灰水将会进入开采工作面发生突水事故。对于断层活化问题，过去的研究往往注重对矿山压力造成的断层面（带）发生活化的状态的分析，而忽略了断层面（带）附近岩体中伴生构造的活动状况的分析。不可否认，采掘工程直接揭露断裂面会引发突水，但也有大量的底板突水并非发生在揭露断层面（带）后，而是靠近断层时发生的。这与断层再活动导致的伴生裂隙的性质改变有直接关系。采动影响形成底鼓，底板产生破坏，矿压与下伏高压水共同作用下底板弯曲变形、隔水性能降低，同样会形成突水通道。

（3）断层防水煤柱留设不足或被破坏。通常按照《煤矿防治水规定》要求一般不会出现断层防水煤柱留设不足的问题，只有在断层的走向变化较大时才会出现。断层防水煤柱被破坏引起的突水主要是因为对断层防水煤柱的破坏。例如1996年11月24日23时40分，孙庄矿发生的奥灰突水淹井事故，就是因为北界城小煤矿南井越层越界开采山青煤，破坏了F_6断层防水煤柱，导致与之对接的奥灰含水层中的承压奥灰水突破残留煤柱溃入孙庄矿，突水量超过孙庄矿最大排水能力，酿成孙庄矿淹井事故。

3.3.2 陷落柱突水机理

陷落柱是由易溶的碳酸盐或硫酸盐岩在地下水长期的溶蚀作用与机械作用下形成的溶洞，经后期的地质运动和上覆岩层的重力长期作用下，致使溶洞塌落而形成的形状各异、规模不等的筒形松散或胶结堆积体。

峰峰矿区煤系地层基底奥陶系石灰岩厚度600m左右，具备形成陷落柱的良好条件。目前仅峰峰矿区探明或揭露的陷落柱已达上百个，虽然绝大部分为不导水陷落柱，但足以说明该地区的奥灰岩溶的发育程度。岩溶陷落柱具有隐伏性好、突发性强、危害性大、预测防治难等特点，是威胁煤矿安全生产的重大灾害之一。在采动条件下，一旦发生岩溶陷落柱突水灾害，往往造成采区或整个矿井被淹。

3.3.2.1 陷落柱的形成

陷落柱的形成大致经历了溶洞及溶洞塌陷这一发育过程，其中溶洞的形成是陷落柱形成的核心，是形成陷落柱的先决条件。

A 岩溶洞穴的形成

岩溶发育具备5个必备的物质条件和岩溶洞穴发育的地质环境，主要包括：

（1）具备可溶性岩层：如石灰岩（$CaCO_3$）、白云岩（$CaMg(CO_3)_2$）、石膏（$CaSO_4 \cdot 2H_2O$）等岩层；

（2）具备良好的地下水通道：如断层、裂隙带、破碎带、泥化带等；

（3）具备丰富的饱和的侵蚀性水体和气体：不同水质的水混合后发生混合溶蚀作用，部分酸性气体（CO_2、SO_2）与水作用后加剧可溶性岩石的溶蚀；

（4）具备良好的径流条件：地下水的径流条件决定了岩石的溶解能力，大多数溶洞发育在地下水强径流带上；

（5）具备岩溶发育的水动力条件：持续的岩溶水交替循环发生流速场作用，使溶洞处于不断扩大或陷落充填—蚀空—再陷落充填—再蚀空的动态变化中。

当上述 5 个条件都具备时，构造运动使局部岩层的结构强度、稳定性、整体性等发生变化，从而形成破碎带发育区。地下水的交替作用使可溶岩被侵蚀“掏空”，形成岩溶洞穴。

B　岩溶陷落柱的形成

岩溶陷落柱的形成主要分布在下列区域：（1）以自重应力为主，溶洞上方岩层力学性质差、强度低，在自重应力的作用下形成塌陷区；（2）受区域性断层、褶皱等构造因素影响活跃区。在构造应力或含水层压力的作用下，使溶洞顶部岩层或围岩垮落；（3）地下水位季节变动频繁区。地下水位季节变动使溶岩溶洞腔内有压水转为无压，水位以上空间出现低气压或真空负压，如果地下水面急剧下降，真空负压瞬间诱导出的巨大能量对上覆岩层内部结构产生强烈而迅速的液化旋吸掏空、塌陷和搬运等破坏作用；（4）构造运动、火山活动、地震活动剧烈区。

岩溶洞穴是形成陷落柱的必要条件，但并非所有的溶洞都会坍塌形成陷落柱。陷落柱的形成受构造运动影响明显，与溶洞上覆地层岩性组合及厚度等有关。理论界对岩溶塌陷形成的基本观点都强调了“溶洞受一定的地质应力作用，引起了溶洞的顶部塌落而导致岩溶塌陷”，却忽略了溶洞的形成与溶洞塌陷之间的构造联系。仅从岩溶发育的物质条件，还无法推断某个局部区域内会形成溶洞或陷落柱。对于我国某些地区，石灰岩地层发育有大量溶洞，但至今尚未坍塌形成陷落柱。因此，陷落柱的形成，需要具备内部和外部地质环境和条件。

陷落柱形成的基础条件和进阶条件决定了其分布区域，陷落柱多分布在碳酸岩类地层中，在构造带、地下水径流排泄区附近集中分布。一般说来，在断层、褶皱集中的地段，陷落柱的密度一般较高，断层规模越大越易出现陷落柱，褶皱产状越陡峭，陷落柱越发育。在构造带边缘、地下水径流和排泄区，陷落柱一般成带状分布。陷落柱围岩特征巷道掘进过程中，在陷落柱发育区域往往展布有断层数量、节理裂隙增多等异常现象，主要标志包括：（1）弧形的小型正断层增多，落差小，延展短，且倾向由陷落柱中心向外，从平面上看似环状分布；（2）节理裂隙异常发育，煤、岩层破碎，地层产状发生弯曲，煤、岩层在接近陷落柱的区域，多倾向柱体方向；（3）煤层异常，出现“凹式”结构；（4）陷落柱附近煤层片帮，出现淋水加大状况；（5）陷落柱附近煤层出现氧化现象等。

峰峰整个矿区为半掩盖区，基岩多出露在鼓山、九山山区和边缘地区以及丘陵地区的冲沟内，其余大部分地区则被第四系所覆盖。根据已揭露的地质资料显示，峰峰地区陷落柱的大量分布不是孤立的地质现象，而是整个华北地区岩溶陷落柱发育区的一个组成部分，它的普遍发育，除了具备形成陷落柱的物质条件外，还与该地区的煤岩层的接触关系分不开。地层之间的整合或局部假整合接触关系，使上覆的煤岩层的构造变化继承了下伏厚可溶性岩层的构造特征。在构造力作用下，岩层结构强度和稳定性遭到破坏，下部可溶性岩层在地下水的强烈交替作用下形成溶洞，并沿着其顶部向上扩展，而上覆遭受构造破坏的地层，在重力作用下，则垮落坍塌形成陷落柱。

3.3.2.2 陷落柱分类

根据陷落柱柱体充填压实特征、围岩裂隙带发育程度及其揭露时出水情况和涌水量大小，可以将陷落柱划分为三种基本类型。

强导水型陷落柱：此类陷落柱多为正在发育或重新活化的陷落柱。柱体内充填物质未被压实，岩块棱角分明，孔隙率高，一般存在空洞，柱内充水。一般与强含水层或含水带有水力联系，导水性极强，采动引起煤层底板破坏后，煤层底板隔水层或煤层阻水能力小于陷落柱内水压时，即发生突水事故。

柱边充水导水型陷落柱：这类陷落柱柱体充填的岩块压实较紧密，孔隙率较低，柱体内水力联系较差而柱边围岩裂隙带的裂隙较发育，且裂隙充填性较差，具有一定导水性，通常此类陷落柱涌水量不大。但若陷落柱边缘与深部奥灰含水层沟通时，在较高水头作用下，受采动应力的影响，柱边裂隙与奥灰含水层贯通时，突水量增大。

不导水陷落柱：这类陷落柱柱体充填物基本被压实胶结，呈非均质，脆性岩块中虽发育裂隙，但常被方解石或软弱岩石风化崩解物如泥质充填胶结，因而柱体透水性差甚至完全不透水，巷道揭露时表现为不滴水、不淋水，或少量滴水、淋水，涌水量一般较小。

3.3.2.3 陷落柱突水机理

（1）采掘过程中接近未探明的导水陷落柱诱发突水。采掘过程中接近未探明的导水陷落柱时，剩余的煤层不足以抵抗奥灰水压力引起奥灰水沿陷落柱突出，或采掘形成的底板裂隙致使底板阻水能力降低诱发底板突水。

（2）煤层底板存在隐伏导水陷落柱突水。隐伏导水陷落柱是指隐伏于开采煤层之下一定深度，发育高度小于开采煤层底板标高的导水陷落柱。隐伏导水陷落柱是相对的，一般此种类型陷落柱规模较小。

采动条件下，底板破坏致使隔水底板厚度减小阻水能力降低，煤层底板产生的抗力不足以抵抗奥灰水压力引起奥灰水沿隐伏导水陷落柱突出。此类导水陷落柱诱发的突水具有明显的滞后性，一般发生在工作面回采数十米到数百米不等，滞后距离与底板承受水压和隔水层阻水能力有关，突水发生时间与初次来压或周期来压具有明显的对应关系，导水陷落柱突水通道畅通且面积大，属于突发性强、危害性极大突水灾害。虽然其分布也具有一定的规律性，但对于埋藏深度大、不导水（或采前不导水）的陷落柱，目前还很难做到准确探测和预测。通常此类陷落柱诱发的突水主要为回采期间的滞后突水，依据开采环境不同，一般发生在工作面推过陷落柱 10~50m。

根据水力压裂的力学原理，在高水压的压裂扩容作用下，陷落柱内部结构也将发生明显变化，即由原来的胶结状态逐渐转变为裂隙逐渐形成和裂隙扩张状态，下部的奥灰水将会沿着裂隙向上发展，从而导致大量的奥灰水进入陷落柱内部，直至导升至陷落柱顶部。随着煤层开采引起的地应力变化，在底板破坏和底板高压奥灰水的共同作用下，当水压力超过煤层底板阻水能力后，将会突破工作面底板，发生突水。具体作用方式有两种：一是受采动应力集中的影响，应力集中作用于铅直方向，与自重应力重合，由于陷落柱陷落角较大，其下滑力的增幅大于抗剪强度的增幅，相应增加了陷落柱柱面的下滑力，当接近或等于柱面的抗剪强度时，使陷落柱沿柱面滑剪，导致灰岩水的楔入引发突水。二是受采动产生的卸压带的影响，卸压带内，水平和铅直方向应力均减小，尤其是水平应力的减小，直接导致陷落柱柱面抗剪强度的降低，即：$\tau = C + \sigma\tan\varphi$，式中 τ 为抗剪强度；σ 为水平应力；φ 为内摩擦角；C 为凝聚力。随着 τ 的降低，引发下伏承压水进入柱体围岩裂隙带，由于水的楔入，C 和 φ 都会显著降低，进而引发突水。

3.3.3　底板裂隙突水机理

煤层底板裂隙包括底板原生裂隙发育带和采动裂隙，是矿压和底板高承压水共同作用的结果，其扩展程度受多种因素影响。采动条件下，在底板原生裂隙扩展和产生次生裂隙的同时，将引起高压奥灰水进一步导升，当奥灰水递进至连通的裂隙时，诱发底板突水。底板裂隙引起的底板奥灰突水一般发生在大采深的工作面，在没有大的导水构造存在的前提下，此类导水通道引发的奥灰突水量一般较小。

3.3.3.1　应力状态改变

采动影响使采场周围岩体发生应力重新分布、结构面再扩展和采动裂隙带形成等一系列变化。当工作面从开切眼开始回采之后，采面围岩应力将发生变化。随着工作面的推进，煤层底板前方处于支承压力作用而压缩。工作面推过后，应力释放，底板处于膨胀状态。随着顶板的冒落，采空区冒落矸石的压实，工作面后方一定距离的底板逐步恢复到原岩应力状态。由于工作面是在不断推进的过程中，底板处于压缩—膨胀—再压缩的状态。而在压缩与膨胀变形的过渡区，底板最易发生破坏。在切眼附近，竖向应力集中程度最高，底板容易发生变形及产生裂隙。在采动影响下，岩层中原生裂隙扩展和产生采动裂隙。裂隙内存在水压时，一方面软化裂隙周围岩体，使其强度降低；另一方面使裂隙周围岩体的塑性区进一步增大，相互贯通起到汇水网络作用，成为基岩地下水良好的导水通道。

3.3.3.2 结构面再扩展

采煤活动能够引发原结构面的再次扩展，受结构面本身物理性状的差异影响，其扩展后导水性能不尽相同。根据涌水量的变化情况，裂隙受采动的程度可划分为5种基本类型：

（1）增大型，裂隙受到短轴方向拉伸、长轴方向压缩的矿压作用，充填物少，松散受力后裂隙逐渐张开，涌水量逐渐增大；

（2）下降型，裂隙受到短轴方向压缩、长轴方向拉伸的矿压作用，充填物多；受力后裂隙压缩，涌水量逐渐减少；

（3）裂隙走向与矿压作用方向成一定的角度，受力不均，充填物较多，涌水量时大时小，但总的趋势是下降型；

（4）裂隙走向与矿压作用方向成一定的角度，受力不均，充填物较少，涌水量在工作面后方趋于稳定；

（5）裂隙受到双向压缩的矿压作用，充填物少，受力后基本不产生变形，涌水量呈稳定型。

3.3.3.3 采动裂隙带形成

采动条件下，受矿压和水的作用，在底板采动破坏深度范围内，底板岩层中一般产生3种裂隙：

（1）竖向张裂隙，分布在紧靠煤层底板的最上部，是底板膨胀时层向张力破坏所形成的张裂隙；

（2）层向裂隙，主要岩层面以离层形式出现，一般在底板浅部较发育，它是在采煤工作面推进过程中底板受矿压作用，反向位移沿层向薄弱结构面离层所致；

（3）剪切裂隙，一般为两组，以60°左右分别反向交叉分布。这是由于采空区与煤壁及采空区顶板冒落在受压区岩层反向受力剪切形成。

上述三种裂隙严重破坏了底板岩体的完整性，当它们与含水层（或承压水导升带或导水断层）沟通，承压水由底板进入工作面，发生底板突水。底板岩体的破坏深度与程度主要与采场矿压大小和矿压显现剧烈程度以及底板特征有关。其中前者的影响因素有：开采深度、直接顶厚度及采高，煤层倾角，工作面尺寸大小以及顶板岩性与结构等；后者的影响因素有底板岩性、岩体结构与构造特征等。

煤层底板采动突水其实质是由矿压和底板承压水压共同作用的结果。水压对底板隔水层的作用主要表现为压裂扩容作用和渗水软化作用。压裂扩容作用是指承压水在小裂隙中进一步压裂岩体，使原有裂隙扩展。渗水软化是指承压水在底板隔水层中，降低应力和岩体的黏聚力，在采动矿压作用下，使底板隔水层强度软化，进一步产生更大破裂。在采掘前方一定范围内的底板岩体产生超前增压，即所谓的超前支承压力；在空顶区形成卸压，底板岩层应力下降，造成所谓卸压膨胀；在增压区与卸压区之间底板岩体即由压缩转化为膨胀状态时，会出现剪切面或局部化剪切带。当导水断层的产状与破坏变形带一致时，或当底板隔水层破裂已经贯通时，其阻水能力就会大为下降。这种承压水的压裂扩容作用发生与否与底板隔水层中的最小水平主应力有直接关系，当承压水的水压 p_w 小于最小水平主应力 δ_{hmin} 时，即 $p_w<\delta_{hmin}$，不会产生压裂扩容作用，只有当承压水的水压 p_w 大于最小主应力 δ_{hmin} 时，即 $p_w>\delta_{hmin}$，才会产生压裂扩容作用。

3.4 煤层底板突水影响因素

煤层底板突水与地质构造、底板岩层岩性及其组合特征、含水层的富水性、含水层水头压力、矿山压力及地应力等因素密切相关。地质构造对岩溶、裂隙的发育和分布、导水裂隙的形成，地下水的补给、径流、排泄条件，矿井水文地质条件都具有明显的控制作用。构造结构面是承压水从煤层底板突出的薄弱面，它破坏了岩体本身的完整性。特别是，当这些结构面与工作面边缘煤柱内的剪切破坏带相连接或相重叠时，它对煤层底板突水起着促进作用，大量开采实践表明在底板完整情况下很少发生突水。

煤层底板下伏含水层的富水性是决定底板突水量大小的基本前提，峰峰矿区煤层底板突水水源为奥灰水时，因奥陶系灰岩含水层厚度大，具有很大的弹性储水能力，突水量一般可以达到数千至数万立方米每小时。

煤层底板突水影响因素主要包括：地质构造、底板隔水层阻水能力、煤层底板承受水压、矿山压力、采掘活动、采煤方法等。其中地质构造、底板隔水层阻水能力、煤层底板承受水压大小以及煤层埋藏深度是决定底板突水的内在因素，采掘活动是底板突水的诱导因素。

3.4.1 水压

由于煤层和含水层之间通常分布厚度不等的隔水层或弱透水岩层，采掘工作面一般不会直接揭露含水层。承压水要进入采掘空间必须要有一种力突破隔水层中弱透水的裂隙，并经过物理弱化作用克服水在裂隙中的流动阻力。在没有导水构造存在的前提下，若下伏承压水的压力较小，无法克服隔水层的阻力不会发生突水。水压既是突水的动力，又会产生对煤层底板岩石的软化作用，降低岩体的整体强度。即使没有导水构造，如果煤层底板承受水压很大，采动条件下在矿压和高压水的联合作用下，也可能引起煤层底板突水。在底板存在导水构造时，在突水孕育过程中，承压水起到水楔作用，将突水通道逐渐冲刷扩大，水压越大发生突水时的瞬时突水量越大。

3.4.2 底板隔水层

隔水层是底板承压水突水的阻抗因素，良好的隔水层是承压水下带压开采的安全屏障。底板隔水层的隔水能力主要取决于底板隔水层的厚度和强度，由于底板岩层构造和裂隙分布的不均一性，煤层底板隔水层阻隔水的能力具有明显差异。煤层底板没有导水构造存在时，隔水层的厚度、岩性与组合特征、裂隙发育程度等对隔水能力的影响最大。隔水层自身的重力作用对承压水起到压盖作用，水要突破隔水层或冲破弱透水的裂隙，必须克服压盖阻力，隔水层越厚，压盖阻力越大，阻水能力越强。软、硬相间的岩性组合，具有较好的隔水能力。底板岩层裂隙越少，完整性越好，则其隔水能力也就越强。

煤层底板存在导水构造时，隔水层厚度应由导水构造顶部算起，同时还要考虑采动对煤层底板的破坏深度。此时，隔水层的阻水能力主要由导水构造顶部或附近岩体的强度决定。

3.4.3 地质构造

所有特大型突水灾害的发生都与导水构造有关，主要包括断层和陷落柱。导水构造的存在一方面缩短了煤层与含水层的距离，另一方面为地下水向上运移提供了导水通道。断层产生的落差导致上盘煤层与下盘含水层距离拉近，相当底板隔水层厚度减少，高压奥灰水沿断层破碎带突破煤层底板发生突水。导水陷落柱是煤层底板发生突水的最具有威胁的通道，在导水陷落柱中奥灰水直接跃升到陷落柱的顶面，使隔水层厚度减小或失效，诱发陷落柱突水。

此外，在位于褶皱的轴部进行采掘活动时，由于褶皱的轴部裂隙发育，采动条件下煤层底板应力不断重新分布的结果，不但会有新的次生裂隙形成，而且会使原生裂隙不断延伸、扩展和贯通，使煤层底板阻水能力减弱引发煤层底板突水。

3.4.4 矿山压力

矿山压力对煤层底板的影响主要由采场周围岩体应力重新分布引起，随着回采工作面推进，由于采动引起煤层底板卸压，煤层底板岩体应力急剧释放，从而引起工作面底板岩体发生破坏。一般煤层埋深越大，矿山压力对煤层底板的破坏影响越明显。矿山压力可以引起构造活化，形成导水通道使底板承压水进入开采工作面，引发底板突水。由于煤层底板各隔水层及岩性组合不同，在采动矿压及水压的耦合作用下，煤层底板各岩层的挠度不同，必然会在层与层之间会产生一些顺层裂隙及垂直于层面的张裂隙。在这一阶段底板岩层形成的采动裂隙最多，对底板隔水层的破坏程度最大，降低了隔水层的阻水能力，底板裂隙进一步拓展延伸、联通直至突水。

3.4.5 采掘活动

在采煤工作面开始回采之后，围岩的应力状态将发生变化。随着工作面的推进，煤层底板前方处于支承压力的作用下而受到压缩。工作面推过后，应力释放，底板处于膨胀状态。随着顶板塌落，采空区冒落岩石的压实，工作面后方一定距离的底板又逐步恢复到原岩应力状态。由于工作面总是处于不断地推进过程中，从而导致底板出现压缩—膨胀—压缩的状态。而在压缩与膨胀变形的过渡区，底板最易出现剪切塑性变形而发生破坏，产生次生裂隙或使原生裂隙再扩展，在煤层底板形成采动裂隙带，削弱底板的阻水能力，诱发底板突水。尤其是随着开采面积扩大，周期来压对底板多次作用相互叠加，使底板采动裂隙越来越发育，阻抗能力越来越低。反之，当采动活动停止，矿压趋于稳定并逐渐恢复到原来的平衡状态，底板裂隙部分压闭收缩。大量开采实践和研究结果表明，煤层底板破坏程度与煤层的埋藏深度、煤层厚度、工作面的规模、开采顺序和顶板控制具有明显的关系。为降低采掘活动对煤层底板的影响程度，可以采用下列相应对策：

（1）控制工作面规模：对于保护层薄、强度不够或构造裂隙发育时，可采用大面改小面，适当缩短工作面斜长，以减少煤层底板破坏深度，降低矿井突水的风险。

（2）调整工作面布置：工作面布置应尽量避免在断层带附近或和其平行，以降低因矿压作用引起的采面周边剪切带与断层断裂带叠加可能造成工作面突水的概率。

（3）顶板控制：当顶板坚硬不易冒落形成悬顶跨距过大时，则应人工放顶，减少悬顶面积，降低初次来压强度，应依据长期的开采实践制定相应的控制措施。

（4）协调开采顺序：如采区接替分层开采，应采取间歇式开采，避免矿压集中作用和顶底板在非稳定情况下叠加破坏，一般间歇时间至少保持3~6个月。

（5）充填开采预注浆加固相结合：对煤层埋深大、构造复杂的块段，在目前进行底板注浆加固的基础上，再进行充填开采，以降低煤层底板破坏深度，实现安全开采。

需要指出的是，以上影响煤层底板突水的因素并不是孤立地对煤层底板起破坏作用，而是彼此联系着、几个因素共同对底板产生破坏作用而引发突水事故。

第4章　注浆堵水理论与技术

4.1　引言

注浆堵水理论与技术涉及多领域学科，它与工程地质学、水文地质学、土力学、岩石力学、流体力学、化学、材料学、工程机械学、地球物理勘探等多学科联系紧密，同时与液压技术、泵技术、射流技术、电子技术等息息相关。注浆堵水是岩土工程中一门专业性很强的分支学科，最近几十年才成为一种正式的施工技术，被广泛用于处理矿山、水利、土木、铁道建设、交通等工程领域相关岩土工程问题。

广义的注浆堵水是指利用各种专用的注浆设备，在一定注浆压力下，将特定浆液注入岩土体的空隙中，浆液置换原来被水占据的空间。浆液经充分脱水、固结或胶凝，形成一个结构比较完整、防水抗渗性能高和化学稳定性好的结石体或凝胶体，达到改善受注地层水文地质条件、工程地质条件的目的。

在煤矿注浆堵水实践中，依据注浆与采煤的关系注浆堵水具有两方面的内涵。其一，采前预注浆加固和改造煤层底板岩层。即采前通过对煤层底板富水异常区、地下水强径流带、煤层底板隔水层薄弱带、构造破碎带、导水裂隙带，以及不具备疏水降压条件且底板突水风险较大的区域，进行底板注浆加固改造，将煤层底板改造为隔水层，防止开采过程中底板突水。其二，突水后注浆堵水。即在矿井发生突水灾害后，通过选择适当的设备，采用合适的方法和材料对突水通道、突水点和突水含水层裂隙发育区域进行封堵，以切断突水水源与采场的联系，增加突水点周围岩层和隔水层的强度，为排水复矿创造条件。

4.2　注浆堵水技术发展历史

我国早在几千年前就普遍使用黏土和糯米粉、米汁和树胶等作为砌块的胶结与防渗材料。从雄伟的万里长城到神秘的地下陵墓，从悠悠千年的都江堰到宏大的南北大运河，都有使用封堵和胶结材料的痕迹。然而，注浆堵水作为一种新型工程技术仅有200多年的历史。

注浆技术的历史大致可划分为4个阶段：原始黏土浆液阶段（1802~1857年）；初级水泥浆液注浆阶段（1858~1919年）；中级化学浆液注浆阶段（1920~1969年）；现代注浆阶段（1969年之后）。

1802年法国的Charies Berigny使用黏土、石灰浆液，采用人工锤击的木制冲击桶装置加固迪普港的砖石砌体，可以认为是现代注浆技术的开始。自从1824年美国的Aspdin发明了硅酸盐水泥以后，一些国家就开始使用水泥作为主要的注浆材料，形成了早期的注浆堵水技术，并将注浆堵水技术广泛地应用于水坝、矿山和基础工程中。注浆技术的进一步发展和广泛应用是在矿井建设工程中，主要用于防止竖井开挖时地下水渗入，所采用的浆液是水泥浆液。1885年Tietjens在开凿井筒的过程中，成功地使用了地面预注浆法，并取得了相关的专利权。此后，英、法、南非、美、日以及前苏联等国家先后将注浆堵水技术应用于水利、矿山和建筑工程中的防水和加固。1886年，W·R·奎尼普尔（W. R. Kinniple）采用黏土水泥浆堵水技术，解决了尼罗河达梅塔（Dmietta）和罗萨塔（Rosetta）坝基下的渗流问题。同期，英国研制了“压缩空气注浆泵”，促进了水泥注浆法的发展。

19世纪80年代，化学注浆就已经被成功运用到实际工程中，只是没有获得理论论证。1884年英国的豪斯古德（Hosagood）在印度建桥时使用化学药品固砂。直到1920年荷兰采矿工程师E·J·尤斯登（Joosten）首次采用水玻璃、氯化钙双液双系统二次压注法，论证了化学注浆的可靠性，并于1926年取得了专利，开启了化学注浆的序幕。

20世纪40年代以来，随着化学工业的飞速发展，各种新的化学浆材和改进水泥材料相继问世，先后研制出各种性能的丙烯酰胺（AM-9）、脲醛树脂、聚氨酯、丙烯酞胺等高分子化学注浆材料，这些材料黏度较低且凝胶时间可控，并成功应用于工程实践中。20世纪70年代后，化学注浆技术在科学研究和工程实践方面都取得了丰硕成果，如低渗透性介质的渗透注浆与固结技术、大坝断层和岩溶地层的高压注浆加固和防渗、深基坑开挖的支护和防渗及大坝围堰深板桩墙帷幕技术等取得了理论上的重要进展，获得了良好的经济效益。与此同时，化学注浆的基本理论、注浆材料和注浆工艺以及设备等方面得到了相应的开发、充实和发展，应用范围日益扩大。丰富的化学注浆材料以及相关行业对其特性的研究为动水条件下化学注浆治理的动水控制理论研究与应用提供了有益的借鉴。

我国对注浆技术的研究和应用起步较晚，但发展较快，在某些方面已达到世界领先水平。20世纪50年代初，我国开始了现代注浆技术的应用研究，在水电、煤炭、铁路、公路等行业中，开始利用注浆技术治理水害。但由于理论和技术的落后导致注浆效果并不理想。20世纪60年代以后，我国开始使用注浆技术治理矿井水害，并逐渐形成一种行之有效的矿井水害治理技术体系。注浆材料由单液水泥浆发展到水泥-水玻璃双液浆、MG-646、聚氨酯（包括水溶性聚氨酯）及其他新型化学浆液。为降低注浆成本，以黏土为主剂的CL-C型黏土水泥浆在矿井水害治理过程中也得到了广泛应用。20世纪80年代后期以来，为避免或降低底板突水风险，通过注浆技术将煤层底板下伏含水层改造为相对隔水层的方法在相关矿井得到成功应用，取得了良好的水害治理效果。目前，煤层底板注浆改造技术已得到广泛应用，并形成了一套成熟的工艺系统和技术方法。

面对岩溶型矿区日益严重的底板突水治理问题，我国许多科技工作者针对具体的底板突水灾害进行了大量的实践和研究工作，并取得了有价值的研究成果，已达到国际领先水平。尤其是新材料、新工艺和新设备的成功运用，在保证注浆施工的安全性、扩大注浆应用范围和提高注浆效果等方面，起到了重要作用。

尽管如此，由于我国岩溶矿区地质、水文地质条件复杂，各类水害事故时有发生。尤其是随开采深度的加大，受奥灰强含水层威胁增大，发生特大突水的可能性也在增加。此外，由于发生突水事故的矿井地质、水文地质条件、突水通道、突水水源及堵水施工环境等千差万别，使突水治理工作具有很大的差异。虽然注浆技术应用已久，但主要是针对具体的情况进行的，对于可以普遍应用的注浆堵水治理技术，还缺乏系统的研究。尤其是对突水点位置不明、条件不清、堵水环境为动水条件的煤矿特大突水治理技术，仍然是目前值得研究的重要课题。

4.3 注浆堵水理论

近几十年来，国内外许多学者根据流体力学、流变学、地下水动力学和岩体力学原理对注浆堵水进行了理论研究，在对浆液的流动形式分析基础上，建立压力、流量、扩散半径、注浆时间之间的关系，对注浆堵水起到了一定的指导作用。注浆堵水理论主要包括充填注浆、渗透注浆和劈裂注浆理论。但与注浆材料、注浆工艺、注浆设备的快速发展相比，注浆理论的研究进展相对缓慢。被注介质的非均质、各向异性、不确定性，浆液本身的流变特性及介质对浆液性能方面的影响，是制约注浆理论发展的主要因素。

4.3.1 充填注浆理论

充填注浆理论是基于流体力学和岩体力学的原理发展而来，其基本原理是在一定注浆压力下，使浆液充满岩土体中的裂隙、孔隙、洞穴，从而改变岩土体的工程地质特性。

根据充填注浆工艺的要求，将制备好的浆液按一定压力注入岩层中的离层空间（原生裂隙、孔洞、采动形成的次生裂隙等），使浆液扩散到一定范围，起到对岩体的注浆加固作用。充填注浆材料属于固体和液体的混合物，按流体力学的观点，两种不同状态物质的混合流动就是两相流。按固体物料粒径大小将两相流分为均质两相流和非均质两相流两大类，不同类型两相流的基本性质参见表4-1。

表 4-1 不同类型两相流的基本性质一览表

两相流类型	物料粒径/mm	流体特性
均质两相流	<0.001	胶体
	0.001~0.05	似胶体
非均质两相流	0.05~0.15	微粒悬浮液
	0.15~1.5	粗粒悬浮液
	>1.5	非均质悬浮液

充填注浆效果与两相流物理性质和裂隙的联通和发育程度有关，与充填注浆相关的主要包括重度、浓度、黏度、扩散半径和注浆压力等参数。

（1）重度（r_j）。重度是指单位体积两相流所具有的重量，表达式如下：

$$r_j = \frac{r_0 Q_0 + r_k Q_k}{Q_j} \tag{4-1}$$

式中 r_0，r_k——水，密实固体物料的重度；

Q_0，Q_j，Q_k——水、两相流与密实固体物料的流量，m^3/s，$Q_j = Q_0 + Q_k$。

（2）浓度。指两相流中含有固体物料的体积（或重量）与两相流总体积（或总重量）之比，称为体积浓度 m_t（或重量浓度 m_z）；另一种是指单位时间内流过的固体物料的体积（或重量）与水的体积（或重量）之比，称为体积固水比 M_t（或重量固水比 M_z）。各种浓度的表示方法如下：

$$\begin{cases} m_t = \dfrac{Q_k}{Q_j} = \dfrac{r_j - r_0}{r_k - r_0} \\ m_z = \dfrac{r_k Q_k}{r_j Q_j} = \dfrac{r_k(r_j - r_0)}{r_j(r_k - r_0)} \end{cases} \tag{4-2}$$

$$\begin{cases} M_t = \dfrac{Q_k}{Q_0} = \dfrac{r_j - r_0}{r_k - r_j} \\ M_z = \dfrac{r_k Q_k}{r_0 Q_0} = \dfrac{r_k(r_j - r_0)}{r_0(r_k - r_j)} \end{cases} \tag{4-3}$$

对于上述充填注浆材料，一般用水与固体物料的重量比 n 来表示，它与 M_z 互为倒数关系，即 $M_z = 1/n$。

（3）黏度。流体抵抗变形的性质，在两相流中，固体物料的化学成分、物理性质和浓度对其黏性均有影响，一般通过试验的方法测定。

（4）扩散半径。是指两相流（充填注浆浆液）在一定压力的作用下，从注浆孔沿离层裂缝向四周扩散的距离。扩散距离和影响范围与离层带的宽度、浆液的注入量、固体颗粒的粒径等多种因素有关。

充填过程中浆液属于固、液混合物，其在离层带中扩散可以出现紊流和层流两种状态。随着扩散距离的增加，浆液的流动速度逐渐下降，当达到临界流速 V_{pl} 时，浆液中的固体颗粒便逐渐沉积下来。产生离析沉淀现象与颗粒大小有关，颗粒越大越易产生沉淀。

目前，国内外学者主要针对土体的注浆加固进行了大量研究，并给出了浆液扩散半径经验公式，但对浆液在岩体中扩散半径的确定无可操作性的公式可借鉴。在针对岩体的注浆工程中通常依据对离层带导水程度的估算来确定浆液的扩散半径，并结合现场对注浆效果的检验进行校核。

（5）注浆压力。是浆液克服流动阻力在岩体离层带中渗透、扩散、劈裂、压实应具有的最小压力。注浆压力与受注岩体的强度、渗透性、注浆顺序及注浆材料的性质等因素有关。通常注浆压力的选取没有统一的标准，为保证注浆充填效果，一般控制注浆压力不低于水压的 2~3 倍。

4.3.2 渗透注浆理论

渗透注浆的基本原理是浆液在压力作用下渗入岩土体的孔隙和裂隙中，排挤出孔隙和裂隙中存在的自由水和气体，在基本不改变岩土体原来结构和状态的基础上，达到改善岩土体的物理力学性能的目的。目前，多数渗透注浆原理主要针对土体注浆加固问题提出的，其中以马格（Maag）理论（球形扩散理论）、柱形扩散理论、袖套管法理论应用比较广泛。

适用于岩体注浆加固的渗透注浆理论主要包括 Baker 公式和刘嘉材公式等，基本假设如下：

（1）裂隙为二维光滑裂隙，张开度一定；

（2）忽略注浆压力引起的裂隙张开度的变化；

（3）浆液按牛顿流体或宾汉姆流体考虑，在裂隙中呈圆盘状扩散。

Baker 公式：

$$Q = \pi\gamma_w H \cdot b^3/[6\mu_g \cdot \ln(R/r_c)] \tag{4-4}$$

改进的 Baker 公式：

$$H\gamma_w = \frac{6\mu_g Q}{\pi b^3}\ln\frac{R}{r_c} + \frac{3r_g Q^2}{20g\pi^2 \cdot b^2}\left(\frac{1}{r^2} - \frac{1}{R^2}\right) \tag{4-5}$$

刘嘉材公式：

$$R = 2.21\sqrt{\frac{0.093\gamma_g \cdot H \cdot b^2 \cdot r_c^{0.21} \cdot t}{\mu_g}} + r_c \tag{4-6}$$

佳宾方程：

$$\gamma_g H = \frac{3\tau_0}{b}(R - r_c) + \frac{6\mu_g \cdot Q}{\pi \cdot b^3} \cdot \ln\frac{R}{r_c} \tag{4-7}$$

Wittke 方程：

$$R(\varphi) = (r_c + b\gamma_g \cdot H/2\tau_0)/l + (b/2\tau_0)(\gamma_g - \gamma_w) \cdot \sin\alpha \cdot \cos\varphi \qquad (4-8)$$

式中　γ_w——水的重度；

γ_g——浆液重度；

b——裂隙张开度；

μ_g——浆液黏度系数；

r_0——注浆管半径；

H——注浆孔长度；

Q——注浆量；

R——浆液扩散半径；

t——注浆时间；

τ_0——浆液屈服强度；

α——平面裂隙倾角；

φ——裂隙中浆液扩散点与椭圆交点连线的方向角。

应用上述渗透注浆公式得出的计算结果可能与实际情况存在一定的出入，但通过理论计算，可以得出注浆参数的大致范围，对注浆工程的设计、施工有一定的指导意义。

4.3.3　劈裂注浆理论

劈裂注浆理论的基本原理是在钻孔内施加液体压力于岩体中的软弱结构面，当液体压力超过劈裂压力时岩体产生劈裂现象，浆液沿原生和次生裂隙流动并形成网状浆脉，通过浆脉挤压岩体和浆脉的骨架作用加固岩体，从而提高岩体强度达到加固岩体的目的。

劈裂注浆的浆液在注浆压力作用下先克服岩层的剪应力和抗拉强度，一方面浆液充填已产生的岩体破碎裂隙，另一方面由于浆液带压产生挤压劈裂作用，使已有微小裂隙的弱面产生较大裂缝，浆液便沿此劈裂面渗入和挤密岩土体，并在其中产生化学加固作用。

一般情况下，完整岩石的抗拉强度在7MPa以上，一般岩体内注浆压力不超过5MPa，完整的岩石很难发生水力劈裂，而以不同形式存在于岩体中的软弱结构面和微小裂隙的强度很低，多数会在2MPa左右，较小的压力首先从软弱结构面劈裂或使微小裂隙扩张并导致岩层的变形。因此，软弱结构面和软弱层的存在控制着劈裂的发生和发展，同时也为劈裂注浆提供了必要条件。

劈裂注浆是一个先充填后劈裂的过程，浆液在岩土体中流动分为3个阶段：

第一个阶段，局部充填阶段。劈裂注浆初期浆液所具有的能量不足以劈裂岩层，浆液主要聚集在注浆孔周边岩体，首先充填周边岩体中存在的孔洞和裂隙，这阶段一般持续时间较短、吃浆量少，而压力增长较快。

第二个阶段，劈裂充填阶段。随着注浆时间的延续，在周边岩体中的孔洞和裂隙完全被充填后，注浆压力便很快上升，则会出现第一个注浆压力峰值，即启裂压力。当注浆压力大于启裂压力时，浆液在岩层中可能发生一次或多次劈裂现象。劈裂作用一方面会产生新的次生裂隙，另一方面也可能会使原生裂隙不断扩展，并在部分区域与次生裂隙沟通。浆液沿次生和原生裂隙流动，并充填其所占据的空间。劈裂充填阶段提高了浆液的可灌性和扩散性，为岩体的整体加固创造了必要条件。

第三个阶段，充填固结阶段。劈裂充填阶段后注浆压力会继续增大，在更大的压力作用下浆液充满原生裂隙和次生裂隙，并使其与岩体凝固胶结。在达到一定的注浆压力并稳定后，再进行下一段注浆，如此反复进行，直至注浆结束。

4.3.4 压密注浆理论

压密注浆是用极稠的浆液（坍落度小于25mm），通过钻孔挤向土体，在注浆处形成球形浆泡。浆体的扩散靠对周围土体的压缩。钻杆自下而上注浆时，将形成桩式柱体，浆体完全取代了注浆范围的土体，在注浆临近区存在大的塑性变形带；离浆泡较远的区域土体发生弹性变形，因而土的密度明显增加。压密注浆的浆液极稠，浆液在土体中运动是挤走周围的土，起置换作用，而不向土内渗透。其不像渗透注浆，浆液渗入土颗粒间空隙内，将土颗粒包围胶结起来，压密注浆的注浆压力对土体产生挤压作用，只使浆体周围土体发生塑性变形，远区土体发生弹性变形，而不使土体发生水力劈裂，这是压密注浆与劈裂注浆的根本区别之处。

土体压密注浆源于美国，20 世纪 50 年代早期用于工程，但没有对其原理进行研究，直到 1969 年格拉夫才提出压密注浆的概念。1970 年米切尔研究了压密注浆的机理。1973 年布朗和沃纳论述了压密注浆力学及应用。压密注浆适用于加固比中砂细的砂土和能够充当排水的黏土，其优点是对最软弱土区起到最大的压密作用。

压密注浆过程中，刚开始注浆时，浆柱的直径和体积较小，压力主要是径向的也就是水平方向。随着浆柱体积的增加，将产生较大的向上压力，压密注浆的挤密作用和上抬力对沉陷基础加固及抬升是非常有效的，现场观测发现，紧靠浆泡处的密度并不增加，但离浆泡 0.3~1.8m 内有挤密作用，在这个压密带内，距浆泡越远则挤密越差。对非饱和土挤密较明显；对饱和土，浆泡引起超孔隙压力，待孔隙压力消散后土的密度才会提高。浆柱体的形状在均匀的地基中是球形和圆柱形，在不均匀的地基中，浆柱大都呈不规则形状，浆液总是挤向不均匀地基中的薄弱土区，从而使土体变形的性质均一化。浆柱体的大小受地基土的密度、含水量、力学特征、地表约束条件、注浆压力、注浆速率等因素控制。

4.3.5 电动化学注浆理论

电渗试验研究表明，由电渗引起的水流从正极流向负极的速度与达西渗透定律极为相似，即在水压力作用下流体通过多孔介质的平均速度为：

$$v_e = k_e \cdot I_e = k_e \cdot \frac{V}{L} \tag{4-9}$$

式中　v_e——电渗速度；

k_e——水的电渗系数；

I_e——电压比降；

V——直流电压；

L——两电极的距离。

试验还发现，k_e 并不是一个常数，它不仅与流体中的离子浓度有关，在一定程度上还将随电场强度的增大而提高。这种情况表明，在黏土中即使不采用注浆压力，也能靠直流电压把浆液注入土中，或者在进行压力注浆后再在土中通以直流电，就能使土中的浆液扩散的更加均匀，使注浆效果进一步提高。这就是电动化学注浆的基本原理。

假定在土中打入两个半径为 A 的注浆管，孔距为 D，在两注浆管之间通以直电流，则浆液扩散至 R 处所需的时间可以用下式确定：

$$T = \frac{R^2}{V} = \frac{\lg\left(\frac{D}{A}\right)}{k_e} \tag{4-10}$$

式中　V——作用电压；

k_e——电渗系数。

显然，除电压外再施加流体压力，注浆效果更佳。当地基不允许施加较高的流体压力时，电动化学注浆就更有意义。

4.4 注浆堵水材料

注浆堵水工程中，注浆堵水材料选择是首先考虑的问题之一，注浆堵水材料的合理选择直接决定着注浆堵水工程的进度。注浆堵水材料包括骨料和注浆材料，骨料是封堵过水通道和突水通道先期投放的材料，注浆材料是封堵孔隙、裂隙和加固的必备材料。

4.4.1 骨料

骨料是指在注浆堵水过程中先期投放到突（过）水通道中颗粒较大的固体材料，主要起到骨架的作用，是改变通道水流状态和实现注浆堵水的基础材料。无论是在动水环境还是静水环境下实施对突水通道的封堵，首先需要通过灌注骨料来建立过水和突水通道滤水段和阻水段，将通道中的管道流改变为渗流，实现通道截流的目的，同时为后续注浆堵水工程的顺利实施奠定基础。在突水治理过程中，骨料大小、类型的确定是实现通道截流的关键，投注骨料前要综合考虑工程情况合理选择骨料。

骨料的粒径主要受堵水环境、钻孔孔径、流速等因素制约。理论上骨料粒径越大越好，静水环境下任何粒径都可选择。实际上骨料粒径过大除可能堵塞钻孔外，还可能造成骨料充填的区域过小，不容易形成稳定松散体，达不到截流的效果。投放骨料粒径过小，静水环境下粒径过小的骨料可能会长时间呈悬浮状态，很难快速形成稳定的截流段，动水环境下粒径过小的骨料会随水流向前运移，在高流速下容易被强大的水流带走，既浪费骨料，又会影响整个注浆堵水工程的进度。因此，需要针对具体的堵水环境、孔径、流速等因素选择合适的骨料。

考虑到位于不同位置的钻孔揭露的过水通道大小、水的初始流速的差异，以及骨料充填程度不同造成的水流速度的变化，骨料粒径必须与之相适应，即应依据实际情况选择不同的骨料。在骨料充填前期，应选择大粒径的骨料，以在通道中形成稳定的且具有大孔隙的松散堆积体。后期随着水流状态的改变，应选择不同级配的骨料，以使粒径较小的骨料再填充到前期形成大孔隙中，为快速形成渗流通道和注浆封堵创造条件。常用骨料主要包括：尾矿砂、中粗砂、米石（ϕ1~5mm）、05 号石子（ϕ5~10mm）、1~2 号石子（ϕ10~30mm）等。

骨料最小粒径确定：可以依据泥沙动力学中的泥沙起动流速公式确定，即：

$$u = 1.34\left(\frac{H}{d}\right)^{0.14}\sqrt{\frac{\gamma_s - \gamma}{\gamma}gd} \tag{4-11}$$

式中 u——临界流速，m/s；

H——水深，m；

d——泥沙颗粒直径，m；

g——重力加速度，m/s^2；

γ_s——泥沙容重，kg/m^3；

γ——水的容重，kg/m^3。

骨料最大粒径确定：主要由骨料注入段的钻孔直径确定，为避免在注入过程中因骨料粒径过大造成卡孔，影响施工进度，原则上骨料最大粒径应不大于孔径的三分之一。

对于流速极大，一般骨料不能满足充填要求的特定通道，可以依据实际情况选择特殊骨料。总之，在骨料截流环节，应依据通道空间大小、水动力条件，因地制宜地选择骨料类型、级配和组合形式。

4.4.2 注浆材料

注浆材料是指在注浆堵水过程中充填骨料之间的细粒物质，主要起到对骨料的充填和胶结作用，它是突水和充水通道形成稳定结石体和封堵导水裂隙的基础材料。注浆材料主要包括主剂和外加剂。主剂又称基体、基料或黏料，它是浆液的主要组分，是决定浆液基本性能的物质。外加剂是为改善浆液物理机械性能或增强其功能而加入的各种辅助物质，根据其在浆液中的作用，可分为固化剂、催化剂、速凝剂及悬浮剂等。注浆材料中按一定比例加入水或其他溶剂配制的浆液用于充填、堵塞岩层中的裂隙或孔隙，经过一定的化学或物理反应浆液则由液相转变为固相形成结石体，从而起到堵水和加固目的层的作用，注浆材料作用详见图 4-1。

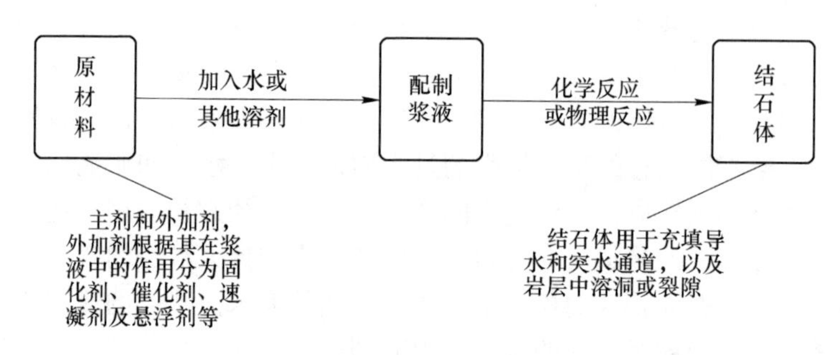

图 4-1　注浆材料的配制及作用

注浆材料品种繁多，从最早的石灰、黏土、水泥，发展到现在的水泥-水玻璃、各种化学注浆材料、超细水泥等。按注浆材料主剂性质一般可分为无机和有机两大系列。其中，无机系列注浆材料主剂为水泥，有机系列注浆材料主剂为化学材料。

4.4.2.1　无机注浆材料

A　单液水泥类浆液

单液水泥类浆液是指以水泥为主，添加一定量的外加剂，用水配制成的浆液。以水泥和水调制而成的浆液称为纯水泥浆液。纯水泥浆初凝、终凝时间长，不能准确控制，容易流失，易沉淀析水、强度增长慢、结石率低、稳定性较差等缺点。此外，随着水灰比的增大，形成结石体的抗压强度降低明显。

外加剂是指能改善水泥浆液性能的速凝剂、早强剂、分散剂等，常用的外加剂包括：（1）速凝剂。是指能缩短水泥凝固时间的化学药剂，水泥浆中加入速凝剂有显著速凝作用。我国速凝剂种类很多，如“711”型、红星一型、阳泉一型、氯化钙、苏打、水玻璃、碳酸钾、硫酸钠等。（2）早强剂。水泥的速凝早强剂是复合外加剂，如水玻璃、三乙醇胺加氯化钠、三异丙醇胺加氯化钠及二水石膏加氯化钙等。一般情况下，速凝早强剂用量为：三乙醇胺（或三异丙醇胺）占水泥用量 0.05%~0.1%，氯化钠占水泥用量 0.5%~1.0%。（3）分散剂和悬浮剂。单液水泥浆易沉淀析水，需加入悬浮剂。膨润土、高塑黏土属于悬浮剂。为了降低水泥浆的黏度，提高浆液的流动性，增加浆液的可注性，往往要加入分散剂。(4) 其他外加剂。为满足注浆工程的特殊需要，水泥需添加一些其他外加剂，如缓凝剂、流动剂、加气剂、膨胀剂、防析水剂等。亚硫酸盐、纸浆废液、食糖、硫化钠等属于塑化剂。

添加一定量外加剂的单液水泥类浆液，初凝、终凝时间和强度有明显改善，外加剂掺入量和种类对水泥浆性能影响参见表 4-2。

表 4-2 外加剂用量对水泥浆性能影响一览表

水灰比	外加剂		初凝时间	终凝时间	抗压强度/MPa			
	名称	用量/%			1d	2d	7d	28d
1∶1	0	0	14h15min	25h00min	0.8	1.6	5.9	9.2
1∶1	水玻璃	3	7h20min	14h30min	1.0	1.8	5.5	—
1∶1	氯化钙	2	7h10min	15h04min	1.0	1.9	6.1	9.5
1∶1	氯化钙	3	6h50min	13h08min	11	20	65	98

B 超细水泥浆液

是指由 80%以上颗粒直径在 5nm 以下，最大粒径不超过 18nm，其中粒径 d_{50} 可细至 1nm 以下的超细水泥构成的浆液。超细水泥是一种理想的高性能超微粒水泥基灌浆材料，它具有与有机化学灌浆液相似的良好渗透性和可灌性，可渗透入通常认为水泥颗粒无法渗透的细砂粉砂混合层、粉砂层和粉土层。超细水泥浆液最高水灰比达到 4.0 以上时，仍具有较高的固砂强度，可满足灌浆加固施工要求，具有更高的强度和耐久性，且具有环保性，对周围环境无污染。

C 湿磨超细水泥浆液

是指对水灰比为 1∶1 的普通水泥的浆液再予以磨细 15min 后，水泥平均粒径为 4~10μm，表面积达到 7000~10000cm^2/g 形成的浆液。湿磨超细水泥浆液析水率只是普通水泥浆液的 5%左右，可以在磨细操作的同时进行注浆。

D 膏状水泥浆液

是指普通水泥浆液、膨润土和外加剂经过高速搅拌而成的，水灰比为 0.4~0.7 的水泥浆液。这种低水灰比的稠浆 2h 内的析水率不超过 5%。在压力作用下，水分不会被挤出，具有高稳定性，能够较为饱满地充填裂隙，结石体的强度高，抗化学溶蚀的能力强，但在注浆过程中有触变性。

E 水泥黏土类浆液

在水泥浆液中掺入一定比例和黏度的黏土材料，经充分搅拌后即构成了水泥黏土类浆液。水泥和黏土搅拌后，水泥水化产生水化物的同时，一部分继续硬化，形成水泥水化物的骨架，另一部分则与周围具有活性的黏土颗粒发生反应。反应主要是水泥与水反应生成的钙离子被带负电荷的黏土颗粒吸附（阳离子交替吸附）及团粒化作用和凝结作用。

水泥黏土类浆液较单液水泥浆液材料来源丰富，价格低廉，流动性好，抗渗性强，结石率高，浆液无毒性，对地下水和环境无污染。抗压强度因配方不同有所差异，一般情况下为 5~10MPa，比单液水泥浆低，只适用于充填注浆；采用单液注入工艺，设备简单，操作方便。水泥黏土类浆液抗压强度、初凝、终凝时间、结石率与黏土的掺入量和黏度有关，参见表 4-3。

表 4-3　水泥黏土类浆液性能与黏土掺入量关系一览表

水灰比	黏土占水泥百分比/%	黏度/Pa·s	密度/g·cm^{-3}	凝胶时间		结石率/%	抗压强度/MPa			
				初凝	终凝		3d	9d	14d	28d
0.5∶1	5	滴流	1.84	2h42min	5h52min	99	1.85	—	33.2	13.6
0.75∶1	5	40×10^3	1.65	7h50min	13h1min	93	4.05	6.96	7.94	7.89
1∶1	5	19×10^3	1.52	8h30min	14h30min	87	2.41	5.17	4.28	8.12
1.5∶1	5	16.5×10^3	1.37	11h5min	23h50min	66	1.29	3.45	3.24	7.30
2∶1	5	15.8×10^3	1.28	13h53min	51h52min	57	1.25	2.58	2.58	7.85
0.5∶1	10	不流动	—	2h24min	5h29min	100	—	—	20.3	—
0.75∶1	10	65×10^3	1.68	5h15min	9h38min	99	2.93	6.96	5.12	—
1∶1	10	21×10^3	1.56	7h24min	14h10min	91	1.68	4.55	2.88	—
1.5∶1	10	17×10^3	1.43	8h12min	20h25min	79	1.56	2.79	3.30	—
2∶1	10	16×10^3	1.32	9h16min	30h24min	58	1.25	1.58	2.52	—
0.5∶1	15	—	—	—	—	—	—	—	—	—
0.75∶1	15	71×10^3	1.70	4h35min	8h50min	99	0.40	2.40	2.95	—
1∶1	15	23×10^3	1.62	6h20min	14h13min	95	1.30	1.56	2.18	—
1.5∶1	15	19×10^3	1.51	7h45min	24h5min	80	0.85	0.97	1.40	—
2∶1	15	16×10^3	1.34	9h50min	29h16min	60	0.73	1.13	2.24	—

F　可控域黏土固化浆液

以黏土为主剂加入一定量的添加固化剂而成，浆液成本低、来源广、应用范围大。浆液主要特点如下：

（1）以黏土为主要成分，占 80%~85%；

（2）具有高分散性和高可控流动性，且其结石不收缩，堵水率可达 90%以上；

（3）浆液可注性好，扩散半径可控，可降低注浆钻孔数量，避免浆液流失；

（4）浆液具抗水稀释性、流变可控制性，能在动水状态下注浆，避免浆液过多损耗；

（5）浆液结石体塑性强度高，化学稳定性好，具有良好的抗震性和化学侵蚀能力。

G 高水速凝浆液

以铝矾土、石灰和石膏为主要原料，配以多种无机原料外加剂，经磨细、均化等工艺，配制成甲、乙两种粉料的水硬性胶结材料。主要技术特征如下：

（1）由甲乙两种固体粉料组成；

（2）具有高含水性，水和固体粉料体积比高达6∶1~9∶1，水灰比为2∶1~3∶1；

（3）具有可注性，甲乙两种固体粉料与水搅拌制成的甲乙两种浆液，单独放置可达24h以上不凝固、不结底，流动性好，适应于远距离输送；

（4）具有速凝性，甲乙两种浆液混合后30min之内即可凝结成固体；

（5）强度性能，甲乙两种材料浆液混合后开始凝固，抗压强度1h可达0.5~1MPa，2h可达2MPa，一天可达4MPa，7d以后可达5MPa以上；

（6）无毒、无害、无腐蚀；

（7）酸碱性，甲料的pH为9~10，呈弱碱性；乙料的pH为11~12，呈碱性；

（8）高水材料所形成的结石体早期破坏后还具有重结晶恢复强度的特性。

H 水泥-水玻璃类浆液

水泥-水玻璃类浆液亦称CS浆液（C代表水泥，S代表水玻璃），是以水泥和水玻璃为主剂，两者按一定的比例采用双液方式注入，必要时加入外加剂所形成的注浆材料。水泥-水玻璃类浆液是一种用途极其广泛、对地下水和环境无污染的注浆材料。CS浆液主要适宜于对大于0.2mm以上裂隙及1mm以上孔隙的封堵。如果想进一步缩短CS浆液的凝胶时间，也可以在其中加入其他的化学添加剂，如三乙醇胺、氯化钠、硅粉等，可将CS浆液的凝胶时间缩短至7~15s。如果要延长CS浆液的凝胶时间，可在其中加入缓凝剂，如磷酸二氢钾等。注浆时浓度一般选择38°Bé（波美度），模数在3.1~3.3之间，堵漏时浓度一般选择51°Bé，模数在2.4~2.6之间。

水泥-水玻璃浆液的特点：浆液可控性好，凝胶时间凝固时间一般可控制在30~60s之内，并且可以调节。在CS浆液中加入其他的化学添加剂，如三乙醇胺、氯化钠、硅粉等，可将CS浆液的凝胶时间缩短至7~15s；在其中加入缓凝剂，如磷酸二氢钾等也可以延长CS浆液的凝胶时间。CS浆液结石体强度高，一般可达5.0~10.0MPa。浆液的结石率高可达100%，形成结石体的渗透系数小，一般为10^{-3}cm/s。

I 水玻璃类浆液

水玻璃类浆液是指水玻璃在固化剂作用下产生凝胶的一种注浆材料。主要包括：

(1) 水玻璃-氯化钙浆液。两种液体在地下土壤中相遇，立即发生化学反应，生成二氧化硅胶体，并将土粒包围起来凝成整体，不仅起到防渗作用，更主要的起到加固作用。

(2) 水玻璃-铝酸钠浆液。水玻璃与铝酸钠反应，生成凝胶物质硅胶及硅酸铝盐，胶结砂和土壤，起到加固和堵水作用。

(3) 水玻璃-硅氟酸浆液。水玻璃和硅氟酸两种浆液相遇便产生絮状沉淀物，在性能上是一种比较好的水玻璃浆。

(4) 其他类水玻璃浆液。水玻璃-磷酸类、水玻璃-草酸硫酸铝类、水玻璃-二氧化碳类、水玻璃-有机胶凝剂类。

4.4.2.2 有机注浆材料

有机系列注浆材料主要有脲醛树脂类、聚氨酯类、丙烯酰胺类、木质素类等，具有稳定性好、黏度小、流动性和可注性好等优势。注入介质中的浆液能在较短时间内快速固结并达到一定的强度，使松散或破碎的围岩、散粒体胶结成连续体，恢复或加强结构的整体性，适用于微细裂隙发育带、集中渗流带、层间错动面的注浆加固，在矿井注浆堵水中有着十分重要的价值。化学注浆材料价格昂贵、大范围使用会对周围环境和地下水产生一定程度的污染、形成的结石体强度较低且耐久性较差等制约了它的使用范围。在矿井注浆堵水中很少大规模使用化学注浆材料，仅在某些特定环境下选用。

A 丙烯酰胺类浆液

丙烯酰胺类浆液要求双液系统注入，主剂、交联剂、还原剂（或强还原剂）及缓凝剂溶解在水中单独存放，简称甲液；氧化剂也溶解在水中单独存放，简称乙液。由于丙烯酰胺单体具有毒性，日本、美国等现在已不再使用。

浆液特点为：(1) 黏度小，在凝胶前一直保持不变，具有良好的渗透性；(2) 凝胶时间可以准确地控制在几秒至几十分钟范围内，浆液凝胶是瞬间发生并完成的；(3) 凝胶体抗渗性能好，渗透系数为 $10^{-9}\sim10^{-10}$cm/s；(4) 凝胶体抗压强度低，一般不受配方的影响，其值为 0.4~0.6MPa。

B 木质素类浆液

木质素类浆液同样要求双液系统注入，浆液由两部分组成，甲液是亚硫酸钙纸浆废液，乙液包括促进剂和固化剂，促进剂有三氯化铁、硫酸铝、硫酸铜、氯化铜等。固化剂采用重铬酸钠的称为铬木质素浆液，固化剂采用硫酸铵的称为硫木质素浆液。

本浆液特点为：(1) 浆液的黏度较小，可灌性好，渗透系数为 $10^{-3}\sim10^{-4}$cm/s的基础均可适于灌浆；(2) 防渗性能好，用铬木质素浆液处理后的基础，其渗透系数达 $10^{-7}\sim10^{-8}$cm/s；(3) 浆液的胶凝时间可在几秒钟至十分钟范围内调节；(4) 新老凝胶之间的胶结较好，结石体的强度达 0.4~0.9MPa。

(5) 原材料来源广，价格低廉。

但由于重铬酸钠是一种剧毒药品，在地层中注浆存在着铬离子（Cr^{6+}）污染地下水的问题，因此铬木质素浆液的广泛应用受到了一定的限制。

硫木质素浆液特点为：(1) 浆液黏度与铬木质素相似，可灌性能好；(2) 胶凝时间可在几十秒至几十分钟之间控制；(3) 凝胶体不溶于水、酸及碱溶液中，化学性能较稳定；(4) 结石体抗压强度在0.5MPa以上。

C 脲醛树脂类浆液

脲醛树脂类浆液指由脲素和甲醛综合而成的一种高分子聚合物，在固化前是一种水溶性树脂，用水配制成水溶液，溶液在酸性、常温、常压下就能迅速固化，并且具有一定的强度。脲醛树脂类浆液主要包括脲醛树脂浆液、脲素-甲醛浆液和改性脲醛树脂液三类。

脲醛树脂浆液：以固体含量为55%左右的脲醛树脂为主剂，注浆时稀释至40%，然后加入酸或强酸弱碱盐作固化剂。浆液特点为：(1) 材料来源丰富，价格便宜；(2) 浆液结石体的强度较高，达40~80MPa，但较脆；(3) 浆液黏度较大，在酸性条件下对设备有腐蚀性，在含碳酸盐地层注浆时其结石体强度会下降；(4) 凝胶体抗渗性差，长期存放会变质固化，并且浆液的刺激性气味大。

脲素-甲醛浆液：脲素和甲醛作注浆材料的甲液，固化剂作乙液。浆液特点为：(1) 浆液流动性好，黏度低；(2) 解决了浆液长期存放的问题，但浆液配制后必须立即使用；(3) 材料来源广泛，成本下降。

改性脲醛树脂液：脲醛树脂浆液虽有价格低廉、使用广泛等优点，但仍有许多不足之处对注浆不利，如质脆易碎，抗渗性差，与岩石胶结力不强，并有收缩现象，有效期短等，因此，有时在脲醛树脂生产过程中，加入一种或几种能参与反应的化合物或在脲醛树脂浆液中加入另一种注浆材料混合使用，以取长补短，达到改善性能的目的。浆液特点为：(1) 浆液结石体强度大，胶结力强，固砂强度可达10.0MPa；(2) 浆液黏度低，为25MPa·s，可注性好，可注入含泥量为20%的细砂中；(3) 浆液凝胶时间可控范围宽，可从几十秒至几十分钟调节；(4) 凝胶及其固砂体耐久性好，可抗5%浓度的强酸、强碱和盐的腐蚀；(5) 材料来源丰富，成本较低。

D 聚氨酯类浆液

聚氨酯类浆液是一种防渗堵漏能力较强、固结强度较高的注浆材料，它属于聚氨基甲酸酯类的高聚物，是由异氰酸酯和多羟基化合物反应而成。

由于浆液中含有未反应的异氰酸基因，遇水发生化学反应，生成不溶于水的聚合体，因此能达到防渗、堵漏和固结的目的。另外反应过程中产生二氧化碳，使体积膨胀而增加固结体积比，并产生较大的膨胀压力，促使浆液二次扩散，从而加大了扩散范围。聚氨酯类浆液可分为两大类：水溶性和非水溶性浆液。区别在于：前者与水能混合，后者只溶于有机溶剂。

非水溶性聚氨酯浆液由多异氰酸酯和多羟基化合物聚合而成。该浆液制备可分为“一步法”和“二步法”两种。“一步法”就是在灌浆时，将主剂的组分和外加剂直接一次混合成浆液。“二步法”又称预聚法，是把主剂先合成为聚氨酯的低聚物（预聚体），然后，再把预聚体和外加剂按需要配成浆液，这样可以缓和反应，减少放热，便于控制胶凝时间。浆液特点为：（1）浆液是非水溶性的，遇水开始反应，因此不易被地下水冲稀或冲失；（2）浆液遇水反应时发泡膨胀，进行二次渗透，扩散均匀，注浆效果好；（3）结石体抗压强度高；（4）采用单液系统注浆，工艺设备简单。

水溶性聚氨酯浆液包括预聚体和其他外加剂。预聚体是由聚醚树脂和多异氰酸酯反应而成，外加剂与非水溶性聚氨酯所用的基本相同。依据反应预聚体的强度大小可以分为高强度浆液预聚体及低强度浆液预聚体。浆液特点为：（1）浆液能均匀地分散或溶解在大量水中，凝胶后形成包有水的弹性体；（2）结石体的抗渗透性能好，一般在 $10^{-6} \sim 10^{-8}$ cm/s 之间；（3）浆液的凝胶时间可以根据催化剂或缓冲剂的用量在数秒到数十分钟之间调节。

4.4.2.3　注浆材料选择

合理选择注浆材料是注浆堵水工程成败的关键，注浆材料的选择主要取决于堵水区域的水文地质条件、岩层的裂隙、岩溶发育程度、地下水的流速及化学成分等因素。一般应根据注浆目的、注浆层位、施工技术与环境、造价等因素来选择适宜的注浆材料。理论上最佳注浆材料应满足下列条件：

（1）浆液熟度低，流动性好，可注性好，能够进入细小隙缝和粉细砂层；

（2）浆液凝固时间可以任意调节，并能人为地加以准确控制；

（3）浆液的稳定性好，常温、常压下存放一定时间而不改变其基本性质，不发生强烈的化学反应；

（4）浆液无毒、无臭，不污染环境，对人体无害，属非易燃易爆物品；

（5）浆液对注浆设备、管路、混凝土建筑物及橡胶制品无腐蚀性，并且容易清洗；

（6）浆液固化时，无收缩现象，固化后有一定的黏结性，能牢固地与岩石、混凝土及砂子黏结；

（7）浆液结石率高，结石体有一定的抗压强度和抗拉强度，不龟裂，抗渗性好；

（8）结石体应具有良好的耐老化特性和耐久性，能长期耐酸、碱、盐、生物菌等腐蚀，并且其温度、湿度特性与被注体相协调；

（9）注浆后材料颗粒应有一定的细度，以满足注浆效果，但颗粒越细，浆液成本也就越高，考虑到经济效益，应合理地选择注浆材料；

(10) 浆液配制方便，操作简单，原材料来源丰富，价格合理，能大规模使用。

但是由于在注浆过程中需要消耗大量的注浆材料，理论上最佳的注浆材料可能因价格高昂，不符合经济合理性。因此，在实际应用注浆材料的费用问题也是应该考虑的因素，在技术可行的基础上最好选择来源广、价格低廉、储运方便、注入工艺简单以及不污染环境的注浆材料。

在注浆堵水过程中使用注浆材料就是为了封堵导水孔隙和裂隙，达到加固和改善岩体强度及渗透性的目的，不同注浆材料均有其最佳的使用范围，参见表4-4。

表 4-4 各种注浆材料使用范围一览表

系别	浆液类别	砾石			砂粒				粉粒	粘粒
		粗	中	细	粗	中	细	极细		
水泥注浆材料	普通水泥类									
	水玻璃类									
	黏土类									
	超细水泥类									
化学注浆材料	丙烯酰胺类									
	铬木素类									
	脲醛树脂类									
	聚酰酯类									
	环氧树脂类									
粒径/mm		10	5	2	0.5	0.25	0.1	0.05	0.005	0.002
渗透系数/cm·s^{-1}					10^{-1}		10^{-3}		10^{-5}	10^{-7}

一般情况下，孔隙直径应大于注浆材料的颗粒直径，裂隙宽度应大于注浆材料最粗颗粒直径的 3 倍以上。我国普通水泥中主要成分的颗粒直径约为 50μm，最粗的达 80μm，采用普通水泥浆作为注浆材料可注入孔隙直径或裂隙最小宽度为 0.24mm 的介质中；采用超细水泥注浆时，可注入到 0.1mm 的孔隙或裂隙中。

在注浆堵水工程中使用最广泛的注浆材料为水泥浆和水泥-水玻璃浆。水泥浆具有结石体强度高、抗渗性强、原材料成本低、无毒、无污染、配制方便等优点，可适用于介质孔隙较大或裂隙较宽的注浆封堵。水泥浆和水泥-水玻璃浆的联合使用可以弥补单一水泥浆的不足，同时可以解决细微孔隙或裂隙介质的封堵问题，达到加固岩体或封堵突水通道的目的。

相比水泥类注浆材料，化学浆快速固结的优势可以弥补水泥类浆在特定环境下无法进行封堵的问题，但化学浆液通常具有毒性且价格昂贵等限制了其大规模应用，通常主要在注浆堵水工程局部使用。

在实际注浆堵水过程实践中，应依据注浆目的和对注浆效果的要求，选择性能优越、经济合理、堵水效果好的注浆材料，以加速注浆堵水工程的进程，达到快速治理的目的，各类主要注浆材料的性能参见表4-5。

表4-5 注浆材料性能对比一览表

种类	水泥注浆材料	化学注浆材料
名称	纯水泥浆类、水泥黏土类、水泥水玻璃浆类	水玻璃类、木质素类、丙烯酰胺类、丙烯酸盐类、聚氨酯类、环氧树脂类、甲基丙烯酸酯类
优点	无毒、无环境污染、强度高、成本低、配置方便、操作简单	浆液黏度低、可注性好、能注入细微的孔隙、裂隙中
缺点	普通水泥颗粒粒径较大（一般为10~80μm），注入细微的孔隙或裂隙中较困难，限制了其在加固、补强、止水中的应用	有毒、价格昂贵，形成的“结石体”强度比水泥浆液形成的“结石体”强度低，耐久性也较差

4.5 注浆堵水参数

注浆堵水工程中注浆参数将直接关系到整个堵水工作的质量和效果，主要包括骨料参数和注浆参数两大类。

4.5.1 骨料参数

骨料是注浆堵水过程中形成一定强度结石体的基础，同时也是改变水流状态并为注浆堵水创造条件的物质保障。骨料参数的合理选择是注浆堵水成功的前提，包括骨料粒径、水固比和单位注入量。

（1）骨料粒径：是指堵水工程中最先通过钻孔投放的一类固体充填物的颗粒的大小，一般常用的骨料主要包括碎石、米石、粗砂等。骨料充填前须根据钻孔揭露的导水通道（过水通道和突水通道）的空间形态、水流速度以及充填钻孔的直径来选择骨料粒径。骨料最小、最大粒径可依据公式、水流状态和充填钻孔直径来确定，水流流速太大而常用骨料无法形成稳定的充填体时应根据现场情况选择特殊骨料。

（2）水固比：指骨料充填过程中水与骨料的质量比。水固比与骨料粒径、导水通道类型、通道充填程度以及水流状态有关，一般遵循充填初期和后期小、中期大的原则，最佳水固比应根据现场试注确定。

（3）单位注入量：是指单位时间内注入骨料的体积。单位注入量可以通过钻孔压水试验取得的单位吸水量和现场试注试验确定。通常试注由小到大开始，起始注入量为 1~4m^3/h，依据现场情况逐渐增大注入量，试注时间不少于 2h。

4.5.2 注浆参数

注浆参数选取是否合理，直接影响浆液形成结石体强度和加固范围，关系到整个堵水工程的进度和效果。注浆参数主要包括水灰比和外加剂掺入量、凝结时间、单位注浆量、注浆压力和单位吸水率等。

（1）水灰比和外加剂掺入量：水灰比是指配制水泥浆时水和水泥的质量比，外加剂掺入量是指一定水灰比浆液中掺入外加剂的质量。水灰比和外加剂掺入量是决定浆液固结强度、耐久性等性能的主要参数，它们直接影响浆液的流变性能、凝结时间、凝聚结构及形成结石体的强度。水灰比越小，水泥浆的黏度、密度、结石率、结石体抗压强度越大，凝结时间越短，而掺入量与浆液和结石体性能的关系比较复杂。相同标号不同生产厂家生产的水泥水灰比和外加剂掺入量相同，但其性能却可能存在一定的差异，应通过现场试验确定，常用的试验方法主要包括浆液配比试验和正交试验。

配比试验就是在相同条件下，以水灰比和外加剂掺入量为随机变量测试浆液的性能，通过对比确定水泥型号和最佳水灰比和外加剂掺入量。

正交试验是用正交表来安排和分析多因素问题试验的一种数理统计方法，即通过在很多试验方案（也称试验条件）中挑选具有代表性强的少数试验方案，并通过对这少数试验方案的正交试验结果的分析，推断出最优方案。

正交试验的基本原理是：假定一个设计问题有 k 个因子，每个因子有 n 个水平（记为 n^k，其中 $k \geq 2$），分别称为 0 水平、1 水平、2 水平、…、$n-1$ 水平。n^k 设计的试验点总数为 n^k 个，它们可用 k 维数组表示，其每个分量的可能值为 0、1、2、…、$n-1$。例如，当 $n=3$ 时，说明这个问题有 k 个因子，每个因子有 3 个水平，分别称为 0 水平、1 水平与 2 水平。3^k 设计的试验点总数为 3^k 个，它们可用 k 维数组表示，其每个分量的可能值为 0、1、2。它的统计模型包括 k 个主效应，C_k^2 个两因子交互效应，C_k^3 个三因子交互效应，C_k^k 个 k 因子交互效应。

在确定水泥单液浆最优配比时，可以将影响最大的水泥、用水量、添加剂作为考察的 3 个因素和 3 个水平（0，1，2），选用 L_9（3^4）正交表，在试验因素水平变化范围内，以混凝土 28d 抗压强度为考核指标，利用极差 R_i 的大小确定该因素对试验结果的影响大小和影响顺序。挑选因素的最优水平与所要求指标有关，若指标越大越好，则应该选取使指标大的水平，反之，若指标越小越好则应取使指标小的那个水平通过分析计算得到最优配合比。

（2）凝结时间：是指浆液在流动过程中由液态转变为固态所需的时间，包括初凝和终凝时间。凝胶时间决定浆液的扩散距离和结石体强度，应依据堵水工程的具体要求进行控制，可通过调整浆液中不同外加剂的掺入量来控制凝胶时间。

（3）单位注浆量：是指单位时间浆液的注入量，单位注浆量大小与制浆能力、注浆设备的注浆能力和裂隙的连通情况有关。为加速注浆堵水进程，在实际注浆工程多采用自动化和机械化程度高的注浆系统，以最大限度地提高制浆能力。在具有足够大的制浆能力的前提下，结合不同受注孔段的通道和裂隙的连通情况综合确定单孔注浆量。

（4）注浆压力：是指浆液必须克服流动阻力在岩层裂隙中扩散所需的最小压力。注浆压力的大小是决定注浆效果的主要参数，适当的注浆压力可增强浆液的扩散能力，从而降低注浆费用，正确选择注浆压力是注浆过程中的关键。注浆压力与水压、煤层底板标高等因素相关，主要由静水压力和注浆泵产生的压力两部分组成。为加速对突水通道的封堵和提高注浆效果，注浆压力应不低于水压的2~4倍。

（5）单位吸水率：是指受注层段、单位水头压力下、单位时间内压入的水量。吸水率与受注层段的透水性密切相关，其大小可以真实反映受注层的注浆效果，是评价注浆效果的主要指标之一。

4.6 注浆堵水技术

注浆堵水技术是指在具体实施注浆堵水工程时运用的各种施工方法、流程及各项技术要求，具体包括突水通道探查技术、骨料充填技术和注浆封堵技术。通过突水通道探查技术选择合适的骨料填充和注浆堵水技术，将骨料和浆液注入导水通道、突水通道和围岩裂隙中，达到对突水通道封堵和根治水患的目的。

4.6.1 突水通道探查技术

通常情况下，突水通道的类型、位置和规模很难通过前期调查工作完全掌握，突水通道的探查是突水治理的关键。在水文地质资料综合分析的基础上，初步确定最大可能突水区域和突水通道类型，采用综合物探和钻探相结合的技术手段对突水通道进行精细探查，确定突水通道的类型和空间分布特征。特别需要指出的是综合物探只能作为钻探工作的指导与参考，钻探是准确确定突水通道的可靠手段。

在探查埋深较大且仅具备地表探查条件的突水点时，为达到快速治理的目的，应充分利用目前已经比较成熟的定向钻进技术，采用垂直与定向分支钻孔相结合的探查方法，以准确确定突水通道的空间分布形态和规模。

考虑到地质因素的不确定性，在实际探查过程中可能会出现下列两种情况：一是垂直探查孔施工到目的层位后未发现突水通道，则应根据现场的施工情况，利用定向分支孔技术进行横向探查，直至探查到突水通道，以此类推，直到突水通道的空间分布形态和规模确定为止；二是在先期施工的部分垂直探查孔中探查到了突水通道，应在该垂直探查孔中对已探查到的突水通道实施封堵，并在未探查到突水通道的垂直孔中施工定向分支钻孔，以确定突水通道的准确位置和规模，为突水通道的注浆封堵提供依据。

4.6.2 骨料充填技术

骨料充填是将水流由管道流改变为渗流，实现导水通道截流和为突水通道封堵创造注浆堵水环境的必要条件。投注骨料通常采用水流携带灌注法，骨料在重力和射流器产生的水流共同作用下由孔底向外扩散，逐渐充满导水通道，最终形成具有足够长度或厚度的滤水段，其工艺流程如图 4-2 所示。

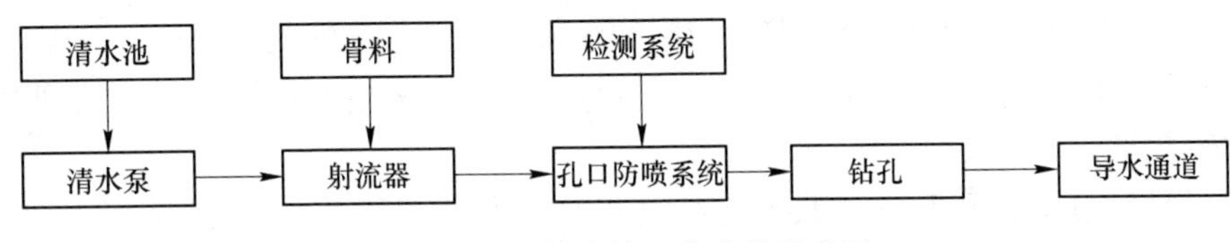

图 4-2 骨料充填工艺流程示意图

投放骨料前应按照粒径与级配要求进行过筛，以去除不合规格的大骨料或其他异物。正式投放骨料前应进行压（注）水试验，一般当单孔吸水量大于 16~20L/(min · m) 时可以骨料试注。试注时骨料的粒径由细到粗，水固比由大到小，注入量由小到大逐步探索进行。依据骨料试注的结果确定投放骨料的参数，每个钻孔投放骨料粒径通常应按照小（初期）—较大（中期）—较小（后期）的顺序进行连续投放骨料，并在投注过程中根据孔底情况变化及时合理调整骨料级配。如注骨料过程中出现负压减少、逸气、返水等现象，应立即停注，并采用水冲或扫孔处理。如果经多次冲洗和扫孔仍无法再继续投注骨料，且单位吸水率小于 16L/(min · m · m) 时，可结束投注骨料。

4.6.3 注浆封堵技术

注浆封堵是在骨料充填的基础上，采用相应的注浆方法通过钻孔将配置好的浆液在注浆压力作用下注入岩体裂隙和前期投注骨料形成的骨架中，使整个加固段内堆积物胶结成为一个整体，达到注浆堵水的目的。常见的注浆工艺流程参见图 4-3。

正式注浆前后应进行压水试验，即用注浆泵压注清水，其流量由小逐渐加大。主要目的包括：检查止浆管头及止浆塞的止浆效果；提高浆液扩散范围和堵水效果；校验注浆设计中的注浆堵水参数。

注浆堵水作为堵水工程中一个关键环节，注浆方法种类繁多，适用条件不同，合理选择注浆方法直接影响堵水工程进度和堵水效果。按注浆的连续性可分

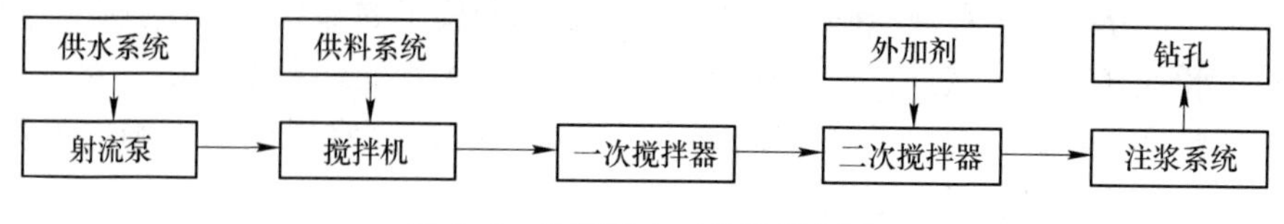

图4-3　注浆堵水工艺流程框图

为连续注浆、间歇注浆；按一次注浆的孔数可分为单孔注浆、多孔联合注浆；按地下水的径流条件可分为静水注浆、动水注浆；按浆液在管路中的运行方式分为纯压式注浆和循环式注浆；按每个注浆段的注浆顺序可分为下行式注浆和上行式注浆；按注浆不同阶段可分为高压旋喷注浆、充填注浆、升压注浆和引流加固注浆。

选择注浆方法时要综合考虑目的层的注浆环境、浆液的凝结时间、注浆过程中注浆压力的变化和注浆效果等因素，依据现场的实际情况灵活运用以达到最佳的注浆效果。

（1）连续注浆和间歇注浆：连续注浆是针对注浆层位裂隙细小，钻孔单位吸水量小的钻孔，一般耗浆量不大时而采用的一种自始至终连续不断地注浆，直到达到阶段注浆目的的注浆方式。间歇注浆是指在注入大量浆液后，出现注浆压力突然下降、流量增大，跑浆或漏浆现象时，进行间歇注浆的方式，直到达到阶段注浆目的。每次停注后需冲入一定量清水，以保持通道畅通。一般情况下，第二次注浆与第一次注浆间隔时间应大于12~24h，具体间歇时间视浆液凝胶时间而定，间歇次数以孔口压力上升快慢而定。当注浆孔口压力上升较快时，可改为连续注浆。

（2）下行式注浆和上行式注浆：下行式注浆又称自上而下分段注浆，是指钻进到目标层位时遇漏即堵，即钻进一段注浆处理一段，在上段注浆结束后，进行扫孔，钻进到下一段再进行下段注浆作业，钻进与注浆交替反复进行，直至目标层注浆结束的一种注浆方法。该方法的优点是能自上而下逐段充填加固、减少串浆和冒浆，同时在对下段进行注浆时上段获得复注，注浆堵水效果好。目前，在煤矿特大突水治理过程中对于突水通道的封堵多采用下行式注浆。上行式注浆又称为自下而上分段注浆，注浆钻孔一次成孔，使用止浆塞由孔底向上逐段注浆的一种注浆方法。

下行式注浆又分为下行式孔口封闭分段注浆和下行式栓塞分段注浆。前者的主要优点是全部孔段均能自行复注，利于加固上层比较软弱的岩层，而且减少了安装栓塞的工作，节省时间。缺点是多次重复钻孔，使孔内废浆较多。对下行式分段注浆而言，栓塞易于堵塞严密，压水资料比较准确，并能自上而下逐段加固岩石、减少浆液串冒和岩石上抬事故，在地质条件较差的岩层中较多采用。

上行式注浆工序简单，工效较高，但缺点较多，如止浆困难，容易返浆埋钻，注浆前的压水资料不精确，在裂隙发育和较软弱岩层中易造成串浆、冒浆和岩石上抬等事故，多用于裂隙不很发育和比较坚硬的岩层中。

（3）高压旋喷注浆：高压旋喷注浆法始创于日本，它是在化学注浆法的基础上，采用高压水射流切割技术而发展起来的。高压旋喷注浆多用于土体的加固，即利用钻机钻孔，把带有喷嘴的注浆管插至土层的预定位置后，以高压设备使浆液成为20MPa以上的高压射流，从喷嘴中喷射出来冲击破坏土体，达到地基加固的目的。在注浆封堵过程中采用高压喷射注浆，主要目的是通过高压射流注入高压水泥浆，使注入浆液与骨料充分混合，形成稳定的砂浆或混凝土结石体。一般在骨料充填结束后，选择部分钻孔进行高压旋喷注浆。

（4）充填注浆：主要用于旋喷注浆孔之间的注浆，通过充填注浆将旋喷结石体联系成为一个整体和连续的阻水段。充填注浆阶段的初期主要以单孔大浆量注浆法和多孔大浆量联合注浆为主，在注浆的同时应密切关注其他注浆孔水位动态，依据动态观测结果采用连续注浆和间歇注浆交替进行，以防止浆液大量流失。在充填注浆阶段的后期，过水通道断面大幅缩减后，采用单孔小浆量间歇注浆法。

（5）升压注浆：在阻水段或阻水墙初步成形后，对阻水段或阻水墙与顶底板围岩裂隙进行注浆加固，通过升压注浆以提高阻水段整体强度和抗渗透能力。升压注浆初期采用单孔下行分段式注浆，在压水和注浆过程中若发现与有的钻孔串通，应改为双孔联合注浆。

（6）引流注浆：在注浆堵水工程后期的井筒试验排水期间，由于历经多次注浆，多数渗流通道已被阻塞，水流已基本呈停滞状态，不能继续带动浆液流动，只能靠浆液自身的压力进行扩散，即便适度增压也难以对突水通道周边的细小裂隙、薄弱带进行再加固。为此，需要借助从井筒排水或突水点附近的引流钻孔，人为造成突水点与加固段内外的水头差，在一定程度上让水流恢复流动，让浆液在较高的注浆压力和水流的双重作用下，为上述薄弱地带进行加固创造条件，实现对突水点及周边围岩裂隙彻底封堵的目标。只要有必要，在结束试验排水后的复矿追排水期间，引流注浆也可以继续进行。

（7）联合注浆：联合注浆是指将两种或两种以上的注浆方法，采用一定的结构形式组合成一个有机整体，充分发挥多种注浆与结构上的优势，达到最大的适用岩层范围和最佳的加固效果的一种综合注浆技术。在具体注浆堵水工程中，因不同区域可能存在较大差异，若仅采用一种注浆方法很难达到预期的工程效果。联合注浆充分发挥了多种注浆各自的优点，克服各自的缺点，解决了自身的缺陷问题，极大地提高了注浆效果。

综上所述，在实际注浆堵水工程中应根据施工进展情况和注浆堵水效果，合理安排注浆钻孔顺序和调整注浆方案。应根据具体情况灵活运用分段下行式注浆和连续注浆、间歇定量注浆、单孔注浆、双孔同时注浆、多孔同时注浆、充填注浆、升压注浆、引流注浆等注浆方法进行注浆堵水。

4.7 注浆堵水设备

注浆堵水设备主要包括钻机和注浆设备，共同组成注浆系统，完成整个注浆工艺和流程。其中钻机是成孔设备，注浆设备是指配制并压送浆液的机具，包括注浆泵、搅拌机、输浆管路、接头、混合器、止浆塞和注浆参数监测仪表等。注浆泵、搅拌机等设备、器具用于制备、输送浆液，并将浆液注入目标层。

（1）钻机：地面常用钻机有车载T685WS型顶驱钻机、T130XD、T200XD多功能全液压车载钻机、ZJ-25ⅢK型钻机、TSJ系列钻机、TXB-1000钻机、水2000钻机等。

（2）注浆泵：注浆泵是注浆施工中最重要的设备之一，它应有足够的排浆量，其泵压应大于最大注浆压力的1/4~1/5，以保证注浆工作的顺利进行。注浆施工中，当注入水泥浆、水泥-水玻璃、黏土水泥浆等粒状浆液时，国内目前多采用活塞注浆泵或泥浆泵，常用的注浆泵有BW-320型注浆泵、3NBB型注浆泵及TBW型注浆泵等。当浆液中需要掺砂时则采用专用砂浆泵，注浆材料为化学浆时，可选用专用计量泵。

（3）止浆塞和混合器：止浆塞是在常规注浆中，实现分段注浆，合理使用注浆压力和有效控制浆液分布范围，保证注浆质量的重要设备。它在注浆孔中的安设位置，应选择在孔壁围岩稳定、岩性完整、无纵向（70°~90°）裂隙（或有纵向裂隙，但已注浆封堵）和孔径规则的孔段。目前常用的止浆塞根据其结构及作用原理可分为机械、水力膨胀式两种类型。机械式有单管三抓式、单管异径式、孔内双管式、小型双管式和KWS型卡瓦式。水力膨胀式有单管式和双管式。混合器是针对两种浆液混合注浆用的一种专用器具。混合器按安装位置分为孔口混合器和孔内混合器两种，可根据工艺流程和浆液凝胶时间选择。

（4）其他注浆设备：主要包括搅拌机、流量计、输浆管路、孔口密封装置、阀门和压力表等，这些注浆设备应根据注浆工艺要求进行选择和配备。

不同的注浆方法和注浆目的对设备的要求不同，合理的选配注浆设备、对设备的有效维护和及时修理是顺利完成注浆工程、提高注浆效率的一个重要方面。

4.8 注浆堵水过程数值模拟

在动水环境下进行注浆堵水时，注入骨料的粒径的确定是首先考虑的问题之一。骨料粒径过大，骨料充填的区域过小，既影响施工进度，又不容易形成稳定的松散体，达不到充填的效果；骨料过小，又容易被强大的水流带走，既浪费骨料，又会影响整个工程的进度。因此，如何选择骨料的粒径，直接关系到堵水工程是否能按计划进行。此外，在稳定的松散体形成后，渗流依然存在的前提，注浆封堵的效果依然值得关注。为此，有必要对注浆堵水过程进行数值模拟。整个模拟过程主要包括两个阶段，第一阶段主要模拟骨料的充填过程中，水流对骨料粒径的影响，依此确定骨料粒径最小临界值；第二阶段重要模拟在稳定松散体形成后，在渗流的作用下，注浆对松散体的胶结过程。考虑到突水通道的实际情况，在计算机数值模拟时，突水通道截面尺寸按2.5m×2m（宽×高）考虑。

在分步模拟过程中，假定已被充填骨料的通道底部为饱和渗流，未被充填的通道上部为管流；为对求解区域进行简化，认为通道是截面为长方形的长直棱柱体，在封堵过程中假定水力要素不随 y 轴变化，把求解问题简化为二维问题。

4.8.1 数学模型的建立

4.8.1.1 泛定方程的导出

A 管流

现假定水流通道为长方形的长直棱柱体，流体运动为不可压缩、无旋流动。对于不可压缩流体，任一点的流速应满足下列方程：

$$\frac{\partial v_x}{\partial x}+\frac{\partial v_y}{\partial y}+\frac{\partial v_z}{\partial z}=0$$

式中 v_x，v_y，v_z——流体在坐标轴方向上的流速分量。

流体绕 x、y、z 轴的旋转分别为：

$$\omega_x=\frac{1}{2}\left(\frac{\partial v_z}{\partial y}-\frac{\partial v_y}{\partial z}\right),\ \omega_y=\frac{1}{2}\left(\frac{\partial v_x}{\partial z}-\frac{\partial v_z}{\partial x}\right),\ \omega_z=\frac{1}{2}\left(\frac{\partial v_y}{\partial x}-\frac{\partial v_x}{\partial y}\right)$$

如果流动是无旋的，那么，$\omega_x=\omega_y=\omega_z=0$

即：

$$\frac{1}{2}\left(\frac{\partial v_z}{\partial y}-\frac{\partial v_y}{\partial z}\right)=0,\ \frac{1}{2}\left(\frac{\partial v_x}{\partial z}-\frac{\partial v_z}{\partial x}\right)=0,\ \frac{1}{2}\left(\frac{\partial v_y}{\partial x}-\frac{\partial v_x}{\partial y}\right)=0$$

对于这种流动，可用流速势 φ 表示，其分量如下：

$$v_x=\frac{\partial\phi}{\partial x},\ v_y=\frac{\partial\phi}{\partial y},\ v_z=\frac{\partial\phi}{\partial z}$$

代入连续性方程为：$\frac{\partial^2\phi}{\partial x^2}+\frac{\partial^2\phi}{\partial y^2}+\frac{\partial^2\phi}{\partial z^2}=0$ 即$\nabla^2\phi=0$。

B 渗流

设水头函数为：

$$\phi=z+\frac{p}{\gamma}$$

式中 γ——流体容重；

p/γ——压力水头；

z——位置水头。

根据 Darcy 定律，在 x、y、z 方向上的流速为：

$$v_x = -k_{xx}\frac{\partial\phi}{\partial x} - k_{xy}\frac{\partial\phi}{\partial y} - k_{xz}\frac{\partial\phi}{\partial z}$$

$$v_y = -k_{yx}\frac{\partial\phi}{\partial x} - k_{yy}\frac{\partial\phi}{\partial y} - k_{yz}\frac{\partial\phi}{\partial z}$$

$$v_z = -k_{zx}\frac{\partial\phi}{\partial x} - k_{zy}\frac{\partial\phi}{\partial y} - k_{zz}\frac{\partial\phi}{\partial z}$$

对于不可压缩流体，连续性方程为：

$$\frac{\partial v_x}{\partial x} + \frac{\partial v_y}{\partial y} + \frac{\partial v_z}{\partial z} - Q = 0$$

将流速代入，得：

$$\frac{\partial}{\partial x}\left(k_{xx}\frac{\partial\phi}{\partial x} + k_{xy}\frac{\partial\phi}{\partial y} + k_{xz}\frac{\partial\phi}{\partial z}\right) + \frac{\partial}{\partial x}\left(k_{yx}\frac{\partial\phi}{\partial x} + k_{yy}\frac{\partial\phi}{\partial y} + k_{yz}\frac{\partial\phi}{\partial z}\right) +$$
$$\frac{\partial}{\partial x}\left(k_{zx}\frac{\partial\phi}{\partial x} + k_{zy}\frac{\partial\phi}{\partial y} + k_{zz}\frac{\partial\phi}{\partial z}\right) + Q = 0$$

假定充填骨料为均质各向同性，而且在所考虑区域无源汇项，所以上面方程可简化为：

$$\frac{\partial^2\phi}{\partial x^2} + \frac{\partial^2\phi}{\partial y^2} + \frac{\partial^2\phi}{\partial z^2} = 0$$

可以看出两种流动的泛定方程相同。上述方程是表征水流在三维空间流动的情况，在模拟过程简化为二维流，即忽略水流要素沿 y 轴的变化，方程简化为：

$$\nabla^2\phi = \frac{\partial^2\phi}{\partial x^2} + \frac{\partial^2\phi}{\partial z^2} = 0$$

4.8.1.2　边界条件

采用第二类边界条件，即：

$$\frac{\partial}{\partial n}\phi(x=0,\ y) = v_i \qquad \frac{\partial}{\partial n}\phi(x=L,\ y) = -v_i$$

4.8.2　第一阶段数值模拟过程

该阶段主要通过模拟导水通在骨料充填过程中的水流变化情况，以确定骨料的最小粒径。本阶段主要采用 Matlab 中的 PDE toolbox 进行数值模拟，模拟过程如下：

（1）确定方程求解区域。打开 PDE toolbox，画出求解区域。

（2）边界条件概化。将突水通道的边界条件概化如图 4-4 所示。点击 Boundary | Boundary Mode 菜单，进入边界条件设置模式。

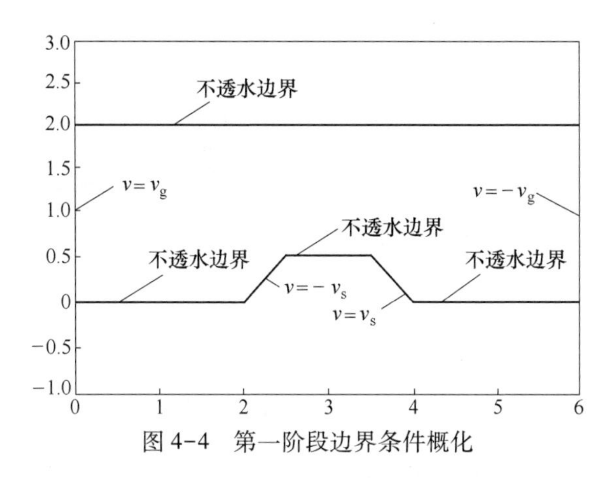

图 4-4 第一阶段边界条件概化

图中，$v_g=\dfrac{Q_{gi}}{A}=\dfrac{Q_{gi}}{B\times h}$ 为管流流速，m/s；Q_{gi} 为实测流量（具体数值见表 4-6），m^3/h；A 为通道横截面积，m^2；B、h 为导水通道宽和高，m；v_s 为渗流流速，m/s。假定渗流流速不变，大小等于第一阶段结束时的平均流速：

$$v_s=\frac{Q_i}{A}=\frac{Q_i}{B\times h}$$

依据该阶段对应的矿井排水量，利用骨料注入量（设计值）反推封堵高度，参见表 4-6。

表 4-6 封堵高度与流量关系表

封堵高度/m	流量/$m^3\cdot h^{-1}$	封堵高度/m	流量/$m^3\cdot h^{-1}$
0.0000	3260	1.5292	2202
0.4792	3156	1.6816	1981
0.7250	3022	1.9449	1549
1.1157	2697	2.0000	1450

（3）定义方程。点击 PDE | PDE Specification 菜单，进入求解方程的设置模式，在 Type of PDE 中选择 Elliptic，在常数设置栏把 $f=10$ 改为 $f=0$，其他常数使用默认值。

（4）计算网格剖分。点击 Mash 菜单进行网格的划分。

（5）求解方程。点击 Solve | Solve PDE 菜单进行求解，可得出不同充填高度的流势场、流速场（参见图 4-5）。

不同充填高度对应的最大流速，见表 4-7。对上述结果作最小二乘拟合（参见图 4-6），可得出 v-h 的函数关系如下：$v=0.05445h+0.2016$。

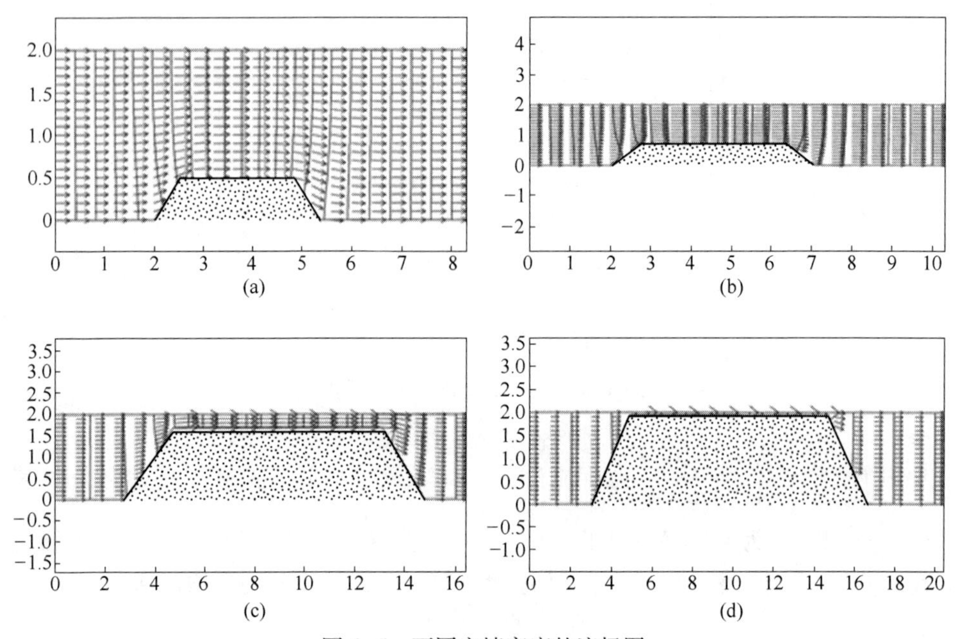

图 4-5　不同充填高度的流场图

（a）h=0.48m 时的水流状态图；（b）h=0.73m 时的水流状态图；
（c）h=1.69m 时的水流状态图；（d）h=1.92m 时的水流状态图

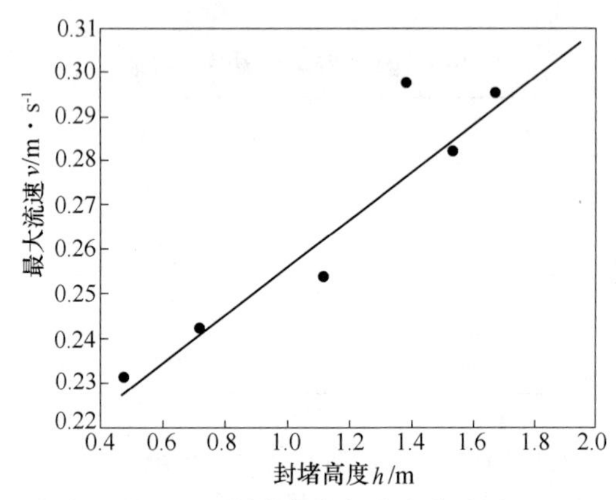

图 4-6　封堵高度与流速关系图

表 4-7　封堵高度与流速关系

封堵高度/m	最大流速/m · s^{-1}
0.4792	0.231
0.7250	0.243
1.1157	0.254

续表4-7

封堵高度/m	最大流速/m · s^{-1}
1.5292	0.283
1.6816	0.296
1.9449	0.310

由泥沙动力学中的泥沙起动流速公式可得出 d 与 u 的关系，

$$u = 1.34\left(\frac{H}{d}\right)^{0.14}\sqrt{\frac{\gamma_s - \gamma}{\gamma}gd}$$

式中 u——临界流速；

H——水深；

d——泥沙颗粒直径；

g——重力加速度；

γ_s——泥沙容重；

γ——水的容重。

把 $u=0.31$ 代入上式，可得出粒径最小值 $d=0.93$mm，即在动水条件下，在骨料填充过程中，只要骨料粒径大于 0.93mm 颗粒都可以形成稳定的松散体。

4.8.3 第二阶段数值模拟过程

在该阶段主要模拟在导水通道已完全被骨料充填的前提下，即水流状态由管流已转变为渗流环境，揭示注浆封堵过程中水流的变化和封堵效果。求解区域同第一阶段（图略）。

（1）设定边界条件。此过程将已被注浆封堵的区域按不透水边界考虑，边界条件设定如图 4-7 所示。点击 Boundary | Boundary Mode 菜单，进入边界条件设置模式，设置相应边界条件。

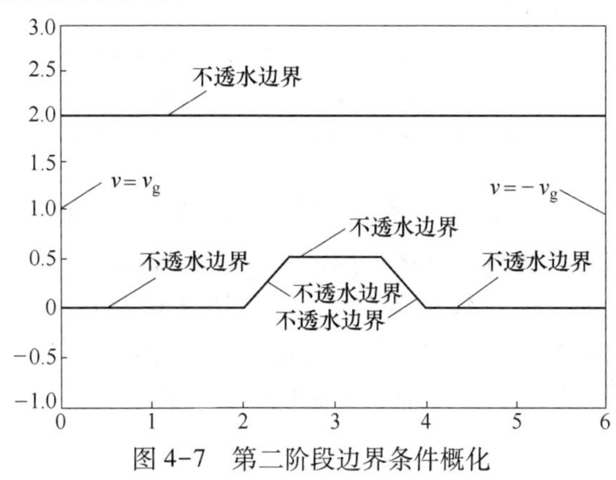

图 4-7 第二阶段边界条件概化

图中，$v_s = \frac{Q_{si}}{A} = \frac{Q_{si}}{B \times h}$ 为渗流流速；Q_{si}为导水通道流量（依据对应的矿井排水量、注浆量和注浆区域反推得出）；A 为巷道横截面积；B 为巷道宽；h 为高。

（2）定义方程。点击 PDE | PDE Specification 菜单，进入求解方程的设置模式，在 Type of PDE 中选择 Elliptic，在常数设置栏把f= 10 改为f=0，其他常数使用默认值。

（3）不同封堵充填高度模拟结果。网格划分、求解方程过程同第一阶段，对方程进行求解后，可得出流势场、流速场。重复上面过程，可得出各个不同时段的流场调整与封堵效果，参见图 4-8。

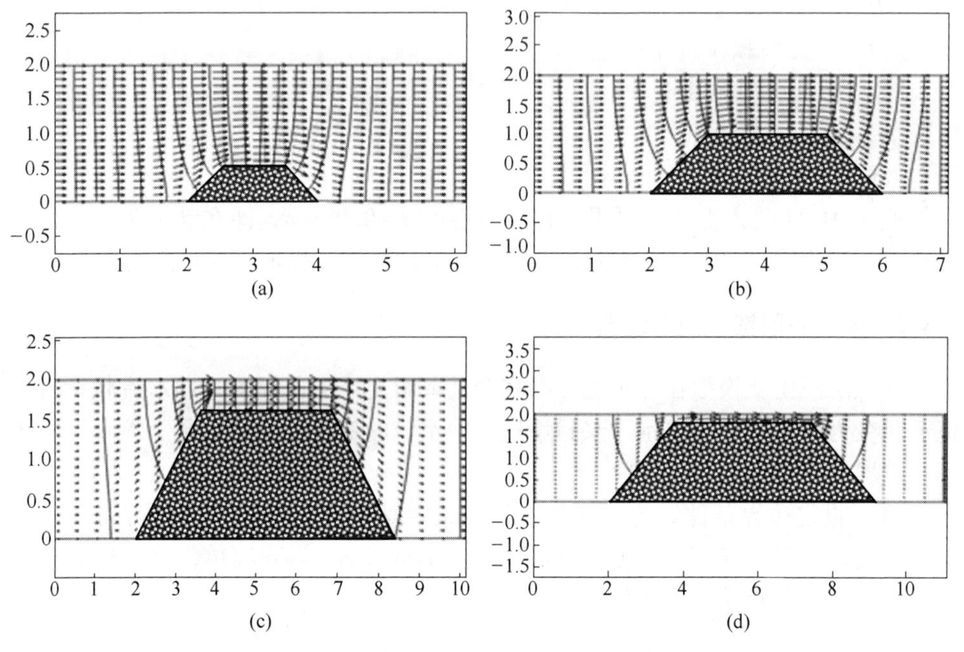

图 4-8 不同封堵高度的渗流场特征与封堵效果图

（a）h=0.5m 时的水流状态图；（b）h=1.0m 时的水流状态图；

（c）h=1.4m 时的水流状态图；（d）h=1.8m 时的水流状态图

（4）结果分析。模拟结果表明，随着注浆封堵高度的增大和渗流区域的减少，渗流速度最大值只出现在封堵区域的顶部，参见表 4-8，对上述结果作最小二乘拟合，可得出 v-h 的函数关系，$v = 0.0411h + 0.1179$，参见图 4-9。同时，随着对突水通道封堵高度的增加，突水通道的流量逐渐减小（参见表 4-9），并能在注浆封堵后形成稳定的、具有一定强度的结石体，最终实现对突水通道的有效封堵。

表 4-8 封堵高度与最大流速关系

封堵高度/m	最大流速/m · s^{-1}
0.5	0.141
1.0	0.154
1.4	0.175
1.6	0.187
1.8	0.191

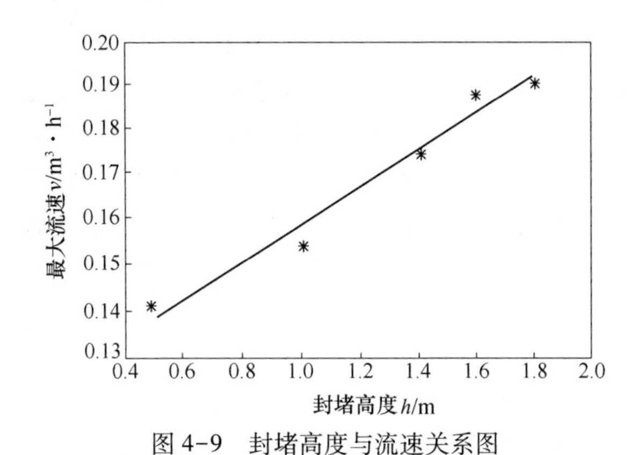

图 4-9 封堵高度与流速关系图

表 4-9 封堵高度与流量关系

封堵高度/m	流量/m^3 · h^{-1}	封堵高度/m	流量/m^3 · h^{-1}
0.0000	1450	1.6000	600
0.5000	1360	1.8000	300
1.0000	1088	2.0000	0
1.4000	800		

4.9 注浆堵水

注浆堵水就是在查明突水区域地质、水文地质条件基础上，针对水害治理所涉及的科学问题，依据突水后矿井充水程度以及突水矿井与相邻矿井的关系，制定可行的注浆堵水方案，选择高效的注浆堵水设备，采取合理的注浆堵水技术，达到水害治理的目的。对于突水通道的封堵存在动水和静水两种环境。静水环境下可以直接封堵突水点；动水环境下，如果突水量大，可以选取先截流（巷道），后封堵突水点的方法。

注浆堵水前的前期调查和方案制定是极其重要的环节。前期调查是制定注浆堵水方案的前提，合理的注浆堵水方案是实现水害快速治理的基础。高效的注浆堵水设备，可行的注浆堵水技术是实现水害快速治理的关键。

4.9.1 前期调查

在进行注浆堵水之前，应通过前期调查了解和掌握突水矿井与相邻矿井的关系、突水点埋深、初步估算突水量和突水水源。通过详细调查和必要的探查，初步确定突水通道的位置或圈定最大可能突水区域、判断可能的通道类型，为实现水害快速治理创造条件。

突水量的大小与突水通道类型、规模等因素密切相关，通常可以依据突水量大小以及水量衰减等特征初步判定突水水源。同时，结合突水前后相关观测孔的水位或水压的动态变化，以及地下水水化学特征分析，综合确定突水水源。对于具有地下水温度异常的地区，也可以借助突水前后的水温变化确定突水水源。

突水通道往往是隐伏的或目前探测手段难以确定的导水构造，也可能是下伏高承压水沿底板采动裂隙导升诱发所致。因此，突水发生后很难确定突水通道的具体位置和规模，多数情况下只能在注浆堵水实施过程中才能逐步确定。通常情况下，通过前期调查只能初步圈定最大可能突水区域。在实际操作过程中，应在分析研究矿井地质条件、水文地质条件的基础上，结合突水工作面的规模、采深、煤层厚度、底板承受水压大小以及采前探测结果的综合分析，初步确定最大可能突水区域和突水通道类型。地表具备条件时，应借助物探、化探等手段判定突水通道的类型和分布。

4.9.2 注浆堵水方案制定

为了达到快速治理水患的目标，每项注浆堵水工程，在施工前都必须制定一个经济合理、技术可行的堵水方案，在此基础上制定与该方案相适应的注浆堵水工程设计。注浆堵水方案和工程设计的顺利实施，又应以明确界定矿井突水治理的三大基础条件为前提，即突水对矿井和周边区域影响程度、突水水源、突水点的具体位置及空间形态特征。任何一个注浆堵水治理方案的制定，都离不开这三大基础，都必须从各自的具体条件出发来制定注浆堵水方案。

为最大限度地降低突水对矿井和周边区域的影响，突水发生后往往需要排水将水位控制在一定标高范围内，无形中增强了突水通道的导水能力，增大了直接封堵突水通道的难度。因此，在前期调查确定突水水源，但突水通道类型和位置仍不确定的背景下，制定的注浆堵水方案应充分考虑上述实际情况。注浆堵水工程的实施通常需要分两期进行，前期主要是在进行突水通道探查的同时实现动水条件下对过水通道的有效封堵，后期主要是在突水通道探查清楚的前提下实现静水条件下对突水通道的有效治理，以及对可能存在的潜在导水通道进行注浆改造，从而达到截断水源，根治水害的目的。

矿井突水后可能淹没工作面、采区，也可能淹没整个矿井的大部分区域。依据突水量大小、预判突水通道类型、规模和对突水点准确位置的掌握程度，以及是否需要通过排水控制矿井（采区、工作面）的水位，制定突水治理方案。

在具体制定突水治理方案时，应依据现场实际情况综合考虑治理方案的技术可行性、经济合理性以及实施工程的可操作性等因素进行优选，最终确定最佳突水治理方案。

4.9.3 注浆堵水

注浆堵水是在突水治理方案制定后，利用骨料充填技术和注浆封堵技术对突水通道和围岩裂隙实施彻底封堵，达到对突水通道封堵和消除水患的目的。在具体实施注浆堵水工程时，突水量大小和是否排水控制水位决定注浆堵水环境和难度差异。通常存在3种情况：第一，突水量较大但无需排水控制水位，突水点位置或区域基本清楚，可以在静水环境下对突水点进行详细探查的过程中直接对突水通道和围岩裂隙实施封堵；第二，突水量较大，需要排水将水位控制在某个标高以下，且突水点位置基本清楚，可以在动水环境下对突水通道和围岩裂隙实施封堵；第三，突水水量很大，突水区域基本清楚但突水通道具体位置不清楚，且需要排水将水位控制在某个标高以下，直接在动水环境下对位置不明突水通道封堵难度较大，此时注浆堵水需要分两步进行。首先确定距离突水区域最近的过水巷道的数量和规模，在此基础上对过水巷道进行封堵，为突水通道封堵营造静水环境，同时为实现分区隔离和尽快恢复局部区域生产创造条件。其次，在对过水巷道进行封堵的同时，利用综合探测技术和手段探查突水通道的准确位置和规模，并利用注浆堵水技术在静水条件下对突水通道和奥灰上部岩溶裂隙发育区域实施封堵，彻底根治水害。

4.10 注浆工艺

注浆施工工艺是指利用配套的机械设备，采取合理的注浆工艺，将适宜的注浆材料注入到工程对象，以达到填充、加固、堵水、抬升以及纠偏等目的。注浆施工过程一般分为四个步骤：（1）施工钻孔；（2）清洗钻屑及钻孔壁上的松软料；（3）下入护壁管；（4）进行压水试验；（5）注浆。

4.10.1 注浆方法

注浆方法按注浆的连续性可分为连续注浆、间歇注浆；按一次性注浆的孔数可分为单孔注浆、多孔注浆；按地下水的径流条件可分为静水注浆、动水注浆；按每个注浆段的顺序可分为上行式注浆和下行式注浆。采用何种注浆方法，需要依据现场实际情况综合确定。

4.10.2 钻孔

一般采用泥浆循环护壁钻进法。由于泥浆在循环过程中能在孔壁上形成泥皮，可防止孔壁坍塌，不用套管护壁，钻进效率高，故国内外多采用此法，尤其当地层较深和含有大卵石时。

钻孔设备主要包括钻机（冲击式或回转式）、水泵和泥浆搅拌机等几种。

钻具是钻孔钻机的主要配套组件，钻具配备是否合理对钻孔进度和效率影响很大。钻具主要包括钻头、岩芯管、加重钻链和钻杆等，其组合一般以“粗、重、刚、直”为原则，按要求匹配，不经技术人员允许不得随意改动，不准使用过度弯曲的钻具、钻铤及扶正器，连接后必须调直，每次提、下钻具须进行核查。

作为循环护壁的泥浆，它起到冷却钻头、提携钻屑和保护孔壁等作用，因而应尽量采用优质泥浆，以确保钻孔质量和施工进度。评定泥浆质量的主要指标，是在尽可能小的比重下，具有较高的黏度和静切力，有薄而致密的泥皮以及良好的稳定性和较低的含砂量。造浆黏土以钠蒙脱土为最佳，如有絮凝现象可加碱处理，以提高其分散性。国外对造孔泥浆要求极高，基本上用商品膨润土干粉造浆，搅拌设备简单，净化后可重复使用。

注浆孔的测斜、防斜及纠偏。注浆孔的垂直度是影响注浆堵水质量的重要因素之一，为了保证注浆孔垂直度不超限，在钻进过程中应采取措施保证钻孔垂直度，把钻孔的偏斜控制在设计要求范围内。

测斜通常采用钻孔测斜仪。钻孔的空间位置，可由钻孔的顶角（即钻孔脱离垂直方向而倾斜的角度）和方位角（即直孔按相悖的方向定位）来测定。目前常用JDT-3A型陀螺测斜仪及JDT-5型陀螺定向测斜仪进行孔斜检测。一般浅孔30~50m检测一次，深孔50~100m检测一次，检测为连续型，每10m提供一个结果。

4.10.3 压水试验

在正式注浆前一般需要进行压水试验，即用注浆泵压入清水通过压水试验了解注浆钻孔的可注性，据此确定各注浆分段。另外，利用压水试验结果作为确定注浆参数（如浆液的初始浓度、压力和流量等）并估算浆液消耗量的重要依据。简单的压水试验，通常采用 $10m^3/h$、$20m^3/h$ 和 $30m^3/h$ 三个流量级压注，稳定时间应大于30min。

根据压水试验结果，可计算出注浆段的单位吸水量 g 和单位吸水率 q，供确定注浆参数时使用，其计算公式如下：

$$g = \frac{Q}{s} \tag{4-12}$$

$$q = \frac{Q}{s \cdot L} = \frac{g}{L} \tag{4-13}$$

式中 g——注浆段单位吸水量 L/(s·m)；

Q——注水量，L/s；

s——钻孔水位升高值，m；

q——注浆段单位吸水率，L/(s·m·m)；

L——注浆段长度，m。

4.10.4 造浆

堵水注浆工程设专门的注浆站，以保证浆液的输送、灌注的连续性及注浆量。注浆站的位置应靠近注浆点，尽可能使输浆管路最短、弯头最少。注浆站所占面积的大小主要取决于设备型号、数量、注浆材料等，单液注浆比双液注浆还要简单些，总体情况基本一致。

浆液的配制应严格按照注浆设计的水灰比等严格进行，不得随意更改，如需添加外加剂，也要严格按照设计要求适时、适量添加。一般造浆用水如没有特殊说明，应采用洁净的淡水。

4.10.5 注浆结束标准

注浆结束标准不尽相同，但其共同点有两方面：一是注浆量（注浆结束时的单位注浆量与总注入量）；二是注浆终压均达到设计要求。一般执行如下标准：

（1）注浆终压和终量。在正常条件下，每次注浆中，注浆压力由小逐渐增大，注浆量则由大到小，当注浆压力达到设计的终压时，单液注浆终量为50~60L/min，双液终量为100~120L/min，稳定20~30min即可结束注浆。

（2）注浆泵采用最小档次，稳定时间不低于30min，孔口压力达到水压的1.5倍及以上时可结束注浆。

（3）注浆后期，钻孔最终单位吸浆量已小于允许的最小单位吸浆量，一般应小于0.0002L/(s·m·m)。

第5章　峰峰矿区奥灰特大突水快速治理技术

5.1　概述

煤炭作为一种重要的能源，在社会主义现代化建设飞速发展的今天，起着非常重要的作用。经过近几十年的开采，浅部煤炭资源已所剩无几，转而开采深部煤炭资源。目前我国有很多矿井开采深度接近或超过1000m。对位于华北型岩溶矿区矿井，开采深度大的矿井和开采深度小的矿井开采相同煤层，煤层顶底板岩性特征以及与含水层的间距差别不大，但由于煤层埋藏深度大的地区往往处于构造下降区（大断层的下降盘），煤层所处的地质和水文地质条件更加复杂，主要表现在构造（断层和陷落柱）更发育和底板承受的奥灰水压更大。煤层埋藏深度大的矿井，采煤过程中，矿压和煤层底板高压奥灰水对安全生产的影响更加明显，一旦煤层底板存在未探明的或隐伏的导水构造时，就可能发生奥灰特大突水灾害。

峰峰矿区地质、水文地质条件复杂，断层、褶皱和陷落柱均比较发育，目前已揭露和探明的大小悬殊、形状各异的陷落柱上百个。随着浅部煤层开采殆尽，大部分矿井开采深度超过650m，煤层底板承受奥灰水压高达5～10MPa，开采深部煤层将受到下伏巨厚奥灰含水层的巨大威胁。受复杂的地质、水文地质条件影响和探查技术以及掘进前后和开采前后对围岩扰动破坏差异性的制约，目前所能采用的探测手段和措施还不能完全满足安全生产的需求。此外，开采深部煤层或浅部下组煤与开采浅部上组煤相比开采环境发生了明显的变化，矿井安全生产形式日益严峻。开采环境的变化主要表现在以下几个方面：

（1）受勘探程度、勘探结果可靠性和地质、水文地质条件变化的不确定性等因素的制约，深部某些地质构造没有得到有效控制；

（2）深部煤层底板隔水层承受奥灰水压和矿压明显高于浅部；

（3）深部煤层底板破坏深度明显增大，煤层底板隔水层的阻水能力降低；

（4）水害类型发生了明显的变化，开采浅部煤层主要水害类型以地表水、老空水和老窑水（小煤矿开采和历史上小煤窑开采形成）为主，开采深部煤层主要水害类型以底板奥灰水为主。

开采深部上组煤存在的上述差异，致使采动条件下由隐伏导水构造“活化”

导致突水的风险增大。也就是说，以目前探测技术和水平，在如此复杂的地质环境下开采受高压奥灰水威胁的煤层要彻底杜绝奥灰突水难度极大，需要广大水文地质工作者长期不懈的努力和不断创新。

近20年来，河北省共发生过8次奥灰特大突水灾害，其中6次发生在峰峰矿区。不仅给煤矿和国家造成了重大的经济损失，也对社会产生了严重的不良影响。突水灾害发生后，有关矿井在集团公司的统一部署下，联合相关科研机构和专业的施工队伍，针对现场的实际情况制定了有效的水害快速治理方案，在治理过程中不断总结注浆堵水经验并进行技术创新，将奥灰水害最大限度控制在最小区域内，并实现对突水灾害的快速治理，恢复了受淹矿井的正常生产。

峰峰矿区已发生的奥灰突水通道类型多，堵水条件差异大，所提出的奥灰特大突水快速治理技术对于华北型岩溶矿区水害治理具有重要的指导意义。

5.2 奥灰特大突水治理难点问题

5.2.1 主要水害情况

自1994~2014年间，峰峰矿区发生水害21次，其中，底板突水高达18次，占总数的85.7%。按照水害来源分类，其中，老空区水1次（最大突水量125m³/h）、地表洪水1次（最大突水量2940m³/h），顶板砂岩水1次（最大突水量132m³/h），大青灰岩水5次（最大突水量150m³/h），奥突水13次（最大突水量34000m³/h），参见表5-1。从表5-1可以看出，矿区内主要突水水源为奥灰水，主要突水通道为断层、陷落柱、采煤引起的导水裂隙和封闭不良钻孔等。近几年随着矿井开采深度的增加，奥灰水突水发生的次数越来越频繁，突水量也在增大。

表5-1 1994~2014年间峰峰矿区内部分矿井水害情况表

矿井名称	时 间	地 点	水量/$m^3\cdot h^{-1}$	水 源	通 道
羊东矿	2009.11.5	8258运料巷	0~125	老空水	顶板裂隙
九龙矿	2002.11.6	15421N	30	大青灰	底板裂隙
九龙矿	2003.3.10	15421N	60	大青灰	底板裂隙
九龙矿	2003.3.10	15421N	150	大青灰	底板裂隙
九龙矿	2005.4.29	15431N	90	大青灰	底板裂隙
九龙矿	2005.6.10	15224N工作面（南二大巷）	240	奥灰水	封闭不良钻孔
九龙矿	2007.9.27	15423N	132	大青灰	底板裂隙
九龙矿	2007.10.21	15423N	720	奥灰水	底板裂隙
九龙矿	2009.1.8	15423N	7200	奥灰水	隐伏导水陷落柱
辛安矿	1994.7.12	柳条沟冲沟隐伏古井筒	7200	地表洪水	古井筒塌陷

续表5-1

矿井名称	时　间	地　点	水量/$m^3 \cdot h^{-1}$	水　源	通　道
辛安矿	2009. 3. 21	112123 工作面	132	石盒子砂岩水	断层
辛安矿	2010. 11. 19	112124 掘进面	6000	奥灰水	断层
辛安矿	2011. 12. 11	2106 工作面	24000	奥灰水	隐伏断层、陷落柱
大社矿	2007. 10. 20	二水平西翼大巷新屯供 1 号孔	600	奥灰水	钻孔内奥灰顶段严重塌孔
大社矿	2014. 6. 6	二水平西翼大巷新屯供 2 号孔	450	奥灰水	钻孔孔口底板破坏
孙庄采矿公司	1996. 11. 24	北界城小煤矿	9000	奥灰水	断层
牛儿庄采矿公司	2004. 9. 26	永顺小煤矿	5160~6486	奥灰水	断层带
梧桐庄矿	1995. 12. 3	主副井联络巷	34000	奥灰水	断层
梧桐庄矿	2002. 6. 9	182102 工作面	450	奥灰水	底板裂隙
梧桐庄矿	2006. 1. 26	182102 工作面	3900	奥灰水	底板裂隙
梧桐庄矿	2014. 7. 27	182306 工作面	11264	奥灰水	隐伏陷落柱

5. 2. 2　典型突水灾害

峰峰矿区自建井以来，先后发生突水灾害数十次。历史上曾发生的主要有八次奥灰、一次大青、一次地表突水淹井事故，分述如下。

（1）一矿奥灰突水淹井及损失情况。1960 年 6 月 4 日一矿 1532 野青工作面，因接近断层，防水煤柱留设不足，加之采掘破坏，导致断层下盘奥灰强含水层突出，突水量达 9000m^3/h，致使一矿淹井，造成停产 9 年零 5 个月，仅堵排水费用高达 1660. 22 万元，损失极为严重。

（2）孙庄矿奥灰突水淹井及损失情况。1996 年 11 月 24 日 23 时 40 分，因峰峰矿区界城镇北界城小煤矿非法越层越界开采孙庄矿井田边界 F_6 断层防水煤柱，引发断层下盘奥灰强含水层突出，突水量达 9000m^3/h，造成孙庄矿淹井，停产 1 年零 8 个月，直接经济损失 2. 24 亿元。

（3）梧桐庄矿奥灰突水淹井及损失情况。峰峰集团公司梧桐庄矿 1995 年 12 月 3 日 13 时 25 分，在基建期间施工主副井联络巷时揭露落差 H=8. 0m、破碎带宽 0. 4~0. 6m 的隐伏断层，精查勘探报告和井筒检查孔资料及地震补勘资料均未发现该断层，在高达 6. 3MPa 奥灰静水压力和矿压作用下，该断层沟通了奥陶系灰岩含水层，涌水量约 34000m^3/h，造成淹井和人员伤亡，直接经济损失 484. 52 万元，死亡 17 人。

（4）牛儿庄矿奥灰突水淹井及损失情况。2004 年 9 月 26 日，永顺小煤矿违法越层开采下组煤，导致奥灰强含水层突水溃入峰峰集团公司牛儿庄矿井下，稳定溃水量 5160m^3/h，虽经集团公司及牛儿庄矿奋力抢救，终因排水能力不足而淹井，造成经济损失 38275 万元。

（5）牛儿庄矿大青含水层突水及损失情况。牛儿庄矿 1993 年 6 月 1 日 5 时 30 分，在回采-200 水平 56603 山青工作面时遇落差 4m 的断层，发生下伏大青含水层突水，最大突水量 2388m^3/h，稳定突水量 1500m^3/h，导致工作面停产，损失 864.19 万元。

（6）辛安矿地表洪水溃水淹井及损失情况。辛安井田浅部柳条东冲沟中有许多隐伏古井筒，其历史久远，位置不明，充填不密实，1994 年 7 月 12 日雨季经地表洪水冲刷后，造成井筒塌陷，地表洪水溃入辛安矿井下，最大水量达 7200m^3/h 以上，致使辛安矿被淹，停产达 2 年，直接经济损失 1.4 亿元。

（7）1996 年 12 月 31 日，三矿马家荒区-130 水平，由于界城镇办 6 号小煤窑非法开采下组煤造成奥灰突水而淹没，为保三矿中央区生产，经峰峰集团和矿商定在清泉洼正巷附近，建立水闸墙来隔离，共建水闸墙 11 座，自 1997 年元月至 1997 年 4 月完成。

（8）1997 年 4 月 21 日，三矿中央区清泉洼正巷水闸墙外小煤窑老空水突出，造成三矿被淹，死亡 2 人。三矿遭小煤窑突水淹没后，新三矿矿井涌水量高达 1380m^3/h，新三矿自 1995 年开始在井下与三矿建立的隔离工程，除副暗斜井车房及上绳道地区外均已完成，为保证矿井安全和尽快恢复生产，新三矿于 1997 年 4 月 25 日开始至 11 月 14 日，完成 26 孔，工程量 3210.25m，注浆 25 孔 13514t。

（9）2009 年 1 月 8 日，九龙矿在 15423N 野青工作面在推采过程中，于 2009 年 1 月 8 日 12 时 25 分在老空区内发生滞后突水，初期突水量 900m^3/h 左右，2h 后突水量减少至 180m^3/h，之后突水量经过三次剧变。1 月 11 日凌晨 1 时 40 分突水量突然增大，且呈波动上升趋势。1 月 11 日 6 时 50 分，北二采区泵房 6 台水泵全部启动进行排水，依据 6 台水泵的实际排水能力，测算突水量达到 2610m^3/h；1 月 11 日 10 时 58 分突水量再次增大，超过了 6 台水泵的实际排水能力，于 11 时北二采区泵房被淹，采区泵房人员被迫撤离。经初步测算，此时突水量升至 2778m^3/h 左右；1 月 11 日 20 时，综合奥灰观测孔水位变化和井下水位上涨速度计算，此阶段突水量已增至 7200m^3/h 以上，远超过矿井-600 水平中央泵房的最大排水能力（3600m^3/h）。1 月 12 日 1 时，除安排 2 人在-600 水平中央泵房坚守岗位外，在抢险指挥部的精细调度和周密安排下，其他地区的作业人员已全部安全撤离升井，矿井被迫全部停产。1 月 13 日 0 时 45 分，-600 水平 6 台潜水泵和 4 台卧泵全部开启，水仓水位有所下降，但至 13 日 9 时 45 分，水仓水位突涨，13时15分，-600水平中央泵房被淹，在继续维持潜水泵排水的情况下井下相关人员全部撤离。

(10) 2010年11月19日凌晨2时43分，辛安矿112124溜子道前头水量增大，由原来的24m^3/h增大到60m^3/h以上，掘进区停止掘进，增加排水设备，提高排水能力。17时许，出水量异常增加，实测出水量在短短半小时之内由120m^3/h迅速增大到了6000m^3/h，远远超过了工作面和采区泵房排水能力（采区泵房排水能力240m^3/h），导致212采区排水泵房于18时10分被淹。20日23时212采区被淹，此后，矿启动-500水平泵房所有水泵，23时45分因水量过大，水位持续上涨，-500泵房进水，同时-500水平车场水位也超过泵房底板标高，被迫撤出泵房人员，切断-500水平电源，-500水平被淹。出水灾害发生后，辛安矿在不到10天时间里，组织施工了五道挡水闸墙，实现了-280水平和-500水平分区隔离；并在-280水平安装排水泵15台，形成了10620m^3/h的总排水能力，有效地控制了出水灾害的扩大，确保了-280水平以上地区安全。

(11) 2011年12月11日4点15分，辛安矿112106回采工作面在正常回采过程中，发生老空区煤层底板出水，初始水量210m^3/h，11日18点，达到2580m^3/h，到12月12日突水量急剧增大，根据淹没巷道、采空区面积和奥灰观测孔水位资料测算，突水量最大达24000m^3/h以上，远大于矿井排水能力。工作面突水后，辛安矿立即启动应急预案，先是在-280水平构筑5道水闸墙，但因突水量过大，5道水闸墙没有完工，后退守-100水平，在-100水平和地面风井紧急安装潜水泵，增加排水能力，但由于突水量大于正在安装的排水能力，该道防线失守，最后在-40水平紧急增加排水能力，把灾害控制在了-40水平以下。

(12) 2014年7月25日7点20分，梧桐庄矿182306工作面有2处发生底板出水，工作面总水量约55m^3/h。随着突水水量逐渐增大，至7月26日12：30，突水量增大到1200m^3/h。根据7月27日8点40分在-470m大巷实测结果，本次突水的峰值突水量为11264m^3/h，造成矿井被淹。分析其原因为工作面底板奥灰突水，诱因为182306工作面推采位置后方煤层底板存在隐伏导水陷落柱，在承压水和采动应力作用下，诱发该工作面底板小断层活化导水，并与煤层下方隐伏导水陷落柱沟通，承压水突破底板隔水层形成集中过水通道，导致发生了采空区底板滞后突水。为保证矿井安全和尽快恢复生产，梧桐庄矿于2014年7月底至2014年10月31日，共施工11个地面主孔和11个分支孔，完成钻探进尺13092.65m，注浆114038.85t，完成306工作面堵水工程。10月1日开始试排水，西风井奥灰观测孔水位恢复至区域正常水位，矿井开始排水。

5.2.3 奥灰特大突水治理主要难点问题

如何实现奥灰特大突水的快速治理是快速复矿的关键，一旦发生奥灰特大突水灾害，短时间内一定标高以下的井筒和巷道均被淹没，突水治理工程只能在地面进行。堵水过程中存在的难点问题无形中延缓了治理工作的进度。根据峰峰矿区历次奥灰特大突水治理情况，突水治理过程中主要存在以下难点问题。

（1）动水环境下通道封堵问题。由于历史原因，部分发生突水的矿井与相邻矿井之间无隔离煤柱或隔离煤柱被破坏，一个矿井突水可能殃及相邻矿井。另一方面，为了最大限度地降低突水灾害对矿井本身的影响范围，突水发生后根据实际情况需要通过大量排水将奥灰水位控制在一定标高以下。上述两种情况决定了导水通道或突水通道的封堵过程中的骨料充填和注浆始终必须在动水条件下进行。

在动水条件下，由于水流对所投入的骨料和浆液有剧烈的冲刷作用，进行通道封堵的骨料粒径和封堵段长度的含量确定是关键。投放骨料粒径过大，易造成骨料充填的区域过小或堵塞钻孔，既达不到充填的效果，又影响施工进度；骨料过小，又容易被强大的水流带走，既浪费骨料，又会降低工效。封堵段长度过大，需要施工的钻孔数量多，会增加堵水费用和延长施工工期；封堵段长度过小，易造成封堵段的骨料被水流冲散，不能形成有效的滤水段以及为后期的阻水段建造创造必要条件，既达不到封堵效果，又影响施工进度。

（2）大采深条件下突水通道探查问题。目前峰峰矿区的多数矿井，开采煤层深度大于800m，一旦发生突水，井下巷道大面积被淹，突水点和充水巷道没有明显的物性差异，导致物探方法失效，只能利用在地面施工的钻孔进行探查。因突水点埋深较大，探查孔施工工期长，对钻进技术、钻探设备和钻孔孔斜控制要求高，施工难度大。

（3）钻孔通过采空区和破碎带问题。地表施工钻孔需要经过浅部的采空区，增加了堵水钻孔施工过程的难度。主要表现在钻进中冲洗液大量漏失、孔壁掉块、坍塌等方面。容易引起卡钻、埋钻等事故，影响钻孔施工进度和质量。破碎带岩石破碎、强度低，通过破碎带时，易引起骨料、水泥浆的串孔等问题。

（4）小裂隙充填材料的选择问题。对于断层破碎带和陷落柱的某些部位、底板裂隙带、奥灰顶部裂隙带，以及大骨料充填后形成的孔隙。由于裂隙空间较小，会出现粗骨料注入效率极低，封堵效果差的问题。在动水条件下，直接注入水泥浆，会造成水泥浆大量流失的问题。不仅会耗费大量水泥，还会影响施工进度和对封堵效果的巩固。

5.3 奥灰特大突水快速治理原则

为了达到对奥灰特大突水快速治理的目的，在注浆堵水工程施工前都必须制定一个经济合理、技术可行的堵水治理方案，在此基础上制定与该方案相适应的注浆堵水工程设计。

针对奥灰突水快速治理所面临的问题，峰峰矿区奥灰特大突水快速治理方案以“探堵结合，截流堵源，快速复矿”为指导思想和治理原则，在突水通道类型和位置不确定的前提下，初步确定突水治理方案，并根据治理过程中实际情况对治理方案进行适当调整，确定突水灾害最佳治理方案。一般突水治理工程前期主要进行过水巷道截流与封堵及突水通道的探查，后期主要对突水通道进行封堵以及对其附近的奥灰顶部进行注浆改造，从而达到截断水源，根治水患的目的。如果在突水通道探查过程中很快发现了突水通道，且突水不会对相邻矿井造成影响，可直接在动水环境下实施突水通道的封堵。

5.4 突水通道探查技术

突水通道封堵是根治奥灰水害的关键，突水通道的类型、位置、规模和空间形态特征是实现特大突水快速治理的根本。峰峰矿区历次奥灰特大突水通道探查结果表明，发生奥灰特大突水的通道为导水陷落柱和导水断层。

突水通道的前期探查，主要通过对突水巷道或工作面突水前采掘揭露和探测结果的综合分析，并结合突水量大小和突水部位的相邻关系分析突水原因，初步判定最大可能突水区域和突水通道类型。在此基础上，围绕最大可能突水区域布置一定数量的钻孔进行突水通道探查。

在突水通道探查过程中，为提高突水通道探查的工作效率，一般采用垂直和水平定向钻进相结合的探查技术确定突水通道位置、规模和空间分布特征。采用垂直钻孔探查技术主要控制突水通道在垂向的分布特征，水平定向钻进主要控制突水通道的空间形态和规模。尤其是在突水点埋深较大的情况下，利用水平定向钻进技术可以明显提高突水通道探查的效率。在突水探查过程中，接近突水点深度时如岩芯破碎、孔内涌水现象，则表明可能存在导水性极强的破碎带，继续钻进穿过破碎带以后如果钻探深度（标高）与正常情况下岩性不一致，则可以初步判定突水通道为断层。依据岩性对比关系可以确定断层的落差，结合定向钻进可以进一步确定断层的空间形态特征。探查接近突水点深度时，如发生掉钻现象则表明在此深度存在导水性极强的空洞，继续钻进岩芯依然破碎且岩性杂乱则可以判定突水通道为导水陷落柱，结合定向钻进可以进一步确定导水陷落柱的空间形态特征。

5.4.1 探查孔布置

奥灰特大突水主要发生在巷道掘进和工作面回采过程中，探查孔的布置主要针对上述两种情况确定。首先圈定最大可疑突水区域，由地表施工垂直或定向分支钻孔相结合进行探查。一般情况下，对于巷道掘进期间发生的突水最大可疑突水区域应该在巷道突水点和巷道掘进头前方或侧方一定范围内；对于工作面回采期间发生的滞后突水最大可疑突水区域应该在采空区内部一定范围内。根据构造发育规律，小断层往往与未探明的大断层或陷落柱伴生。因此，以巷道和工作面揭露或探明的小断层为参照，并结合初期突水部位和特征可以进一步缩小最大可疑突水区域的范围。探查孔应以最大可疑突水区域边界呈方形或圆形布置，间距一般为20~40m，具体应以现场实际情况确定。

5.4.2 探查孔结构

考虑到探查孔兼做注浆孔，即探查孔一旦探查到突水通道或奥灰顶部富水和裂隙发育部位，即刻利用探查孔进行注浆封堵的实际情况，探查孔应采用层层隔离的全封闭结构。依据峰峰矿区地层组合关系，钻孔开孔直径一般为311mm，如果开采煤层上部有多层采空区，开孔直径增大为425mm，具体变径次数和下套管数量，根据目标层深度及地层组合关系确定，终孔直径为118m，终孔深度为至奥灰第七段裂隙发育带下方5~10m。除揭露奥灰段为裸孔外，其余孔段均为全封闭。

一般情况下，第一层套管下到基岩以下不小于5m的完整基岩内，止水固管并进行止水效果检验。为保证钻孔能准确透巷，在钻进过程中，要求每钻进20~30m测孔斜及方位一次，满足要求后再继续钻进。钻进至巷道顶板10m左右时测斜，若孔斜满足要求则下通天套管并用水泥浆固管止水，待充分凝固并经压水试验检验合格后，钻孔变径继续钻进透巷。探查孔设计详细要求如下：

（1）以直径为ϕ311mm开孔钻进至稳定基岩层面5m左右，下ϕ244.5mm×8.94mm孔口管隔离第四系地层，用水泥浆全段固管。

（2）变径为ϕ216mm钻进至煤层底板以下10~15m左右，下ϕ178mm×8.05mm通天套管，隔离采空区，用水泥浆全段固管。

（3）变径为ϕ155mm钻进至奥灰含水层顶面上5m左右，下ϕ140mm×7.22mm通天套管，隔离薄层灰岩含水层，用水泥浆全段固管。

（4）终孔直径变为ϕ118mm，裸孔钻进至奥灰第七段裂隙发育带下方5~10m。

5.4.3 探查孔施工

开采煤层底板以上钻进时可以选择性能优良、成孔速度快、施工质量高、移动方便的车载T685WS型顶驱钻机、T130XD、T200XD多功能全液压车载钻机、ZJ-25ⅢK型钻机、TSJ系列钻机、TXB-1000钻机、水2000钻机等以加速突水通道探查和封堵进度。当钻进到开采煤层底板以下时因需要取芯，应更换可以取芯的高效钻机。

在探查过程中，如在已施工的垂直探查孔施工到目的层位后仍未发现突水通道，则根据现场的施工情况进行数字化测井以及孔间无线电波透视，以指导下一步布孔及封堵工作的进行，或利用这些钻孔选择合适层位定向造斜进行横向探查，直至探查到突水通道；如在先期施工的垂直探查孔中探查到了突水通道，即刻在探查孔中对突水通道实施封堵，并通过对后期施工钻孔的位置调整或补孔，利用后期施工的钻孔和前期探查孔的分支钻孔探查突水通道的确切位置和规模，为后期突水通道的注浆封堵提供依据。

5.5　导水通道（巷道）封堵技术

突水治理工程的最终目的是实现突水点的彻底封堵，但在突水量较大、短时间内很难查明突水通道的情况下，直接在动水环境下对突水通道直接封堵难度较大。因此，整个注浆堵水工程应是一个循序渐进的过程，而为突水通道封堵创造静水环境是注浆堵水的前提。即首先要通过充填骨料对导水通道实施截流形成滤水段，再进行注浆形成阻水段，最终实现巷道截流。

5.5.1　钻孔布置

钻孔布置主要包括钻孔的平面位置、间距和数量，钻孔在地表的实际位置应采用高精度的专门测量仪器进行准确定位。钻孔的平面位置应依据突水区域与外界联通的巷道位置确定，同时应考虑地面的施工环境并尽量靠近突水工作面，以免影响将来排水复矿后的正常生产。钻孔间距和数量决定了巷道封堵段的长度，应根据突水量、流速大小综合确定，因需要封堵的巷道均为煤巷，巷道封堵段的长度不宜过短。依据现场实际情况并结合已施工钻孔的骨料充填及注浆效果，适当调整钻孔位置及数量，终孔深度穿透巷道底板以下 10m。

5.5.2　钻孔施工

钻孔施工应以最大突水区域为参照，按由远及近的顺序进行。为了提高钻进速度和施工质量，采用多台钻机平行交叉施工。在钻孔施工过程中通过采空区或破碎带时，一般采用先封堵上部裂隙通道，再继续向深部延续的施工工艺。但当上部受注孔段被骨料充填后，由于被注入的骨料在钻孔周围呈大小混杂松散堆积状态，且在动水条件下不容易固结，增加钻孔向下延续的困难。为解决上述难题，在钻进过程中一般可以采用旋喷分段固结的方法，使水泥与骨料在钻孔周围附近形成一定强度的结石体后，再向下延续钻进。但旋喷注浆仍有两个难点问题需要克服：其一是如何根据钻机的能力，选择合适的旋喷高度，如果选择的旋喷高度过大，钻具有被埋钻的危险，如果高度过小则会增加旋喷的次数，需要凝固时间长，延长工期和降低施工效率；其二是如何选择合适的浆液浓度和旋喷的水泥量，这将直接影响旋喷效果。为解决旋喷注浆的难点问题，一般旋喷分段固结一次旋转射流高度 2m 为宜，为使水泥与骨料在钻孔周围附近形成的结石体在短时间内具有一定的强度，可采用适当增加水泥稠度和掺入添加剂的方法。

5.5.3 骨料充填技术

骨料充填是动水条件下实现成功注浆的前提，目的是在过水巷道中建造对水流起阻挡、减小过水断面的滤水段，增加水流阻力，变管道流为渗流，并不断提高渗透阻力，把水流速度和过水量减到尽可能小的程度，以有利于后期注浆堵水材料的有效积聚和凝结。

骨料充填是利用大流量清水泵产生的水力射流和骨料自重将骨料送入孔底过水通道的过程，按间歇定量的投料原则进行投放骨料，骨料充填流程参见图5-1。初期投放以粒径较小的骨料（如粗砂、米石）为主，然后以不同的比例投放粒径较大的骨料（如米石和 05 号石子），并根据实际情况适当加入其他粒径的骨料或水泥、化学材料，直到注不进为止。

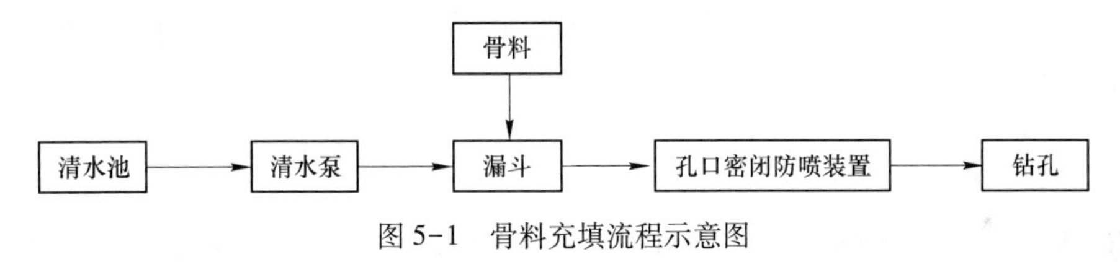

图 5-1 骨料充填流程示意图

在动水条件下，骨料充填是堵水治理工程的关键环节之一，目的是改善导水通道的水力条件，形成滤水段，为注浆封堵奠定基础。充分利用所施工的钻孔作为向巷内灌注骨料的通道，同时灌注骨料快速建成巷内滤水段，为后期的封堵过水巷道，隔离突水区域创造条件。

5.5.3.1 骨料选择

在动水条件下投入巷道的骨料，大部分会随水流向前搬运，水流速度越大，被搬运的距离越远，甚至在流速很大时骨料会被完全冲走。因此，需要针对不同流速选择相应的骨料。

常用的骨料有砂、尾矿砂、米石（ϕ1~5mm）、05 号石子（ϕ5~10mm）、1-2 石子（ϕ10~30mm）、2-4 石子（ϕ20~40mm）等。如果水流速度过大，上述骨料均不能形成有效滤水段时可选择特殊骨料进行充填，如工业铁链、铁球和水渣等。

在堵水截流过程中，随着骨料的注入巷道水流状态会发生相应的改变。合理调配骨料充填顺序，调整不同粒径骨料的配比，可以使小颗粒的骨料再填充到较大骨料的空隙之间，形成层层堵水，以尽最大可能减小孔隙。此外，还可以防止堵孔，减少通孔和扫孔的次数，提高工作效率。

最大粒径：骨料充填前须根据水流速度以及充填钻孔的直径来选择骨料粒

径，骨料的最大粒径不得大于钻孔内径的 1/3~1/4。

最小粒径：骨料最小粒径的确定可以结合过水巷道面积、流速等因素综合确定。也可以采用数值模拟技术，模拟导水通道在骨料充填过程中的水流变化情况以及在骨料充填过程中水流对骨料粒径的影响，初步确定骨料粒径最小临界值。依据数值模拟结果和现场的实际情况，一般最小粒径为 1mm 左右。

5.5.3.2　骨料充填参数

水固比：水固比与骨料粒径、导水通道类型、通道充填程度以及水流状态有关，一般遵循充填初期和后期小、中期大的原则，最佳水固比应根据现场试注确定。根据峰峰矿区现场试注试验结果，适宜的水固比范围为 5∶1~20∶1，最佳水固比为 6∶1~10∶1。注水量一定时，注入小骨料时采用小的水固比，注入大骨料时采用大的水固比，当灌注的骨料接近巷道顶部时水固比调整为 20∶1。如当注水量为 $160m^3/h$ 时，粒径小的骨料每小时注 $25m^3$，水固比接近 6∶1，粒径大的骨料每小时注 $16m^3$，水固比为 10∶1。

单位注入量：一般根据现场情况通过钻孔压水试验取得的单位吸水量和现场试注试验确定。依据峰峰矿区历次治理工程的现场实践，单位注入量适宜的范围为 $4\sim16m^3/h$。

5.5.3.3　骨料的投放顺序

骨料投放起始阶段应进行骨料试投，投注骨料顺序应先细后粗，投放量不宜太大，投放速度不宜过快，要边投边观测分析，探索进行。正式投放骨料后应由粗到细，投放量依据现场情况具体确定。如果流速过大，达不到阻水效果，需要选用具有抗水流冲刷能力比重大的特殊骨料作滤水骨架，然后再投放一般骨料进行充填。

5.5.3.4　投料方式

一般采用单孔、多孔联合的方式持续投放骨料，如注骨料过程中出现负压减少、逸气、返水等现象，应立即停注，并采用大流量注水，仍没有效果时进行孔深探测或扫孔处理。然后采用间歇定量的方式投放骨料，即投放一定时间的骨料后向钻孔内注水，一般注水时间为骨料投放时间的 1/6~1/4。对于流速极大的垂直过水通道封堵截流时，先投放具有抗水流冲击能力、比重大的能降低水流浮托力的特殊骨料，形成滤水骨架后再按先大后小的顺序投放一般骨料。

5.5.3.5　滤水段建造

由于过水通道的过水断面比允许从钻孔中注入骨料的最大粒径要大很多，而且需要充填阻塞的空间很大，滤水段的长度与突水量和流速密切相关，对于特大突水来讲，滤水段的长度一般需要数十米至数百米。滤水段建造过程中尽量采用多孔联合的方式持续投放骨料，有助于相邻各孔投放的骨料快速连接形成统一整体，为后续阻水段的建造奠定基础。但在动水条件投放的骨料，不可能全部就地堆积，必然要随水流向前搬运，其距离的大小，主要取决于骨料粒径、比重和水流的速度。

在水压和流量一定时，水流速度与过水断面成反比，随着骨料堆积面积不断增大，过水断面不断缩小，水流速度会逐渐增大，致使原先已经停顿、堆积下来的骨料又会再次被向前搬运，可能会造成已建造的滤水段失效。因此，在投放骨料过程中，要时刻关注钻孔水位变化及骨料充填高度的变化，并依据观测情况，随时调整骨料粒径或改变骨料投放方式。尤其是骨料接近巷道顶部时应尽可能加大骨料的投放力度和粒径，必要时加密钻孔或投放特殊骨料以形成稳定的滤水段。

5.5.3.6 骨料投放结束标准

实测投入骨料的顶界面高于巷顶标高，经压（注）水试验孔内至巷底无掉钻；单位吸水量已降到可正常注浆的范围（一般应在16L/(min·m·m）以下，越小越好）；奥灰观测孔升高和井筒水位降低趋势明显。通常只有同时满足上述条件，才能确认滤水段已建成，骨料投放结束。否则，必须重新扫孔或补孔，并调整骨料粒径或骨料投放方式重新补注，直至满足结束标准。

5.5.4 注浆封堵技术

过水巷道投放骨料结束后，已形成了具有足够长度和强度的滤水段，使巷道内的管道流转变为渗透流，具备了形成阻水段的条件。通过对各个钻孔进行旋喷注浆、充填注浆、升压注浆，将巷道周围的裂隙及充填的骨料胶结在一起，随着浆液不断扩展，最终把巷道四周一定范围内的岩层及骨料胶结成一个整体，形成稳定阻水段，最终实现对过水巷道的封堵。

5.5.4.1 注浆及配套设备

注浆及配套设备包括注浆站、注浆泵、水泵及制浆设备，常用注浆及配套设备参见表5-2，常用注浆站规格参见表5-3。

表5-2 常用注浆及配套设备一览表

注浆站	设备		
	注浆泵	水泵	制浆设备
贮水池、散装水泥贮存仓、一次射流搅拌池、二次搅拌池、注浆泵、供水、供电和供仪器系统等	BW-320型注浆泵、3SNS砂浆泵	D450型水泵、200D43×7型水泵、JS100-65-200离心泵、潜水泵（功率1000~2600kW，排水量500~1100m^3/h），2.2~3kW/380V潜水泵	搅拌机、W-0.8/12.5S空气压缩机、水泥储存罐、注浆管路、止浆塞、BS-500/200型便携式电测水位计、GXM螺旋推进器、CDY-1型流量仪等

表 5-3　常用注浆站规格一览表

注浆站	规　　格
贮水池	容积 5m×5m×1.5m=37.5m^3，10m×10m×1.5m=150m^3，砖砌、水泥防水抹面
散装水泥贮存仓	若干，依据现场需求确定
一次射流搅拌池	直径 2m，高 1.5m，容积 4.71m^3，砖砌水泥防水抹面
二次搅拌池	直径 2m，高 2m，容积 6.28m^3，砖砌水泥防水抹面
厂房	面积 18m×12.5m 水泥混凝土铺地，砌注浆泵座
高位水箱一座	贮水 2m×2m×1.5m=6m^3，厚 3mm，铁皮焊接，台高 2.5m
配电室	5.1m×3.6m
注浆管路	ϕ50mm 无缝钢管

在现场进行突水治理过程中，注浆及配套设备选择应根据实际情况进行选择。注浆站主要根据注浆规模确定规格，注浆泵主要依据浆液混合比确定，制浆设备应与现场需求匹配。

5.5.4.2　注浆材料

常用注浆材料主要包括水泥、粉煤灰、粉细砂、尾矿砂等主剂，以及工业盐、三乙醇胺、水玻璃等外加剂。其中作为主剂之一的水泥一般应选用旋窑 42.5 号普通硅酸盐水泥，其他主剂作为水泥浆液的添加材料，其掺入量应依据现场需要确定。外加剂可以改善水泥浆液的性能，其添加量依据现场试验确定。

5.5.4.3　注浆参数

注浆参数将直接影响到浆液的凝固时间、强度和扩散距离，进而影响整个堵水效果。注浆参数主要包括水灰比和外加剂掺入量、注浆压力、单位注浆量等。

A　水灰比和外加剂掺入量

为达到预期的注浆堵水效果，以及取得不同环境下进行注浆的合理的参数，现场应通过对选择的水泥样品和外加剂进行配比试验或正交试验综合确定，根据峰峰矿区现场浆液配比试验，最优水灰比为 1∶1，参见表 5-4。实际选择参数时，还应结合不同注浆时期、不同注浆孔的实际情况，进行适当调整。

表 5-4　峰峰矿区注浆材料配比及浆液特性一览表

浆液种类	浆液配比	浆液特性
42.5 号普通硅酸盐水泥浆	水灰比 0.48∶1~2∶1，三乙醇胺 0.3‰~0.5‰，盐 3‰~5‰	比重 1.2~1.85
高浓度高强度水泥浆	P52.5 水泥，$NR_3$1‰，盐 5‰	比重 1.5~1.8
水泥粉煤灰浆	粉煤灰 10%~60%	比重 1.4~1.7
水泥-水玻璃浆	水灰比 0.8∶1~1∶1；水玻璃/水泥 0.15~1	初凝 10″~1′
BR-CA 水泥浆	水灰比 1.2∶1，专用粉 2%，防水剂 10%	
水泥+锯末+砂浆	依据现场情况确定锯末和砂的掺入量	

B　注浆压力

注浆压力包括起始注浆压力和结束注浆压力，其大小与奥灰水压和巷道埋深等因素有关。为使注浆工作取得比较满意的效果，结束注浆孔口压力一般为4~10MPa。实际施工时，可依据现场情况调整注浆压力。

C 单位注浆量

由制浆能力、注浆设备的注浆能力和巷道周围裂隙联通情况综合确定。依据峰峰矿区现场实践，最大制浆能力可以达到4000t/d，单孔注浆能力可以达到1000t/d。

5.5.4.4 过水通道封堵

过水通道注浆封堵需要分阶段进行。第一阶段采用单孔和多孔大浆量联合注浆法以增大浆液的扩散范围，进一步将骨料联系成为一个整体和连续的阻水段。在此阶段应密切关注注浆孔水位动态变化，必要时采用连续注浆和间歇注浆交替进行，以防止浆液大量流失。当过水通道断面大幅缩减后，采用单孔小浆量间歇注浆法。如在压水和注浆过程中出现串孔现象，应改为多孔联合注浆。为增大阻水段的整体强度、抗渗透能力和稳定性，第二阶段采用单孔下行式分段注浆和升压注浆法对阻水段与巷道顶底板围岩裂隙进行注浆加固。最后通过引流注浆使浆液在较高的注浆压力和水流的双重作用下，对巷道周边的微裂隙、薄弱带进行再加固，将巷道四周一定范围内的岩层及骨料胶结成一个整体，形成稳定的阻水段。

一般开始注浆时，可根据单位注浆量要求的配比降一级稠度进行试注，注入1~2h不升压，即可提高一级稠度，进行定量间歇注浆，或根据情况加入尾矿砂、锯末等。注浆开始后要加密观测临近钻孔的水位，要求每小时观测一次，发现变化大的情况应随时加密观测。同时每隔半小时测一次水泥浆比重及孔口压力，并做好记录，发现孔口升压时随时记录，为下一步注浆工作相关参数的调整提供依据。

注浆过程中若发现跑浆且跑浆量大时，应立即停止注浆，调整浆液配比或改用双液浆及加骨料等办法进行处理；上一阶段注浆结束后，注浆孔、串浆孔均应进行扫孔，以防堵孔。但每次通孔、扫孔也必须详细记录通孔、扫孔情况，特别要详细记录漏水、掉钻或卡钻等情况，通孔完毕应丈量钻具确定深度并做好记录。

5.6 突水通道封堵技术

在突水通道探查过程中，如果很快确定了突水通道的类型和空间分布特征，且矿井分布相对独立，可直接在动水环境下对突水通道实施封堵。如果突水量较大或突水矿井威胁相邻矿井的安全，通常将对过水巷道的封堵作为整个堵水治理工程的首要任务，在将突水限定在一定的影响范围内后，再实施静水环境下对突水通道的封堵。实际上，无论堵水环境是动水还是静水，突水通道的封堵与探查都是同步进行的，即边探边堵，探堵结合。

虽然突水通道封堵环境不同，但采用的技术手段和方法是相同的。突水通道封堵首先要通过揭露突水通道的探查钻孔投放骨料，然后采用注浆封堵技术将突水通道转变为强度高、不透水的整体。在此基础上，进一步对突水通道附近奥灰顶部岩溶裂隙带进行注浆封堵，以切断下伏高承压奥灰水导升的通道，消除治理区域奥灰水害。

5.6.1 骨料充填

5.6.1.1 骨料

骨料粒径需要根据突水通道的类型、裂隙发育程度和钻孔的直径综合确定，根据峰峰矿区突水通道封堵实践，骨料粒径范围为1~40mm。常用的骨料主要包括砂、尾矿砂、米石（ϕ1~5mm）、05号石子（ϕ5~10mm）、1-2石子（ϕ10~30mm）、2-4石子（ϕ20~40mm）等。

5.6.1.2 骨料充填参数

主要包括水固比和单位注入量，一般依据突水通道类型通过现场试验综合确定，施工过程中应根据现场情况适时调整充填参数，以达到最佳充填效果。依据峰峰矿区历次奥灰突水通道封堵实践，突水通道和过水巷道封堵的骨料充填参数相同，水固比范围为5∶1~20∶1，最佳水固比为6∶1~10∶1，单位注入量范围为4~16m^3/h。

5.6.1.3 骨料充填技术

为避免初期采用大骨料充填可能会在突水通道下部形成空洞影响充填效果，无论静水还是动水环境骨料充填一般均采用初期小，中期较大，后期较小的顺序。动水环境骨料充填初期为使大部分骨料能充填突水通道内部和周边较小的空隙，可以选择粒径1~5mm的米石对突水通道进行充填。中期在加大单位注入量的同时逐步加大骨料粒径，以增加充填体的稳定性和巩固充填效果，使初期注入的小粒径骨料和中期注入的大粒径骨料形成级配合理的松散体。大粒径骨料通常选择5~10mm和10~30mm的石子，具体应根据突水通道类型和大小合理搭配。后期注入粒径为5~10mm的石子，使其填充到中期骨料的孔隙中和充填突水通道内部的空隙，以减小充填体的渗透速度，为之后的注浆封堵创造良好环境。

为了加速骨料堆积体的形成，投放骨料时一般采用多孔联合的方式持续进行。总的投注原则是单孔全部采用下行式间歇定时定量投放，均匀投料，不能盲目求快。投放骨料前应通过压水试验确定单孔吸水量，当单孔吸水量大于16~20L/(min·m·m)时开始试注骨料。试投骨料应遵循粒径由细到粗、水固比由大到小、注入量由小到大的原则逐步进行，一般投注时间不应少于2h。如果试投的骨料能形成有效的堆积体，则可以开始正式投注，骨料注入速度和充填数量以不堵孔为原则。骨料投放过程中要定时冲水，并时刻注意孔口压力及负压情况，同时定期观测临近钻孔水位变化情况，观测间隔不大于 1h，水位变化异常时应加密观测。如孔内出现负压减小、逸气、返水等现象，应立即停注，并进行孔深探测。发现堵孔时下钻具进行通孔、扫孔，并详细记录通扫孔以及漏水、掉钻或卡钻等情况。通扫孔完毕后确定钻孔深度，然后再次进行压水试验，并依据重新确定的单孔吸水量和钻孔的水位变化调整骨料配比进行间歇式定量投注。直到孔口压力明显增大且经扫孔证实突水通道充填段已被完全充填，并满足单孔吸水量的要求，则可终止该充填段的骨料投放。

整个突水通道的骨料充填依上述原则、技术要求循序往复进行，直到各充填段均满足充填效果检验标准，突水通道的骨料充填结束。

5.6.2 注浆封堵

突水通道的封堵采用下行式分段注浆，骨料充填与注浆封堵交叉进行，一般可划分为 4 个阶段。(1) 试注阶段：水灰比由大到小试注，主要确定最佳注浆参数和外加剂掺入量；(2) 充填注浆阶段：通过间歇定量注浆对骨料充填段内部的空隙进行封堵。(3) 封顶堵源阶段：采用充填注浆、升压注浆相结合的联合注浆技术分段对整个突水通道再次封堵，并对突水区域的奥灰顶部岩溶裂隙带进行注浆封堵，以切断下伏奥灰水导升的通道，消除治理段奥灰水对矿井生产的威胁。(4) 效果检验阶段：达到注浆结束标准则注浆堵水工作结束，否则分析原因并进行补充注浆，直至满足结束标准。

5.6.2.1 注浆站及设备

如果突水通道和过水巷道对应的地面位置相距不远，突水通道和过水巷道的注浆封堵可以共用注浆站及配套设备，必要时可根据实际需要再建一个注浆站。

5.6.2.2 注浆材料及参数

根据峰峰矿区历次奥灰突水治理工程实践，突水通道和过水巷道所用注浆材料和注浆封堵参数基本相同，实际应用时，可根据不同注浆阶段、不同注浆孔的实际情况具体确定。起始注浆压力和结束注浆孔口压力可依据煤层底板承受奥灰水压大小确定。

5.6.2.3 注浆封堵技术

为保证注浆堵水的顺利进行，注浆前应向孔内先注水约 10~15min 以检查注浆设备和管路的运行状态及密封性能，在此基础上确定单位吸水量和起始注浆参数。当单位吸水量小于 16L/(min·m·m) 时即可开始试注浆，一般可根据单位吸水量要求的配比降一级水灰比进行试注（参见表 5-5），试注入 1~2h 不升压可增大一级水灰比，待顺利后即可进行正式注浆。

表 5-5 钻孔单位吸水量和浆液配比关系一览表

单位吸水量 q/L·(min·m·m)	水灰比	浆液配比（重量）		
		水	砂或锯末等	水泥
<0.1	8∶1	8	0	1
0.1~0.5	6∶1	6	0	1
0.5~1.0	4∶1	4	0	1
1~3	2∶1	3	0.5	1
3~5	1∶1	2	1	1
5~10	0.5∶1	1.5	2	1
>10	0.5∶1	2	3	1

正式注浆采用下行式分段注浆模式，主要采用充填注浆和升压注浆技术分阶段对骨料充填段内部的空隙进行间歇定量注浆，每个注浆段的高度与骨料充填高度一致，一般为5~10m。骨料充填和注浆反复交替进行，直至突水通道及周边裂隙全部被封堵为止，参见图5-2。

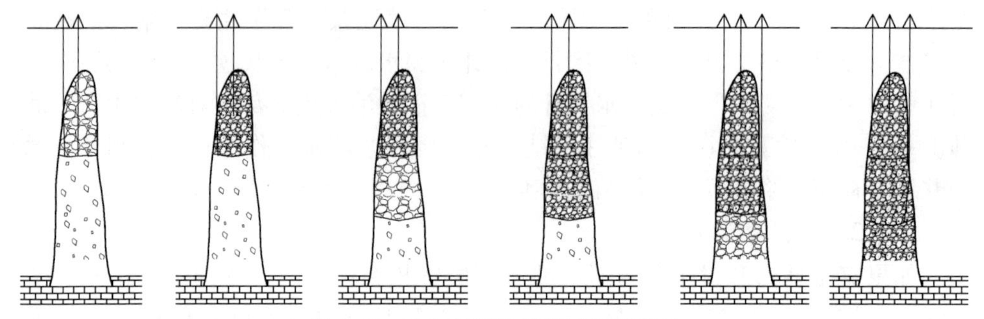

图 5-2 导水陷落柱封堵过程示意图

为使骨料充填段快速和有效固结，可以根据现场实际情况加入适量尾矿砂、锯末或外加剂等辅助材料。注浆开始后要观测临近钻孔的水位，要求每小时观测一次，发现水位变化大的情况应随时加密观测。同时，每隔半小时测一次水泥浆比重及孔口压力并作好记录，发现孔口升压时随时记录，为下一步注浆工作相关参数的调整提供依据。当注浆压力明显升高且吸浆量小于30~50L/min时可结束本阶段注浆，同时压水10~15min冲刷管路。每一个阶段注浆结束后，应对注浆孔进行扫孔，并详细记录漏水、掉钻或卡钻等情况，依据情况确定是否需要调整注浆参数。每阶段升压注浆过程中若发现跑浆量大时，应立即停止注浆，采取调整浆液配比或改用双液浆及加细骨料等办法进行处理。如发现邻孔有串浆现象且孔口出现返浆等情况时，为减小或消除串浆对受注层段通道堵塞的影响，应暂停注浆，必要时加盖压清水，进行多孔间歇注浆，直至串浆现象消失。

当注浆段延伸到奥灰顶部后，须采用充填注浆、升压注浆相结合的联合注浆技术使浆液最大限度地在突水通道和周边奥灰岩溶裂隙内扩散，使骨料充填段及周边裂隙胶结加固成一个整体，以切断下伏奥灰水导升的通道。整个突水通道封堵完成后，应检查是否满足注浆结束标准。如满足注浆结束标准，在提钻封孔过程中再次升压对突水通道及周边的微裂隙进行复注加固。否则，应分析原因并补充注浆，直到满足注浆结束标准为止。

5.6.2.4 注浆结束标准

依据峰峰矿区奥灰突水治理经验，衡量注浆结束标准的指标为孔口压力、吸浆量和单位吸水量。当满足孔口压力达到4~10MPa，且保持孔口压力不变吸浆量小于30L/min，或单位吸水量小于0.001L/(min·m·m)时，则视为达到了注浆结束标准。

5.6.3 注浆效果检验

当过水巷道或突水通道被彻底封堵后，注浆孔、奥灰和淹没矿井的水位将发生显著变化。因此，可以通过分析注浆前后三个水位的变化判断注浆堵水的效果。

单孔注浆效果检验：注浆前期，孔内水位呈现一个下降的趋势，表明前期注浆仅封堵了导水通道中的部分空隙。随着注浆量的增大，更多空隙被封堵，孔内水位逐渐上升趋势，表明导水通道大部分空隙被封堵。随着注浆量的继续加大，在孔口压力满足注浆结束标准，孔内水位稳定不变，表明钻孔周围空隙已完全被封堵，注浆封堵效果良好。

奥灰水位检验：通常情况下，发生奥灰突水时，离突水区域较近的奥灰观测孔水位标高会出现明显的下降。随着大量骨料充填及后期的注浆封堵，若奥灰观测孔的水位最终回升恢复至突水前相近的且保持稳定，则表明导水通道已被彻底封堵。

矿井排水试验：矿井排水包括原矿井涌水量和存在于井巷中突出的奥灰水。若矿井试排水期间井筒水位大幅下降，而奥灰观测孔水位稳定不变，则表明导水通道已被彻底封堵。

5.6.4 排水复矿

根据堵水工作进展，综合考虑是否具备复矿条件并作出评估。如果过水巷道被封堵后，有效地隔离了突水区域，不会对其他工作面生产造成威胁可以排水复矿，则可以制定相应的复矿生产计划。如果直接对突水通道进行封堵，需要彻底封堵突水通道后才能逐步复矿。

复矿的首要任务是追排水，即采用一定数量大功率、大流量水泵将被淹没井筒中的水排出矿井，为复矿生产创造良好环境。追排水结束工作后，恢复排水系统并清淤，逐步恢复一通三防（即通风、防水、防火、防尘）系统、井下供电系统和运输系统。对突水期间井下被淹的各种设备、配套设施进行仔细检查、维修，有序恢复受波及工作面生产设备，保证后续矿井的生产。

5.7　峰峰矿区奥灰特大突水快速治理技术集成

对于位于上述开采环境的煤矿，虽然采前做了大量的矿井防治水工作，但由于这些地区地质条件和水文地质条件复杂，且受目前探测水平制约，某些隐伏导水构造难以完全探明，不可能避免奥灰突水灾害的发生。关键是如何采取必要的矿井防治水措施，降低突水的频率和减少损失，以及突水发生后采取何种技术措施进行快速有效封堵。因此，探索一套适用于该条件的特大突水治理技术，对于充分发挥深部矿井的经济效益具有重大的现实意义。

根据峰峰矿区历次特大突水治理工程的实践与分析，总结出了一套针对奥灰特大突水治理的成套技术，总体包括："圈"、"定"、"探"、"堵"、"检"、"排"6个关键技术。

圈：即圈定最大可疑突水区域。在突水水源已确定的前提下，结合突水工作面采前和开采过程中积累的地质、水文地质资料，提取出与突水有关的信息，通过系统分析初步圈定最大可疑突水区域，为后续突水通道探查提供依据。

定：即确定堵水方案和初步确定突水通道探查方案。堵水方案是注浆堵水的核心部分，应具体问题具体分析。主要依据突水量大小、突水矿井与相邻矿井的关系，确定堵水方案。突水通道探查孔主要依据突水点位置和初步圈定最大可疑突水区域进行布置。

探：主要是突水通道探查与施工。突水通道的探查是整个治水过程中关键的一步，对于大采深工作面发生的突水，为加快突水治理进度在突水通道探查过程中应采用垂直钻孔和定向分支钻孔施工技术进行综合探测。在垂直钻孔施工过程中，为保证探查孔终孔不偏离初步圈定的最大可疑突水区域，应对孔斜进行校正，一般每施工50m进行校正一次。一旦探查孔施工过程中揭露突水通道，应采用边探边堵相结合的原则，同时对初步确定的探查孔的位置、数量、顺序等进行适当调整，直至确定突水通道的类型、规模和空间形态特征为止。

堵：即利用骨料充填和注浆封堵技术，对导水通道、突水通道和奥灰顶部的导水裂隙实施有效封堵。导水通道封堵的环境为动水环境，设定的堵水段长度和需要灌注的骨料大小与突水量及奥灰水在巷道中的流速大小有关。如果突水量和流速很大，堵水段长度一般应超过100m，条件允许时要灌注的骨料粒径应尽量大，必要时需要选用特殊骨料。在查明突水通道的基础上，对于突水通道的封堵首先应依据堵水环境（静水或动水环境）细化堵水方案。在堵水施工过程中，应加密对观测孔和主井水位的观测工作，为调整注浆工艺和顺序提供参考。根据封堵过程中不同材料充填顺序，注浆封堵过程一般分为两步：即骨料充填和注浆封堵过程。骨料充填和注浆封堵一般均采用下行式，但对空间比较大的突水点和导水通道的封堵，注浆时应采用上形式。在骨料注入时，应按照技术要求选择合理骨料注入顺序和配比等参数，以减少水泥的消耗，提高封堵效果。实际上，注浆封堵与骨料充填往往是相间进行的，注浆前应依据每个注浆段的实际情况，确定合理的参数，以达到比较理想的注浆效果。为防止堵孔，减少捅孔、扫孔次数，对水力联系密切的钻孔应适当调整骨料充填和水泥浆注入顺序，采取升压注浆、间歇注浆、加固、引流带压注浆和联合注浆相结合的注浆过程，以实现对突水点和导水通道的彻底封堵。

无论是对导水通道、突水通道实施封堵，堵水技术和工艺是堵水工程具体实施的环节，采取的技术手段和工艺是否合理是堵水成败的关键。骨料充填和注浆封堵时，应以基本的水文地质资料为基础，同时结合必要现场压水试验、室内实验，以确定所需要的参数（如水固比、浆液比重、注浆压力等）。结合具体条件，可以选择采用单液注浆、双液注浆、单孔注浆、双孔注浆、间歇注浆、连续注浆等联合注浆技术与工艺。

在对突水通道实施封堵后，还应采用下行式对突水通道附近奥灰顶部裂隙进行注浆加固，达到彻底消除奥灰水害的目的。

检：即对堵水治理效果的检验。主要包括单孔注浆效果检验和排水效果的检验。堵水工作结束前后，还应进行矿井排水试验，堵水结束后，施工的奥灰观测孔应予以保留，作为奥灰水的长期观测孔，为矿井恢复后矿井防治水工作提供参考。

排：即排水复矿。堵水工作结束后，通过效果检验，满足要求后，进行排水复矿工作。

在对具体的矿井突水治理过程中，各地条件都不尽相同，会遇到一些特殊的问题，应结合现场的实际情况，灵活运用。

面临日益严峻的水患问题和特大突水风险增大的局面，如何快速高质量地对特大突水通道实施有效封堵是目前急需解决的课题。根据煤矿的特点和其本身的脆弱性，必须科学地制定相应的技术路线和治理方案，才能实现预期的治理目标。历次导水陷落柱特大突水治理结果表明，能否快速、准确确定突水区域是治理成功的关键；技术路线和治理方案的正确制定是治理工作顺利进行的可靠保证；室内实验、现场试验相结合的技术方法，是确定注浆堵水所需主要技术参数和正确决策的重要依据；采用连续注浆、间歇定量注浆、单孔注浆的联合注浆技术与工艺，是实现对特大突水进行综合治理的有效手段；采取堵源与封顶相结合综合治理方案，在根治水害的同时还可以消除临近区域的水患，为后来的矿井恢复生产奠定基础。

第6章　九龙矿奥灰特大突水快速治理技术

6.1　矿井概况

九龙矿隶属于冀中能源峰峰集团，位于河北省邯郸市的西南部。井田范围为北以 F_9 断层为界，南以 F_{26} 断层为界，西以 F_8 断层为界，东以2号煤层-900m等高线为技术边界。井田南北走向长约8km，东西倾斜宽约2.5km，面积为 $20km^2$ 左右。

九龙矿于1979年11月26日开始建井，于1991年4月29日投入生产。设计生产能力为120万吨/年，矿井设计服务年限为52.5年，设计开采2号、3号、4号、6号煤层。由于煤层埋藏深，受煤层赋存条件和地质及水文地质等客观条件制约，目前6号煤层暂与下三层煤层一并列为远景产量。2009年核定生产能力为148万吨/年，近年来矿井产量约为140万吨/年。

矿井采用立井分水平开拓，二水平采用分区暗斜井延深（第一水平为-600水平，第二水平为-800水平）；采煤方法为走向长壁采煤法，主要采煤工艺为轻放综采和高档普采。目前北二采区和南二采区是现阶段重点生产采区，北三采区和南三采区为接续生产地区。

矿井中央排水泵房安装有6台潜水泵和4台卧泵。其中：6825H-16型潜水泵4台，单台额定流量 $540.0m^3/h$；YQ550-800/21-1900潜水泵2台，单台额定流量 $550m^3/h$；MD250-85×10卧泵4台，单台额定流量 $250m^3/h$。安装排水管路4趟，其中3趟 $\phi426mm$ 管路，1趟 $\phi377mm$ 管路，水仓容积 $8382m^3$，矿井最大排水能力达 $2250m^3/h$。

目前矿井中央排水泵房实际安装6825H-16型潜水泵5台，单台流量 $540.0m^3/h$；QKSG-D-1000-275/800潜水泵1台，流量 $275m^3/h$；安装MD250-85×10卧泵四台，单台流量 $280.2m^3/h$。安装排水管路四趟，其中三趟直径 $\phi426mm$ 管路，一趟直径 $\phi377mm$ 管路，水仓容积 $8980m^3$。

6.2　矿井地质概况

6.2.1　地层与含煤地层

地层：九龙井田位于峰峰矿区的东南部，区内多为新生界松散及半固结沉积物覆盖，仅后朴子村一带冲沟内有上石盒子组四段及石千峰组基岩零星出露。钻孔揭露地层包括奥陶系中统峰峰组、石炭系中统本溪组、上统太原组、二叠系下统山西组、下石盒子组，上统上石盒子组、石千峰组及三叠系下统刘家沟组、和尚沟组。

6.2.1.1 奥陶系中统峰峰组（O_{2f}）

岩性主要为灰、深灰色厚层灰岩，花斑状、角砾状灰岩及白云质灰岩。井田内最大揭露厚度 138.55m，据区域资料本组厚度一般为 150m 左右。

6.2.1.2 石炭系中统本溪组（C_{2b}）

上部为页岩，夹薄层不稳定煤线；中部为灰白色铝质黏土岩，具鲕状结构；下部为紫红色含铁质泥岩（即山西式铁矿）。本组厚度变化较大，为 5.37～15.34m，平均 11.33m。该组假整合于中奥陶统峰峰组之上。

6.2.1.3 石炭系上统太原组（C_{3t}）

为井田内主要含煤地层之一，岩性以灰黑色泥岩、粉砂岩为主，间夹中细砂岩，含薄层石灰岩 8 层，灰岩富含海相动物化石，为本组良好的标志层。本组属典型的海陆交互沉积，旋回结构清楚，灰岩及煤层作为标志层多而稳定，煤层易于对比，下与本溪组为连续沉积。厚度为 93.38～138.50m，平均 112.40m。

6.2.1.4 二叠系下统（P_1）

（1）山西组（P_{1s}）。为井田内主要含煤地层之一，上部岩性以深灰、灰黑色砂质泥岩、泥岩、粉砂岩为主；中部以灰色中砂岩为主；下部为灰黑色砂质泥岩夹中细砂岩。本组含煤 2～4 层，其中可采及部分可采 2 层。本组厚度为 69.40～110.57m，平均 86.49m，与太原组为连续沉积，以一座灰岩上一层砂岩为其底界。

（2）下石盒子组（P_{1x}）。岩性上部以紫灰、紫红色砂质泥岩、粉砂岩为主，间有不稳定的中细砂岩 1～2 层；下部以灰绿色中砂岩为主，夹一层灰色铝土泥岩。砂岩多含泥质碎屑、炭屑物，层面见较多的白云母及金云母，一般为钙质、泥质胶结。本组泥岩及砂质泥岩多具鲕状结构，尤以顶部一层含淡黄色石英鲕粒的紫红色砂质泥岩具标志特征。本组厚度为 96.3～150.20m，平均 126.25m，底部以一层中砂岩与山西组分界。

6.2.1.5 二叠系上统（P_2）

（1）上石盒子组（P_{2s}）

上石盒子一段（P_{2s}^1）：本段厚度为 83.50～128.80m，平均 105.82m，底部以一层细砂岩与下石盒子组分界。岩性为紫红、紫灰绿色砂质泥岩、粉砂岩、含铝黏土岩，间夹数层薄状灰黑色泥岩。砂质泥岩、黏土岩中含较多的鲕粒，以中部一层含橘黄色粗鲕粒为特征可作为标志层位。

上石盒子二段（P_{2s}^2）：本段厚度为 96.10～147.81m，平均 123.68m，底部以

灰黑色中粗砂岩与一段分界。以灰、灰白色各粒级砂岩为主，间夹紫红色粉砂岩、砂质泥岩。砂岩厚度较稳定，但颗粒变化大，成分以石英、长石为主，有少量红色、杂色矿物，多为硅质胶结。顶部为紫红色、砖红色厚层状砂质泥岩。下部有一组合标志层；上层为紫绿花色砂质泥岩和含铝黏土岩；中层为一层猪肝紫花色较纯含铝黏土岩；下层为底部灰黑色中粗砂岩。

上石盒子三段（P_{2s}^3）：本段厚度为102.69~136.30m，平均120.24m。底部以一层灰绿色、紫褐色含砾中砂岩与二段分界。岩性上部以灰白色中砂岩为主，间夹砂质泥岩、粉砂岩；中下部为紫红色粉砂岩、砂质泥岩。

上石盒子四段（P_{2s}^4）：本段厚度为112.60~158.20m，平均127.81m，底部以含砾粗砂岩与三段分界。岩性为紫灰、紫灰绿色砂质泥岩、粉砂岩，间夹薄层中砂岩。下部砂质泥岩中夹有5~6层薄层硅铝层，最上两层质脆，具光滑垂直的解理面，为本区的标志层，顶部有一层猪甘紫色泥岩。

（2）石千峰组（P_{2sh}）

上部岩性以薄层紫红色泥岩、粉砾岩为主；中部为灰岩及钙质泥岩，含海豆芽化石，岩性特殊，沉积稳定，为本组良好的标志层；下部为紫红色中细砂岩夹粉砂岩。本组厚度为194.23~238.70m，平均218.34m。本组与上石盒子组为连续沉积。

6.2.1.6 三叠系下统（T_1）

（1）刘家沟组（T_{1l}）。刘家沟组岩性为暗紫、浅紫红色薄层至厚层细砂岩、砂岩及少量粉砂岩，含同生砂岩砾石。区内仅有1-1和1-2两钻孔完全揭露，据区域资料本组厚度476.0m。与下伏石千峰组为整合接触。

（2）和尚沟组（T_{1h}）。岩性为紫红、暗紫色薄层板状与厚层细砂岩、粉砂岩，夹暗紫色薄片状页岩。该组区内仅1-1和2-2孔部分揭露，据区域资料本组厚234.0m。区内两组未划分。

6.2.1.7 新生界（K_z）

下部为上新近系（N）半固结的浅黄、灰绿色黏土岩、砂质黏土岩及粉砂岩，底部为一层砾岩。上部为第四系（Q）黄色、棕红色黏土、砂质黏土及砾石、卵石层。新生界厚度变化很大，为0~117.44m，平均33.26m。角度不整合接触下伏基岩之上。

含煤地层：主要含煤地层为石炭系太原组及二叠系山西组，总厚度平均为198.89m，共含煤15~18层，煤层平均总厚15.86m，可采煤层含煤系数7.97%。

（1）石炭系中统本溪组（C_{2b}）。本组平行不整合于奥陶系中统峰峰组灰岩之上，由黑灰色、灰色、灰白、紫红、褐红的页岩、砂质页岩和砂岩组成。中上部含有0.2m厚的一层薄煤，俗称尽头煤；下部是铝土质页岩和铁质岩，厚5.37~15.34m。

（2）石炭系上统太原组（C_{3t}）。本组连续沉积在本溪组之上，是主要含煤地层之一。岩性以灰黑色泥岩、砂质泥岩为主，间夹粉砂岩、细砂岩，含灰岩 8 层，分别为：下架灰岩、大青灰岩、中青灰岩、小青灰岩、伏青灰岩、山青灰岩、野青灰岩和一座灰岩。除下架灰岩、山青灰岩和一座灰岩局部相变为泥岩或粉砂岩之外，其他 5 层灰岩均发育比较稳定，岩性特征明显，为本组的良好标志层。灰岩富含海相动物化石；泥岩和砂质泥岩中含有丰富的植物化石及碎屑；细砂岩为厚层状，层理清楚，砂质泥岩和粉砂岩中含泥质结核。本组含煤 11～14 层，煤层平均总厚 9.85m，含煤系数 8.76%，其中 4 号、6 号、8 号、9 号煤层全区稳定可采；7 号煤局部可采；其他煤层不稳定、不可采。太原组为典型的海陆交互相沉积，岩层厚度 93.38～138.50m，平均 112.40m。

（3）二叠系下统山西组（P_{1s}）。山西组与下伏太原组呈整合关系，是主要含煤地层。岩性由中砂岩、细砂岩、粉砂岩、砂质泥岩、泥岩及煤层组成。砂岩多为灰色及灰白色中、细砂岩，富含植物化石，如芦木、轮木及细羊齿等，呈厚层状。本组含煤 2～4 层，分别为 1 号、$2_{上}$、2 号、$2_{下}$ 煤层，煤岩层沉积变化较大，标志层不如太原组明显，煤层分岔，并具突变性，两极厚度相差颇大，煤层平均总厚 6.01m，含煤系数 6.95%，其中 2 号煤层较稳定，全区可采；$2_{下}$ 煤层不稳定，部分可采；1 号、$2_{上}$ 煤层仅个别点达可采厚度，但连不成片，本组厚度为 69.40～110.57m，平均 86.49m。

6.2.2 构造

井田总体构造形态为一单斜构造，NE 向和 NNE 向断层及次级褶皱较发育，构造复杂程度中等。井田内断层构造比较发育，断层走向以 NE 向为主，NNE 向次之，与区域构造特征基本一致，构成一系列的阶梯式或地堑、地垒构造。井田范围内褶皱构造以次级褶皱为主，均为规模较小的短轴宽缓褶皱，北部轴向为 NWW 向，南部为 NNE～NE 向。

6.2.2.1 断层

井田经过十几年的生产，已揭露的大断层有 F_8、F_{11}、F_{10}、F_{35}、F_{15}、F_{32}、F_4、F_7、DF_2、DF_4、F_{15-1}、F_{15-2}等，生产中还揭露大于 5m 断层数十条，揭露小于 5m 的断层数百条，均为正断层。主要断层控制程度及特征参见表 6-1。

表 6-1 九龙矿主要断层情况一览表

序号	断层编号	产状			落差/m	可靠程度
		走向	倾向	倾角		
1	F_8	近 SN	W	50°～70°	85～750	可靠
2	F_9	NE	NW	40°～65°	80～550	可靠

续表6-1

序号	断层编号	产状			落差/m	可靠程度
		走向	倾向	倾角		
3	F_{26}	NEE 转 NE	SSE 转 SE	70°	150~160	可靠
4	F_6	N40°~50°E	SE	70°~80°	0~39	可靠
5	F_7	N40°E	SE	60°~75°	0~20	可靠
6	F_{10}	N30°E	SE	65°~78°	0~30	可靠
7	F_{15-2}	N50°E	SE	30°~85°	0~38	可靠
8	DF_4	N30°~50°E	SE	70°	0~90	可靠
9	F_1	N30°E	NW	70°	17	可靠
10	F_2	N35°E	NW	70°	0~18	可靠
11	F_3	N6°E	SE	65°	17	可靠
12	F_4	N30°E	SE	71°	28	可靠
13	F_{19}	N18°~30°E	NW	52°~65°	60~125	可靠
14	F_{18}	N20°~45°E	NW	50°~60°	27	可靠
15	F_{7-1}	N22°E	SE	69°	8	可靠
16	F_{11}	N25°E	SE	70°	12	可靠
17	F_{12}	N25°~35°E	SE	71°~86°	10~37	可靠
18	F_{13}	N35°~52°E	SE	70°~84°	37	可靠
19	F_{15}	N29°E	SE	60°~76°	60	可靠
20	F_{15-1}	N30°~47°E	SE	70°	30~40	可靠
21	F_{16}	N40°E	SE	70°	35~71	可靠
22	F_{20}	N15°~54°E	SE	70°	80	可靠
23	F_{23}	N25°E	SE	72°	13	可靠
24	F_{28}	N7°E	SE	65°	10	可靠
25	F_{31}	N27°~43°E	NE	51°	17	可靠
26	F_{33}	N40°~73°E	SE	70°	35	可靠
27	F_{32}	N5°~27°E	SE	64°	10	可靠
28	F_{35}	N5°E	SE	55°	10	可靠
29	DF_2	N45°~65°E	SE	75°	12	可靠
30	F_{27}	N10°~55°E	SE	76°	10	可靠
31	F_{29}	N20°E	NW	69°	20	可靠
32	F_{21}	N2°E	SE	73°	4	可靠
33	F_{22}	N10°E	SE	70°	6	可靠
34	F_{10-2}	N47°E	SE	73°	8	较可靠

井田范围内主要断层的详细特征现分述如下：

F_8 断层：为井田西部边界断层，走向近南北，倾向西，倾角 50°~70°左右，落差 85~750m，延展长度约 7000m。断层南、北端分别被 F_{26} 和 F_{9-1} 断层切割，由南向北落差逐渐增大，由南端 19 剖面线的 85m 增至 750m，北段两侧伴有次级派生断层。有泉 14、605、675、9-5、11-4、12-1、13-1、13-6、14-1、15-1、16-1、19-1 等孔控制，井下南一运输及轨道上山揭露，控制程度较高，为查明断层。

F_6 断层：为一斜交断层，位于井田中部，走向 N40°~50°E，倾向 SE，倾角 70°~80°，落差 H=0~39m，中部落差最大，延展长度约 3500m。该断层在 11 剖面线落差 H=6.0m，至 7 剖面线落差 H=27m。该断层有钻孔 7-9 控制，钻孔 8-7 与 8-8 对比确定，断层已查明。

F_9 断层：走向 N70°E，倾向 NW，倾角 40°~65°，落差 550~940m，西侧区段 3-1、补 4 孔非煤系地层穿见，东侧区段 1-1，2′-2、0-2 孔穿见。北三采区三维地震控制，参与评级断点 32 个，平面位置与原地质报告向北最大位移 575m。伴有分支断层 F_{9-1} 及 F_{9-2}，但原 F_{9-2} 断层 15431 野青工作面探巷在原位置未穿见。F_9 断层在 2 勘探线北侧出现分支断层，走向近 EW 向，原命名为 F_{9-1} 断层，倾向 N，倾角 50°~73°，落差一般为 160m，北翼二水平三维地震控制，参与评级断点 18 个，平面位置与原地质报告向北位移最大 633m，2′-2、1-2 孔控制，属查明断层。

F_{26} 断层：斜交断层，为井田的南部边界断层，由北大峪井田延伸而进入本区。断层走向在 19 剖面线为 NEE，倾向 SSE，至 17 剖面线转为走向 N45°E，倾向 SE，倾角 70°左右，落差 H=150~160m。该断层通过二水平补勘，达到了较严密的控制，有 J1-J4、JL2-1、JL4、JL5-1、JL6-1 地震线及 16-5、18-3 和 19-1 钻孔控制，断层已查明。

F_7 断层：为一斜交断层，位于井田中部。断层走向 N40°E，倾向 SE，倾角 60°~75°，落差 H=0~20m，延展长度约 1300m。三条石门已揭露证实，落差 H=7m，15208N 工作面也揭露该断层，落差 H=20m，钻孔 9-3、11-3 控制，10-3 与 10-5 孔对比确定，断层已查明。

F_{10} 断层：为一斜交断层，位于井田中部。断层走向 N30°E，倾向 SE，倾角 65°~78°，落差 H=0~30m，7 剖面线附近落差最大，延展长度约 1600m。西南端至 8 剖面线附近尖灭，东北端尖灭于 6 剖面线附近。在生产中多处已揭露该断层，并有 J15、J16、J17、J18 四条地震线及钻孔 3713、6-6、7-1、7-5、8-5 控制，断层已查明。

F_{15-2} 断层：为 F_{15} 的分支断层，位于井田西北部。断层走向 N50°E，倾向 SE，倾角 30°~85°，落差 0~38m，延展长度约 1050m。西南端交于 F_{15} 断层，东北端尖灭于 4 剖面线附近。北二正副大巷、北二平石门等巷道揭露，断层落差 H=

10m，钻孔 4-4、5-4、5-5 控制，断层已查明。

DF_4 断层：为一斜交断层，位于井田北部。断层走向 N30°~50°E，倾向 SE，倾角 70°左右，落差 0~90m，延展长度约 1700m，断层西南端尖灭于 3 剖面线附近，东北端被 F_{9-1} 断层截切。15219N、15431N 工作面揭露，并有 J24、J25、J26、J27、J28 五条地震线及 3-1 钻孔控制，断层已查明。

F_1 断层：为一斜交断层，位于井田南部井田边界，为 F_{26} 断层的分岔断层，断层走向 N30°E，倾向 NW，倾角 70°，断层落差 $H=17$m，延展长度 500m，18-3 钻孔控制，断层已查明。

F_2 断层：为一斜交断层，位于井田南部，断层走向 N35°E，倾向 NW，倾角 70°，落差 $H=0\sim18$m，延展长度 400m，18-2 钻孔控制，断层已查明。

F_3 断层：为一斜交断层，位于井田南部，断层走向 N6°E，倾向 SE，倾角 65°，断层最大落差 $H=17$m。该断层为 F_4 分岔断层，延展长度 430m，17-2 钻孔控制，断层已查明。

F_4 断层：为一斜交断层，位于井田南部，断层走向 N30°E，倾向 SE，倾角 71°，断层最大落差 $H=28$m，延展长度 1300m。南三正副巷揭露该断层，17-2、16-2 钻孔控制，断层已查明。

F_{19}断层：为一斜交断层，位于井田北部，靠近井田西部边界，为 F_8 断层分岔断层，断层走向 N18~30°E，倾向 NW，倾角 52°~65°，断层落差 60~125m，北部被 F_{9-2}断层截断，7-1、6-2、6-9、5-3、4-2 钻孔控制，断层已查明。

F_{18}断层：为一斜交断层，位于井田北部，断层走向 N20°~45°E，倾向 NW，倾角 50°~60°，断层最大落差 $H=27$m，延展约 1600m，断层尖灭至北二采区 15217S 上块工作面。有 7-8、6-7、5-8 钻孔控制，北一采区 15213N 工作面探巷掘进多次揭露该断层，断层已查明。

F_{7-1}断层：为一斜交断层，位于井田南一采区。断层走向 N22°E，倾向 SE，倾角 69°，断层落差 $H=8$m。南一正副大巷，15208N 工作面揭露该断层，该断层为 F_7 分岔断层，延展长度 500m，断层已查明。

F_{11}断层：为一斜交断层，位于井田北一采区。断层走向 N25°E，倾向 SE，倾角 70°，最大落差 $H=12$m，延展长度约 1500m。该断层南部尖灭在 15203S 工作面内，北部尖灭在北二采区南，15203S、15205S、15203N、15205N、15225S 五个工作面揭露，6-4、5-6 钻孔控制，断层已查明。

F_{12}断层：为一斜交断层，位于井田中部及北一采区南，靠近井田西部边界。断层走向 N25°~35°E，倾向 SE，倾角 71°~86°，落差 $H=10\sim37$m，为 F_{15}分岔断层，由北向南逐渐变小，尖灭在 9 剖面与 10 剖面之间，延展长度 1350m。15201S 工作面探巷掘进揭露，7-6、8-2、8-11、9-5、9-1 钻孔控制，断层已查明。

F_{13}断层：为一斜交断层，位于井田中部。该断层走向 N35°~52°E，倾向 SE，倾角 70°~84°，断层最大落差 $H=37m$，断层北部与 F_{12}断层合并为 F_{15}断层，延展长度 1150m。该断层为 F_8 分岔断层，在 8 剖面线上为一组断层，8-9、8-10、3714、3721 钻孔控制，断层已查明。

F_{15}断层：为一斜交断层，位于井田北一采区上部。断层走向 N29°E，倾向 SE，倾角 60°~76°，断层最大落差 $H=60m$，延展长度 1100m。该断层南部分岔为 F_{12}、F_{13}、F_{16}，北部分岔为 F_{15-1}、F_{15-2}。北风井绕道，北一扩大区皮带道，15213N 工作面揭露，6-3、5-4 钻孔控制，断层已查明。

F_{15-1}断层：为一斜交断层，位于北二采区南部。为 F_{15}分岔断层。断层走向 N30°~47°E，倾向 SE，倾角 70°，落差 $H=30\sim40m$，延展长度 650m，断层尖灭至北二采区 15219N 工作面外。15217S 工作面，二号上部运料巷石门，北二上部集中出煤巷揭露，断层已查明。

F_{16}断层：为一斜交断层，位于井田中部。断层走向 N40°E，倾向 SE，倾角 70°，落差 $H=35\sim71m$，延展长度 1260m。为 F_8 分岔断层，在 8 剖面线为一组断层，至 7 剖面线以北相交于 F_{15}断层，8-1、7-2 钻孔控制，断层已查明。

F_{20}断层：为一斜交断层，位于井田北三采区西部边界附近。断层走向N54°~15°E，倾向 SE，倾角 70°，最大落差 $H=80m$，延展长度 1000m。为 F_8 分岔断层，断层在 4 剖面线以分为两条断层，落差分别为 $H=20m$，$H=44m$，且被 F_{9-2}断层截断，5-2、4-1 钻孔控制，断层已查明。

F_{23}断层：为一斜交断层，位于南一上部。断层走向 N25°E，倾向 SE，倾角 72°，最大落差 $H=13m$，延展长度 420m，10-4、10-6 钻孔控制，断层已查明。

F_{28}断层：为一斜交断层，位于南一采区上部。断层走向 N7°E，倾向 SE，倾角 65°，断层落差不足 10m，延展长度 400m。南一两条上山，15202S 工作面掘进揭露，断层已查明。

F_{31}断层：为一斜交断层，位于北二采区西部边界附近。断层走向 N43°~27°E，倾向 NE，倾角 51°，断层落差 $H=17m$，延展长度 750m。该断层为 F_{19}分岔断层，4-8、4-2 钻孔控制，断层北部被 F_{9-2}断层截断，断层已查明。

F_{33}断层：为一斜交断层，位于北二采区上部。断层走向 N73°~40°E，倾向 SE，倾角 70°，断层最大落差 $H=35m$，延展长度 1360m。15215S、15215N、15217N 工作面揭露，4-3 钻孔控制，为 F_{19}分岔断层，5 剖面线附近出现该断层，尖灭至 3 剖面线附近，断层已查明。

F_{32}断层：为一斜交断层，位于井田北二采区。断层走向 N5°~27°E，倾向 SE，倾角 64°，断层最大落差不足 10m，延展长度 520m。北二-600 大巷，北二皮带大巷，15225S 工作面揭露，断层已查明。

F_{35}断层：为一斜交断层，位于北二采区下部。断层走向 N5°E，倾向 SE，倾角55°，断层最大落差不足10m，延展长度370m。北二轨道、回风、皮带三条下山，五片口回风石门揭露，断层已查明。

DF_2 断层：为一斜交断层，位于井田北二采区北部。断层走向N65°~45°E，倾向SE，倾角75°，断层最大落差 $H=12m$，延展长度1330m。15219N、15421N工作面，15421N工作面泄水巷及北三排水进风巷揭露，二水平勘探控制。15219N工作面揭露该断层 $H=3m$，北三排水进风巷揭露该断层 $H=5m$，断层尖灭至北三采区，经过15421N工作面泄水巷揭露该断层，断层位置和原控制有较大差别，断层向下位移130m左右，断层已查明。

F_{27}断层：为一斜交断层，位于井田南一采区。断层走向N55°~10°E，倾向SE，倾角76°，断层最大落差不足10m，延展长度700m。15204S工作面揭露，12-5钻孔控制，断层已查明。

F_{29}断层：为一斜交断层，位于井田南一采区西部边界，为 F_8 分岔断层。断层走向N20°E，倾向NW，倾角69°，断层落差 $H=20m$，延展长度230m，泉-26钻孔控制，断层已查明。

F_{21}断层：为一斜交断层，位于井田北三采区，断层走向N2°E，倾向SE，倾角73°，断层落差 $H=4m$，延展长度550m。2-2、2-1钻孔控制，二水平地震勘探有断点，断层较可靠。

F_{22}断层：为一斜交断层，位于北二采区下部。断层走向N10°E，倾向SE，倾角70°，断层落差 $H=6m$，延展长度700m。有3剖面线控制，二水平地震勘探有断点控制，断层较可靠。

F_{10-2}断层：为一斜交断层，位于井田北一采区下部，断层走向N47°E，倾向SE，倾角73°，断层最大落差 $H=8m$，延展长度300m。二水平地震勘探有断点确定，断层存在有待进一步证实。

6.2.2.2 褶皱

根据钻孔揭露资料，九龙井田内共发现三个规模较大的褶皱，详细特征如下：

（1）朴子背斜。位于井田西北部，明显表现在4~8剖面间，南北两端都被断层所切断，北为 F_{9-2}断层，南为 F_8 断层，呈“S”形。7剖面线以南转向SW，交于 F_8 断层上，以北逐步转向NE，中部被 F_{19}断层断开，背斜轴部约在6剖面线一带，背斜宽缓，长约3000m。

（2）北二采区向斜。位于井田北二采区中部，明显表现在-650m等高线以上，呈“S”形，由西向东依次被 F_{33}、F_{15-1}、F_{15-2}断层切割，向斜轴走向在4-4钻孔以上转向SW，4-4钻孔以下转向正东，向斜延展长度约1000m。

（3）南一采区向斜。位于井田南一采区南部，15206S、15208S、15210S、15212S等工作面掘进及回采时揭露，且在15210S工作面煤层变化最明显，向斜表现在-450~-700m等高线之间，向斜两翼及轴部伴生一些小断层等构造，向斜轴走向N70°E，延展长度约1200m。

6.2.2.3 陷落柱

根据钻探资料，九龙井田范围内揭露陷落柱一个，该陷落柱位于4号煤底板下部，陷落柱长轴长约14m，轴向EW，短轴长约7.2m，轴向SN。该陷落柱范围小、发育高度低、隐伏性强，降低了4号煤底板隔水层的阻水能力，使隔水层的厚度由110m减少为41.5m。2009年1月8日，在采动破坏和水压作用下，奥灰水突破该陷落柱顶部发生滞后突水。

6.3 水文地质条件概况

6.3.1 主要含水层

井田范围内有9个含水层，自上而下为：第四系孔隙含水层（Ⅰ）、新近系砂砾岩裂隙含水层（Ⅱ）、上石盒子组砂岩含水层（Ⅲ）、下石盒子组砂岩含水层（Ⅳ）、大煤顶板砂岩裂隙含水层（Ⅴ）、野青灰岩裂隙岩溶含水层（Ⅵ）、山/伏青灰岩裂隙岩溶含水层（Ⅶ）、大青灰岩裂隙岩溶含水层（Ⅷ）、奥陶系灰岩岩溶裂隙含水层（Ⅸ）。各含水层主要特征分述如下：

（1）第四系孔隙含水层（Ⅰ）。主要由粉质粘土、砂砾石和卵石组成，二元结构较为明显，含水层厚度0~12m。主要接受大气降水补给，含水层富水性强，富水区主要分布在河谷两岸，单位涌水量1.79~4.70L/(s·m)，渗透系数9.56~107.65m/d，水位标高+116.88~+103.74m，水质类型为$HCO_3 \cdot SO_4$-Ca水。

（2）新近系砂砾岩裂隙含水层（Ⅱ）。主要由棕红色黏土，灰绿色粉质黏土，浅黄、浅灰色泥质粉砂岩、泥质粉砂岩，卵砾石及底砾石组成，含水层厚度0~11m。裂隙较发育，富水性弱至中等，平均单位涌水量0.0741L/(s·m)，渗透系数3.48m/d，水质类型为$HCO_3 \cdot SO_4$-Ca型，水位标高+100.3m。

（3）上石盒子组砂岩含水层（Ⅲ）。岩性以细砂岩、中砂岩、粗砂岩及砂砾岩为主，厚度35.55~74.77m，平均55.52m。裂隙不发育，富水性较弱，平均单位涌水量0.039L/(s·m)，水质类型为$Cl \cdot HCO_3$-Na型。

（4）下石盒子组砂岩含水层（Ⅳ）。岩性为细砂岩、中砂岩及少量粗砂岩厚度为1.03~19.60m，平均厚6.69m。裂隙不发育，富水性弱，平均单位涌水量0.039L/(s·m)，平均渗透系数0.147m/d，水质类型为$Cl \cdot HCO_3$-Na型，静止水位+112.87~115.89m。

（5）大煤顶板砂岩含水层（Ⅴ）。岩性为细砂岩、中砂岩及少量粗砂岩，厚度0.80~18.70m，平均厚6.60m。裂隙不发育。富水性弱，单位涌水量平均0.015L/(s·m)，平均渗透系数0.067m/d，水质类型为$Cl \cdot HCO_3$-Na型，水位标高+95.77~122.49m。在矿井开拓延深及一水平的生产过程中，该含水层已大面积揭露，矿井涌水形式以淋滴水为主，工作面回采时涌水量 6~30m^3/h，以静储量为主，易疏干。

（6）野青灰岩裂隙岩溶含水层（Ⅵ）。岩性为青灰色厚层状石灰岩，含燧石结核，厚度 0.30~3.40m，平均厚 2.08m。裂隙较发育，富水性弱，平均单位涌水量 0.019L/（s·m），平均渗透系数 K=0.546m/d，水质类型为 Cl-Na 型，水位标高+95.32~+123.22m。在生产中已大面积揭露，工作面回采正常涌水量一般为 6m^3/h，揭露时初期水量较大，2~3d 后水量迅速减少直至疏干。

（7）山、伏青灰岩裂隙岩溶含水层（Ⅶ）。岩性主要以灰褐色、深灰色石灰岩为主，灰岩结构致密，含燧石结核，厚度 1.19~9.73m，平均厚 4.92m。局部裂隙发育，主要富水区段集中在 4~8 线及 13~18 线浅部和 2~4 线深部，浅部富水性较弱，平均单位涌水量 0.0756L/（s·m），平均渗透系数 2.32m/d，水质类型为 Cl·SO_4-Na 水，九龙矿在北二、北三采区施工了 4 个山/伏青勘探钻孔（见表 2-4），钻孔水量极小或无水，水位标高-376~+110.14m。

（8）大青灰岩裂隙岩溶含水层（Ⅷ）。岩性主要为深灰、青灰色石灰岩，厚度 0.40~6.84m，平均 5.43m。裂隙发育，但多充填方解石，富水性弱至中等，平均单位涌水量 0.01L/s·m。平均渗透系数 1.931m/d，水质类型为 Cl·SO_4-Na·Ca 型。富水区段主要集中 4~10 线浅部及 14 线附近。北二采区回采 15421N 工作面多次发生大青灰岩水通过裂隙从底板涌出，最大涌水量达 150m^3/h，一般 3~5 天后水量明显衰减，目前 15421N 工作面涌水量稳定在 30m^3/h。依据矿井水文补充勘探资料，大青灰岩含水层单孔涌水量为 0（D4 孔、D5 孔）~200m^3/h（D8 孔），一般为 15m^3/h 左右；水位标高为-372.9m（D9 孔）~+113.7m（D7 孔）。

（9）奥陶系灰岩岩溶裂隙含水层（Ⅸ）。奥陶系灰岩含水层总厚 500~600m，含水层富水性强，富水区域主要在 4~8 线浅部，平均单位涌水量 0.634L/（s·m），平均渗透系数 2.218m/d，水质类型为 Cl·SO_4-Ca·Na 水，水位标高+111.76~+133.80m。2005 年 6 月 10 日南二大巷出水后奥灰水位标高为+102~+106m，2007 年 10 月 21 日 15423N 工作面出水后奥灰水位标高为+82.67~+97.80m。

峰峰矿区属邯邢水文地质南单元，根据径流条件划分为强径流区、中等径流区、弱径流区、停滞区四个水文地质区，九龙矿位于停滞区内。

九龙井田北起 F_9 断层，南至 F_{26} 断层，西自 F_8 断层，东为深部边界，整个井田形成四周下降中间隆起的地垒构造，使矿井内各主要含水层与外围含水层基本失去水力联系，大大减少了地下水的补给来源，形成了地下水以静储量为主的水文地质特征，为一封闭较好的水文地质块段。

井田内奥灰水主要通过西南进水口流入井田，向北部、东部径流。群孔抽水试验表明，北段漏斗扩展速度快，水位下降大，说明北段以消耗静储量为主，补给条件差；南段漏斗扩展速度慢，水位下降小，说明补给条件好，为一相对径流带。由水质资料可知，井田与邻区相比水质类型截然不同，水温差异大，表明井田与区外水力循环交替不畅，径流条件差，奥灰水在一定压力条件下缓慢运动，基本上处于相对滞流状态。资料充分显示了本井田内奥灰水远离径流排泄区为一封闭、滞流的水文特点，水质为氯化物水，水温高，奥灰水呈停滞状态，而且补给过水断面不大。

上述各含水层的水质类型表明九龙矿处于相对封闭的地质环境中，地下水补给不充分，径流缓慢。但奥灰含水层厚度大，具有较大的弹性储存量，仍是开采深部煤层的主要威胁。

各含水层之间的水力联系：井田内各含水层之间存在着良好的隔水层，并且从含水层的水位、水量及水化学类型等方面来看，各含水层之间在正常情况下无水力联系。2 号煤与新近系地层相距 500m 以上，并且新近系地层底部粘土层层位及厚度稳定，连续性好。因此煤系地层含水层与新近系、第四系含水层在自然条件下无水力联系。

奥灰含水层与煤系地层呈假整合接触，正常情况下不发生水力联系。但遇落差较大的断层使之与煤系含水层直接对接时，或者存在陷落柱、裂隙等垂直导水通道时，奥灰便成为煤系含水层的主要补给来源。

6.3.2 隔水层

根据井田地质勘探和水文地质勘探揭露，在各个含水层之间均分布有一定厚度的隔水层，各含水层的主要特征如表 6-2 所示，隔水层组合关系见图 6-1。

表 6-2 井田内主要隔水层特征一览表

名 称	厚度/m	岩性特征
第四系孔隙含水层	0~12	亚砂土，亚黏土，半胶结砾岩，棕红色亚黏土，红色卵石
隔水层 1	5~20	1~2 层伊利石黏土，层位稳定，连续性好，隔水性良好
新近系砂砾岩含水层	0~11	由黏土、亚黏土及粉砂岩组成
隔水层 2	269	粉砂岩、泥岩、中细粒砂岩、多钙质结核等
上石盒子组砂岩含水层	55.52	以细砂岩、中砂岩、粗砂岩及砂砾岩为主
隔水层 3	160~174	粉砂岩、砂质泥岩、含铝黏土岩、中粒砂岩等为主
下石盒子组砂岩含水层	1.03~19.60	以细砂岩、中砂岩及少量粗砂岩为主
隔水层 4	40.96	深灰、灰黑色粉砂质泥岩及粉砂岩
大煤顶板砂岩含水层	0.8~18.70	以细砂岩、中砂岩及少量粗砂岩为主
2 号煤	0.85~8.67	
隔水层 5	19.67	灰黑色粉砂岩，细砂岩及 3 号煤层，隔水性良好
野青灰岩含水层	0.30~3.40	青灰色厚层状石灰岩，含燧石结核，裂隙发育
4 号煤	0.79~1.97	

续表6-2

名　称	厚度/m	岩性特征
隔水层6	28.32	灰黑色砂质泥岩，粉砂岩及5号煤层，隔水性良好
山、伏青灰岩含水层	1.19~9.73	灰褐色、深灰色石灰岩含燧石结核，局部裂隙发育
隔水层7	32.26	灰黑色砂质泥岩、粉砂岩、细砂岩及7号煤及数层煤线
大青灰岩含水层	0.40~6.84	深灰、青灰色石灰岩，裂隙发育，多充填方解石
隔水层8	5.36	灰黑色粉砂质泥岩，多黄铁矿和植物化石
9号煤	1.25~3.23	
隔水层9	16.16~23.18	灰黑色砂质泥岩，铝质黏土岩，多含黄铁矿
奥陶灰岩含水层	500~600	杂质石灰岩、角砾状灰岩，充填钙质、泥质，岩溶裂隙发育，富水性强

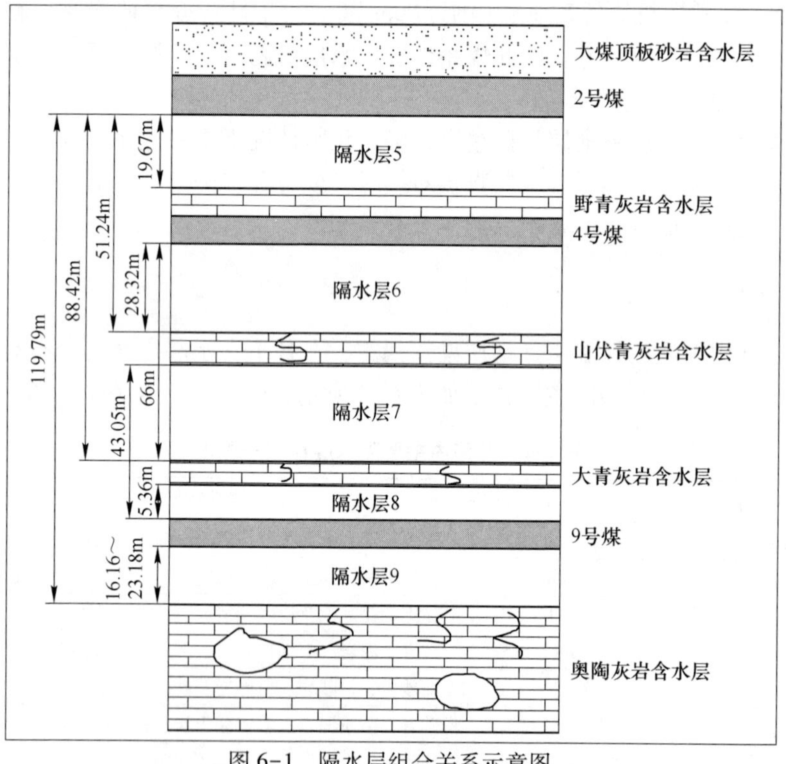

图6-1　隔水层组合关系示意图

6.4　突水工作面概况

突水工作面15423N位于九龙矿北二采区北部，南为北二采区回风下山，北为北三采区，西为15421N野青工作面采空区，东为待掘的15425N野青工作面。该工作面为释放上部大煤瓦斯的解放层工作面，依据探测该工作面煤层赋存稳定、结构简单，煤层底板标高-616～-710m，埋深746～840m，煤层平均厚度1.4m，煤层倾角10°左右，地质储量18.6万吨，可采储量17.7万吨。

15423N野青工作面煤层底板距大青灰岩顶面间距为70.5m～75.8m，距奥灰含水层顶面间距110m，奥灰水位标高+116.8m，煤层底板承受奥灰水压为9.1MPa左右。

6.5 突水经过和突水原因

6.5.1 突水经过

在15423N野青工作面在推采过程中，于2009年1月8日12时25分在老空区内发生滞后突水，初期突水量约15m³/min左右，2h后突水量减少至3m³/min，之后突水量经过三次剧变。1月11日凌晨1时40分突水量突然增大，且呈波动上升趋势。1月11日6时50分，北二采区泵房6台水泵全部启动进行排水，依据6台水泵的实际排水能力，测算突水量达到43.5m³/min；1月11日10时58分突水量再次增大，超过了6台水泵的实际排水能力，于11时北二采区泵房被淹，采区泵房人员被迫撤离。经初步测算，此时突水量升至46.3m³/min左右；1月11日20时，综合奥灰观测孔水位变化和井下水位上涨速度计算，此阶段突水量已增至120m³/min以上，远超过矿井-600水平中央泵房的最大排水能力（60m³/min）。1月12日1时，除安排2人在-600水平中央泵房坚守岗位外，在抢险指挥部的精细调度和周密安排下，其他地区的作业人员已全部安全撤离升井，矿井被迫全部停产。

1月13日0时45分，-600水平6台潜水泵和4台卧泵全部开启，水仓水位有所下降，但至13日9时45分，水仓水位突涨，13时15分，-600水平中央泵房被淹，在继续维持潜水泵排水的情况下井下相关人员全部撤离。

6.5.2 突水原因分析

6.5.2.1 突水水源分析

九龙矿15423N工作面2009年1月8日发生突水后，井田内距突水点2300m的新观1奥灰水文观测孔水位便开始同步下降（如图6-2所示），至1月21日该观测孔水位由突水前的+96.76m下降至-114.58m，最大下降幅度为211.34m，据此推断突水水源为奥灰水。

矿井多年开采揭露表明，最大突水水量达到120m³/min的突水只能来自具有巨大弹性储存量的含水层，即奥灰含水层，据此再次佐证突水水源为奥灰水。

另据突水水源水质分析结果，突水水源的特征离子含量、矿化度和水质类型（$Cl \cdot SO_4-Na \cdot Ca$）与奥灰水水质基本一致（参见表6-3），进一步表明突水水源为奥灰水。

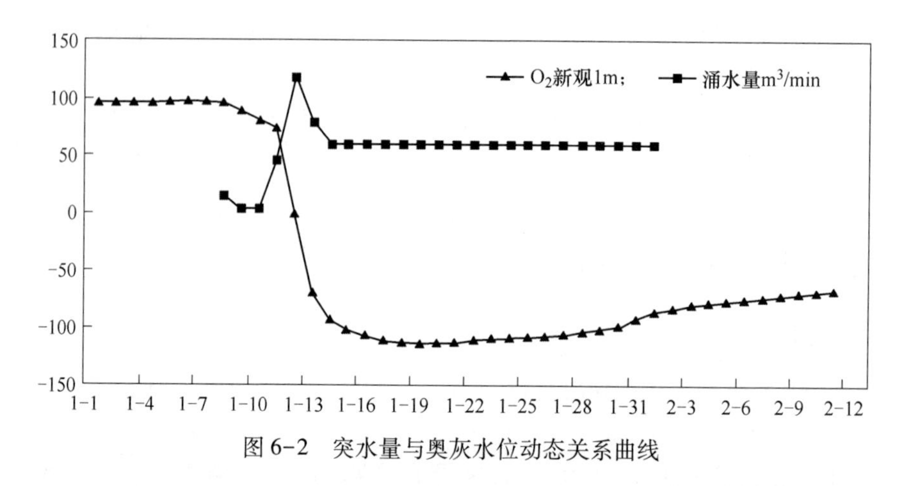

图6−2　突水量与奥灰水位动态关系曲线

依据上述各要素的综合分析，最终确定突水水源来自奥陶系灰岩岩溶裂隙含水层。

表6−3　九龙矿水质分析对照表

水样	阳离子				阴离子			硬度	矿化度	pH值	水质类型
	Ca^{2+}	Mg^{2+}	Fe^{3+}	$Na^{+}+K^{+}$	Cl^{-}	SO_4^{2-}	HCO_3^{-}				
地表水	42.29	11.43	—	115.3	50.89	165.01	196.39	155.16	5024.78	7.75	HCO_3·SO_4−Na+K
老空水	300.6	170.24	1.6	1768.24	1683.95	1747.23	1346.96	1451.45	7871	7.08	SO_4·Cl−Na+K
顶板水	32.9	21.4	—	1736.73	1693.09	585.15	1156.94	170.17	3785	7.82	Cl·HCO_3−Na+K
伏青水	128.26	68.10	微	1843.75	2265.96	864.15	625.13	600.6	6176	6.93	Cl−Na+K
野青水	597.19	254.94	0.8	976.81	1896.75	1763.69	181.64	2542.54	5669	7.81	Cl·SO_4−Na+K·Ca
大青水	324.65	70.53	—	1395.4	1176.37	1895.99	609.58	1101.1	4005	6.64	SO_4·Cl−Na+K
奥灰水1	464.13	56.42	—	2056.66	2564.88	1947.42	262.48	1391.39	4594.42	6.81	Cl·SO_4−Na+K
奥灰水2	456.91	77.82	—	1993.18	2498.16	1947.60	293.59	1461.46	7267.26	6.78	Cl·SO_4−Na+K
奥灰水3	464.92	29.18	—	1922.57	2220.59	1923.76	394.59	1281.28	6955.61	5.86	Cl·SO_4−Na+K
奥灰水	408.82	184.38	微	—	2507.02	—	207.22	1781.78	8323	5.64	Cl−Ca
突水	801.6	126.46	4.0	1459.12	2516.24	1952.16	138.15	2522.52	7344	6.21	Cl·SO_4−Na+K·Ca

6.5.2.2　突水通道分析

依据15423N工作面的揭露情况并结合所做过的防治水工作，发生此次特大底板突水的突水通道可能为导水断层、导水陷落柱或底板垂向导水裂隙这三种通道类型。由于工作面位于单斜区相对完整的块段，且煤层底板距离奥灰顶面110m，不可能存在可以将奥灰水导出的大裂隙。因此，突水通道只能为隐伏导水断层或隐伏导水陷落柱。

A 突水通道为隐伏导水断层分析

发生底板底板突水之前，仅在 15423N 野青工作面下巷揭露一条最大落差为 3m 的断层，该断层倾向工作面方向，如图 6-3 所示。

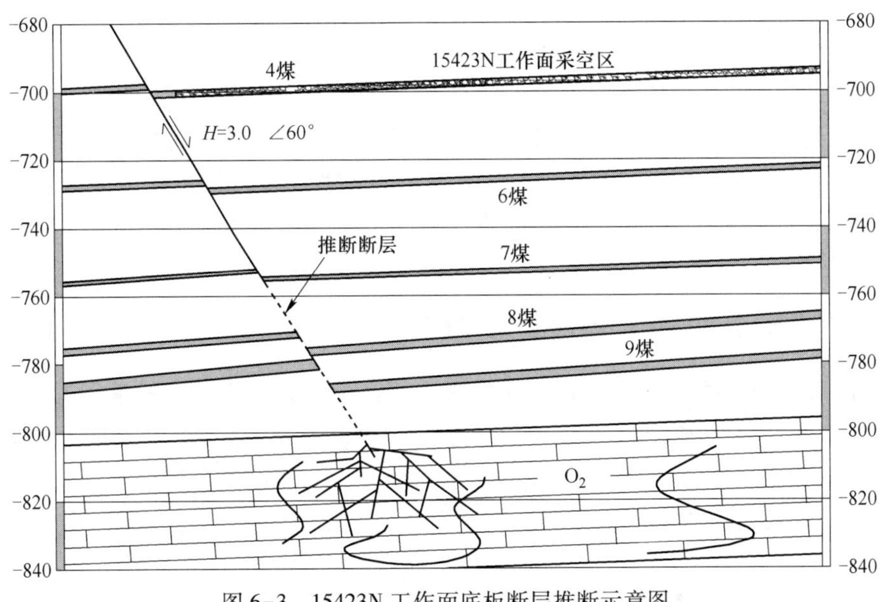

图 6-3 15423N 工作面底板断层推断示意图

在确定突水水源为奥灰水的前提下，若突水通道为导水断层的推断成立，必须存在规模较大的且在开采条件下可以与奥灰沟通的断层。但实际揭露的断层落差仅为 3m，此种规模的断层不可能诱发底板奥灰突水，唯一的可能是这条已经揭露的落差为 3m 断层是一种地质“假象”。该断层可能是一条规模较大的断层，工作面揭露的断层落差为 3m 可能是该断层尖灭端的表象，其下部可能会延伸至奥灰含水层顶端，且在开采前断层带不导水，以至于采前未能探测出其富水异常。采动条件下，在矿山压力和高压奥灰水的双重作用下，引起断层“活化”，从而导致高压奥灰水沿着断层带突入工作面，诱发此次特大突水灾害。

B 突水通道为隐伏导水陷落柱分析

在距离奥灰顶面 110m 的情况下，15423N 工作面若考虑奥灰水的影响，突水系数为 0.083MPa/m，依据采前的探测结果分析该工作面煤层底板应位于相对完整的块段，突水系数小于 0.1MPa/m，发生底板奥灰突水的可能性较小。此次煤层底板特大奥灰突水另一种可能就是煤层底板隔水性能在采动影响下大幅降低，引起奥灰突水。分析认为造成隔水层阻水能力降低可能是采动引起的底板破坏或局部煤层底板隔水层变薄所致，但与该工作面条件类似的九龙矿其他野青工作面开采过程中仅发生过底板大青突水，由此推断造成隔水层阻水能力降低诱发奥灰突水的原因应是采动引起的底板破坏和局部煤层底板隔水层变薄综合作用的结果，关键是局部煤层底板隔水层变薄，即奥灰水应具有较大的“导升高度”。依据上述分析，引起奥灰大幅导升的唯一可能应是在煤层底板以下一定深度存在一个隐伏导水陷落柱。但根据工作面采前底板探测结果，底板未发现任何富水异常区。若突水通道为隐伏的导水陷落柱，则该陷落柱发育形态应为上部规模小、且陷落柱内部具有一定胶结强度、物性差异不明显的微型陷落柱，目前探测技术难以探测。工作面实际揭露落差为3m的断层，可能是与微型陷落柱伴生的断层，与其相邻的梧桐庄矿和羊东矿曾揭露过多个无水陷落柱，表明该地区具有发育陷落柱的条件，同时滞后突水也是隐伏陷落柱突水的基本特征。因此，分析推断隐伏微型陷落柱可能是诱发奥灰突水的又一可能通道。

6.6 九龙矿15423N工作面突水机理分析

由于九龙矿15423N工作面埋深较大，工作面围岩应力及底板承受的水压均很大。在采动过程中，随着顶板的垮落，围岩的应力状态发生改变，原来的平衡被破坏，在围岩应力重分布达到新的平衡过程中，不仅改变了工作面底板的隐伏导水构造的初始应力平衡状态，也会使其导水性能发生根本变化。在矿山压力和底板高水压联合作用下，下伏高压奥灰水通过隐伏的导水通道冲破工作面底板，发生滞后性突水。其中隐伏的突水通道是突水的决定因素，矿山压力是诱发因素，高水压是控制因素。

6.6.1 断层突水机理分析

依据九龙矿15423N工作面揭露情况，在其下巷存在一条落差3m的断层，且向工作面底板发育，该断层可能直接发育于奥灰含水层，深部发育规模可能较大，向上发育程度逐渐变低，至工作面附近尖灭。

初始应力状态下，断层裂隙发育带中被破碎岩石充填胶结。但随着工作面的开采，围岩应力重新分布，底板应力释放，使采空部分卸压，采壁边缘内部增压。这一应力差会使底板岩层产生剪切变形和位错，而煤壁侧则因顶板压力转移受到更大的承载压力，其底板岩层必然就会受到压缩，而压缩区相对下沉，卸压区相对上升。

当有破裂面断层存在时，其上、下盘易产生错动，使得两盘之间由“胶结”状态转化为“断开”状态，断层裂隙进一步扩展，延伸至含水层，为煤层突水提供了必要的通道。由于煤层底板承受奥灰水压达到9.1MPa，在矿山压力和底板高承压水的联合作用下，会发生水楔作用，使得奥灰水在压力作用下沿断层面导升，当水压力超过煤层底板隔水层阻水能力时，高压的奥灰水将会进入开采工作面，发生突水。

6.6.2　陷落柱突水机理分析

采动过程中，煤层底板岩层在超前支承压力的作用下向下移动，在矿压和水压的综合作用下，采空区底板岩层局部受拉应力的作用会产生张裂隙，煤层底板岩层受压应力会产生挤压裂隙，二者共同作用会在工作面底板岩层产生剪应力。在剪应力、拉应力和压应力的共同作用下，工作面底板一定深度是岩层形成直接破坏带，使煤层底板阻水能力降低。当工作面底板存在陷落柱时，采前由于对围岩扰动较小，对于具有一定充填和胶结强度的陷落柱，突水不会发生。但在采动条件下，煤层顶底板扰动强烈，会使陷落柱内部的充填胶结物强度明显降低，尤其是在奥灰水 9.1MPa 压力的作用下，奥灰水发生导升，从而缩短煤层底板与奥灰含水层的距离，降低煤层底板隔水层的阻水能力，致使采前不导水的陷落柱质变为导水陷落柱。根据水力压裂的力学原理，在高水压的压裂扩容作用下，陷落柱内部结构也将发生明显变化，即由原来的胶结状态逐渐转变为裂隙逐渐形成和裂隙扩张状态，下部的奥灰水将会沿着裂隙向上发展，从而导致大量的奥灰水进入陷落柱内部，直至导升至陷落柱顶部。随着煤层开采引起的地应力变化，在底板破坏和底板高压奥灰水的共同作用下，当水压力超过煤层底板阻水能力后，将会突破工作面底板，发生滞后突水。

综上所述，九龙矿 15423N 野青工作面发生特大突水事故，是在隐伏导水通道、渗流场（高水压）和应力场（矿压）的共同作用下，引起隔水底板厚度减小、强度降低，致使高压奥灰水沿导水通道突破工作面底板，引发的目前技术水平难以避免的滞后性突水灾害。

6.7　底板突水通道探查

6.7.1　特大突水治理方案

九龙矿发生底板特大突水灾害后，峰峰集团九龙矿抢险救灾指挥部迅速启动了紧急救灾预案，确立了“以治为主，探治结合，封堵通道，堵水截源，根治水患，快速复矿”的突水治理指导思想。邀请国内许多专家，探讨突水灾害最佳治理方案。在突水水源已确定为奥灰含水层水，但突水通道类型和位置仍不确定的背景下，确定了特大突水的治理方案，即突水治理工程拟分两期进行，前期主要进行突水通道探查及封堵，后期主要对奥灰顶部进行注浆改造，从而达到截断水源，根治水害的目的。

通过分析初步提出了两种突水治理方案进行比选。方案一：为突水通道封堵营造静水环境，使南翼早日恢复生产。即在-600 水平北翼轨道及皮带机道合适位置注浆拦截封堵过水通道，在北翼地区变为静水环境后，再在静水条件下注浆封堵突水通道，同时为实现南北翼隔离和尽快恢复南翼生产创造条件。方案二：

在矿井保持-600水平排水的动水环境下，利用综合注浆技术直接封堵突水通道。即通过初期对突水通道的骨料充填，将水流状态转变为渗流后，在进行后期注浆封堵突水通道和奥灰顶部富水区，达到彻底根治水害的目的。

方案一，突水通道封堵为静水环境，可以降低突水通道封堵的难度，达到较好的注浆封堵效果。但依据井下实际情况，封堵截流位置距中央泵房较近，在营造静水环境过程中易充填-600水平泵房及潜水泵房，失去潜水泵排水能力，且需要封堵巷道断面大、工程量大、工期较长，封堵效果难以保证，同时也会造成后期恢复生产的困难。方案二，突水通道封堵为动水环境，具有一定的技术难度，但目前在动水条件下封堵突水通道技术比较成熟，在掌握足够与突水有关的信息后，可以实现对突水灾害的根治。综合考虑两种治理方案的技术可行性、经济合理性以及实施工程的可操作性等因素，初步确定采用方案二，即在动水环境下对突水通道进行封堵。

突水通道类型、位置、规模成为此次特大突水治理的关键。因此，为保证上述突水治理方案的顺利实施，必须首先对突水通道进行探查。

6.7.2 突水通道探查方案制定

6.7.2.1 突水通道探查难点

突水通道探查的难点主要包括：（1）与突水有关的信息少，准确确定突水通道位置和规模困难较大。此次突水为采空区滞后底板突水，采空区范围内底板以下一定深度内都有可能存在突水通道，但具体位置不确定；（2）突水通道埋深大、范围小，探查工程施工难度较大。突水区域的地面标高为+138m，巷道标高-710m，突水通道埋深应大于850m，在仅能在地表进行探查施工的情况下，技术要求高，且难度较大。

6.7.2.2 突水通道探查方案

针对通道探查过程中的难点问题和工作面开采过程中掌握的少量信息，确定了首先圈定最大可疑突水区域，由地表施工垂直与定向分支钻孔相结合的探查方案。即利用突水前在工作面下巷附近曾揭露一条落差3m的断层这唯一可以参考的信息，以落差3m的断层为中心圈定最大可疑突水区域，之后在地表施工少量垂直钻孔和定向分支钻孔，对突水通道进行探查。考虑到地质因素的不确定性，如已经施工的垂直探查孔施工到目的层位后仍未发现突水通道，则根据现场的施工情况，利用定向分支孔技术进行横向探查，直至探查到突水通道；如在先期施工的垂直探查孔中探查到了突水通道，即刻在探查孔中对突水通道实施封堵，并通过对后期施工钻孔的位置调整，利用后期施工的钻孔和前期探查孔的分支钻孔探查突水通道的确切位置和规模，为后期突水通道的注浆封堵提供依据。突水通道探查方案如图6-4所示。

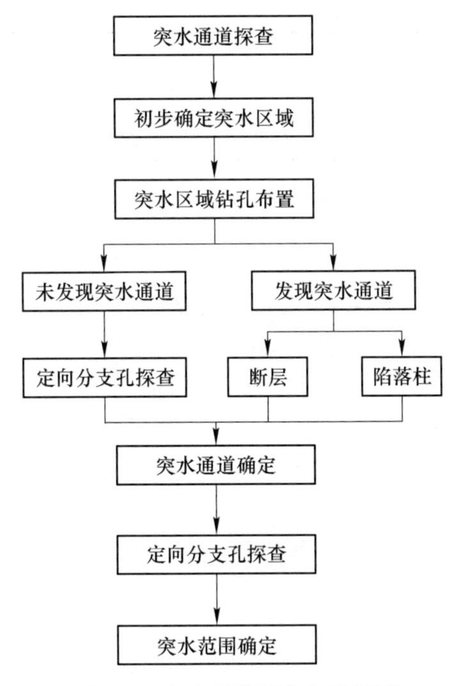

图 6-4　突水通道探查方案框图

6.7.3 突水通道探查

6.7.3.1　突水通道探查布置及要求

A　最大可疑突水区域确定突水通道分析

15423N 工作面采空区内落差 3m 的断层可能为突水通道(突水通道为导水断层）或与突水通道(突水通道为隐伏导水陷落柱）相伴生，最大可疑突水区域应围绕该断层进行确定。依据 15423N 工作面采空区内落差 3m 的断层的平面位置，通过井上下对照，初步确定可疑突水区域为包括落差 3m 的断层在内的 $1600m^2$ 的范围。

B　探查钻孔布置

依据最大可疑突水区域平面位置，初步确定在最大可疑突水区域边界的四个角点布置 4 个探查孔，这 4 个探查孔呈正方形布置，孔间距为 40m，其中 1 号和 3 号钻孔控制落差 3m 断层的上部，2 号和 4 号钻孔控制 3m 断层的深部。探查孔的平面布置如图 6-5 所示，探查孔平面坐标如表 6-4 所示。

表 6-4　九龙矿突水通道探查孔坐标一览表

孔号	x	y	z
1	36557.6	23975.4	139.215

续表6-4

孔号	x	y	z
2	36619.1	23974.1	138.287
3	36573.2	23988.9	138.592
4	36588.6	23949.5	137.405

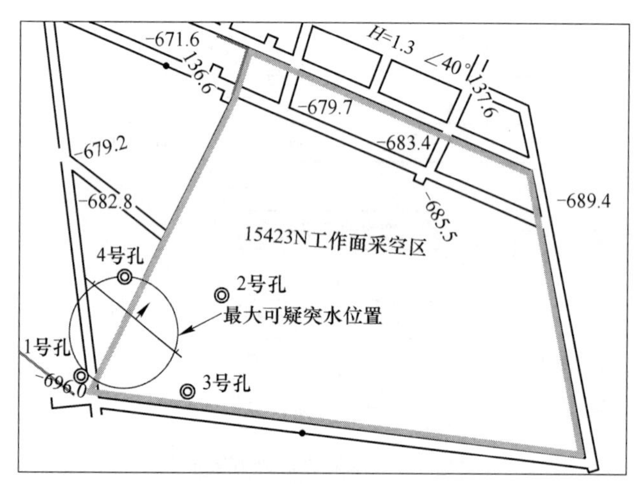

图6-5 探查孔布置示意图

C 钻孔结构设计

考虑到探查孔兼做注浆孔，即探查孔一旦探查到突水通道或奥灰顶部富水和裂隙发育部位，即刻利用探查孔进行注浆封堵的实际情况，探查孔应采用层层隔离的全封闭结构。依据地层组合关系，探查孔开孔直径为311mm，终孔直径为118m，终孔深度为至奥灰七段20~50m。其中除揭露奥灰段为裸孔外，其余孔段均为全封闭。探查孔设计详细要求如下：

（1）开孔直径为ϕ311mm，0~34m下ϕ244.5×8.94mm孔口管至稳定基岩层面5m，隔离第四系地层，用水泥浆全段固管。

（2）变径为ϕ216mm，34~821m下ϕ178mm×8.05mm通天套管至野青煤底板下15m（长度约821m），隔离野青煤采空区，用水泥浆全段固管。

（3）变径为ϕ155m，821~930m下ϕ140mm×7.22mm通天套管至奥灰含水层顶面上5m（长度约925m），隔离伏青及大青灰岩含水层，用水泥浆全段固管。

（4）终孔直径变为ϕ118m，钻进至奥灰七段（进入奥灰20m至50m），930m以下为裸孔。

D 钻孔施工技术要求

（1）对钻孔孔斜的要求：因初步确定的最大可疑突水区域范围较小，且钻孔深度达千米左右，为保证探查孔终孔在最大可疑突水区域范围内，要求终孔水平位移不得大于 10m。

（2）偏斜精度要求：钻进过程中，需要采用直孔纠斜和定向钻进工艺技术，每施工 50m 需要偏斜一次，偏斜精度要求达 1.72‰。

（3）钻孔止水要求：各级套管要求用水泥进行永久性止水，止水连续观测时间不少于 4h，止水效果应满足规范要求，孔口注浆打压不低于 4.0MPa。

（4）下套管要求：一级隔离冲积层的套管，要求将套管下入基岩内不少于 5m；二级套管要求下在野青煤底板下 15m；三级套管下至奥灰顶面上 5m。

（5）钻进过程中观测要求：钻进过程中要进行简易水文地质观测和孔内现象，主要包括冲洗液消耗量、水位、掉钻、塌孔等情况现象，对上述现象应详细记录其层位、深度等。

（6）钻孔成孔后要求进行数字化测井以及孔间无线电波透视，以指导注浆及下一步布孔。

E 钻机选择

为了加速突水通道探查突水治理进度和早日恢复矿井生产，在满足工程施工要求的基础上，选用了性能优良、成孔速度快、施工质量高、移动方便的车载 T685WS 型顶驱钻机，以及适应各种环境的水 2000 钻机。

6.7.3.2 突水通道探查过程

初期针对通道探查布置了 4 个钻孔，在施工过程中由于某些原因 3 号孔没有按时施工，其余钻孔均按设计要求进行了施工。各钻孔的具体施工过程分述如下：

1 号孔：该孔首先施工探查孔，于 1 月 16 日 12 时开始施工，2 月 5 日 21 时结束，历时 19 天，探查终孔深度 887.5m。首先采用 T685WS 钻机钻进，钻进至 678m 处孔内出水量增大，改用水 2000 进行钻进。钻进至 2 号煤层顶板 786m 处时开始出现冲洗液大量漏失，漏失量大于 $50m^3/h$，说明进入了 2 号煤采空区上方顶板裂隙带。钻进至 876.0～881.5m 时掉钻 5.5m，继续钻进至 887.5m，1 号孔探查结束。

2 号孔：自 2009 年 1 月 16 日开孔至 2009 年 4 月 15 日终孔，孔深 1002m，终孔层位进入奥灰 72.32m。在钻进过程中，钻进深度达到 111m，开始下第一层套管，套管长 108.48m，下深 110.58m，联入 2.1m。钻进至 847.5m，经测井解释位于野青采空区下 29m，揭露地层完整，岩性为砂质泥岩，下第二层套管，总长 856m，全段用水泥浆固管。钻进至奥灰界面 5m，下第三层套管，全段用水泥浆固管。钻进深度达到 915～920m 时，出现塌孔和夹钻现象，分析认为遇到破碎带或裂隙发育带。

4 号孔：自 2009 年 2 月 1 日开孔至 2009 年 4 月 20 日终孔，孔深 1001m，终孔层位进入奥灰 70m。用水源 2000 钻机开孔，在钻孔施工中，当钻进深度达到

568m 时，漏水严重，冲洗液消耗量达 $25m^3/h$，用水泥 17t 堵漏；进尺到 927m 时漏水量很大，且在 936m 出现夹钻现象，分析认为遇到破碎带或裂隙发育带。

6.7.3.3 突水通道确定

依据 1 号孔钻进至 876.0~881.5m 时掉钻 5.5m 的现象，并结合对该段岩芯情况分析（岩性杂乱，主要以页岩、煤、泥岩及其混合物为主），从而确定突水通道为隐伏导水陷落柱。

6.7.3.4 隐伏导水陷落柱探查

A 隐伏陷落柱探查方案

在确定了突水通道为隐伏陷落柱后，为了有效对突水通道进行封堵，需要确定该陷落柱的规模和空间形态特征。为此对初期制定的突水通道探查方案进行了适当调整，即对未施工的 3 号孔开孔位置由距离 1 号孔 40m 调整为 20m，在 1 号孔附近增加 5 号和 6 号探查孔，同时利用定向分支钻进技术在 1 号孔中进行施工分支钻孔，以及根据 2、4 号钻孔的施工情况适时进行分支钻孔施工。

B 隐伏陷落柱探查钻孔布置

调整和增加的钻孔坐标如表 6-5 所示，钻孔平面布置如图 6-6 所示。调整和增加的钻孔结构和施工技术要求与已经施工的 1 号孔和正在施工的 2、4 号孔相同。

表 6-5 钻孔布置坐标一览表

孔 号	x	y	z
3	36573.2	23988.9	138.592
5	36546.7	23991.9	138.231
6	36549.7	23981.3	138.821

同时在施工的 6 个探查孔中，设计施工 15 个分支钻孔，各分支孔设计参数参见表 6-6，工程布置参见图 6-7，设计要求和目的简述如下：

1 号孔设计 3 个分支孔，即 1-1、1-2 和 1-3 分支孔，3 个分支孔分支深度都为 860m。1-1 分支孔方位 270°，控制陷落柱西部边界、1-2 分支孔方位 320°，控制陷落柱西北部边界、1-3 分支孔方位 50°，探查陷落内部及注浆效果。

2 号孔设计 1 个分支孔，2-1 分支孔从 940m 分支，方位 225°，探查陷落及封堵奥灰顶部。

3 号孔设计 3 个分支孔，即 3-1、3-2 和 3-3 分支孔，探明陷落柱范围及封堵奥灰顶部。3-1 分支孔从 865m 分支；3-2 分支孔从 904m 分支，方位 205°；3-3分支孔从 860m 分支，方位 180°。

4 号孔设计 1 个分支孔，4-1 分支孔从 928m 分支，方位 45°，作为奥灰顶部注浆效果检查孔。

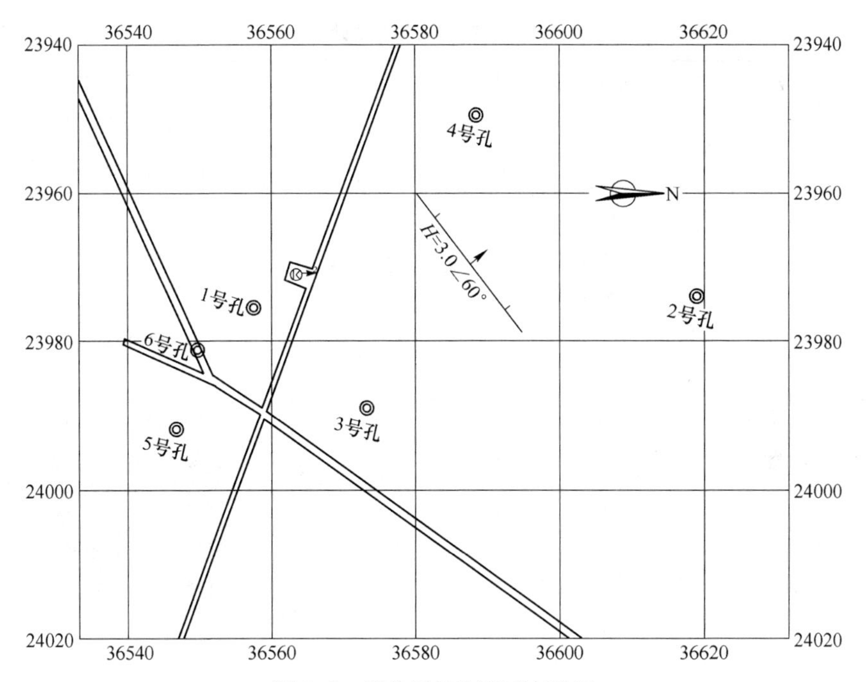

图 6-6 调整后钻孔平面布置图

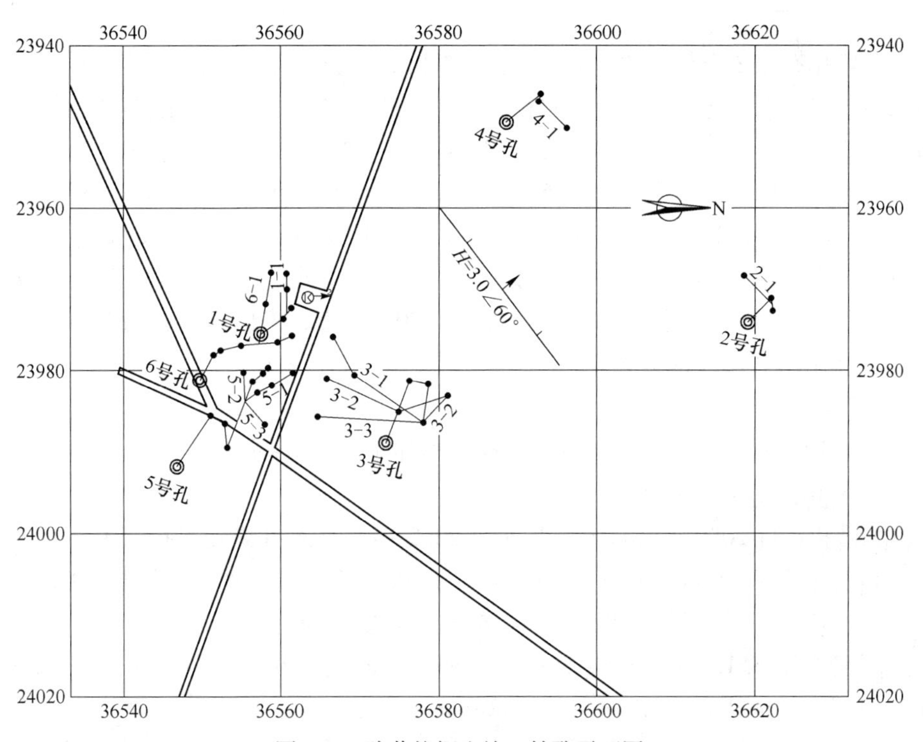

图 6-7 陷落柱探查施工钻孔平面图

表6-6 分支钻孔施工设计一览表

孔 号	开孔深度/m	方位/(°)	基本情况
1-1	860	270	控制陷落柱西部边界
1-2	860	320	控制陷落柱西北部边界
1-3	860	50	探查内部基底注浆效果
2-1	940	225	封堵奥灰顶部
3-1	865		探明陷落柱范围
3-2	904	205	
3-3	860	180	
4-1	940	45	奥灰注浆检查孔
5-1	860	330	陷落柱注浆效果检查孔
5-2	860	55	控制陷落柱东北边界
5-3	860	255	控制陷落柱东南部边界
6-1	820	280	控制陷落柱西部边界
6-2	820	180	控制陷落柱南部边界
6-3	830	24	控制陷落柱北部边界
6-4	820	316	控制陷落柱西北部边界

5号孔设计3个分支孔，即5-1、5-2和5-3分支孔。3个分支孔都从860m处分支，其方位分别为330°、55°和255°。其中5-1分支孔作为陷落柱注浆检查孔，5-2和5-3分别控制陷落柱的东北部和东南部边界。

6号孔设计4个分支孔，即6-1、6-2、6-3和6-4分支孔。6-1分支孔从820m分支，方位280°，与1-1分支孔共同控制陷落柱西部边界；6-2分支孔从820m分支，方位180°，控制陷落柱南部边界；6-3分支孔从830m分支，方位24°，控制陷落柱北部边界；6-4分支孔从820m分支，方位316°，同1-2分支孔共同控制陷落柱西北部边界。

C 钻孔施工过程

突水通道确定后，针对通道范围探查增加了2个孔同时对3号孔做了调整。各钻孔的具体施工过程分述如下：

3号孔：自2009年2月8日开孔至2009年3月6日终孔，孔深1040m，终孔层位进入奥灰104m。钻进至108.45m开始下第一层套管，套管长107.95m。揭露4号煤顶板采动裂隙冲洗液大量漏失，钻进至836.3~837.8m见4号煤，下第二层套管至851.26m，套管直径152mm，全段用水泥浆固管。钻进至924m，下第三层套管至902.5m，套管直径118mm。

5号孔：自2009年2月18日开孔至2009年4月3日终孔，孔深1005m，终孔层位进入奥灰70m。钻进至109.53m，开始下第一层套管，套管长109m，全段用水泥浆固管。钻井至851m，下第二层套管至848.95m，套管直径177.8mm，全段用水泥浆固管全段用水泥浆固管。钻进至853m时冲洗液大量漏失，之后未出现返水，钻进至886.7~889m时掉钻2.3m，揭露陷落柱。之后以ϕ152mm钻进至1005m。

6号孔：自2009年3月19日开孔至2009年4月17日终孔，孔深935m，终孔层位位于奥灰5m。在钻进至109m，开始下第一层套管，套管长108.46m，全段用水泥浆固管。钻进至844.8m，下第二层套管至800.19m，套管直径177.8mm，全段水泥浆固管。

D 钻孔成果

施工6个垂直探查孔和15个分支孔，1号、5号和6号孔及其分支孔准确确定了陷落柱的大小和空间形态，2号、3号和4号孔及其分支孔则探查陷落柱奥灰基底裂隙与岩溶情况，探查成果参见表6-7。

表6-7 隐伏陷落柱探查成果一览表

孔号	工程量/m			探查结果	备注
	孔深	起始深度	进尺		
1	887.5	0	887.5	在孔深876.0~881.5m（4号煤底板下41.5m）发生掉钻5.5m，揭露陷落柱	确定突水通道为隐伏陷落柱
1-1	1005	860	145	岩层松软，层位、层序正常，未见陷落柱	
1-2	935	860	75	层位、层序正常，未见陷落柱	
1-3	1005	860	145	层位、层序正常，未见陷落柱	陷落柱注浆效果检测孔
2	1002	0	1002	931.56m揭露奥灰冲洗液大量漏失，未见陷落柱	
2-1	1040.02	940.2	99.82	进入奥灰后，微量漏失，未见陷落柱	奥灰观测孔
3	924	0	924	未见陷落柱	奥灰注浆检查与加固孔
3-1	1040	865	175	进入奥灰段冲洗液少量消耗，923.0~924.5、924.5~1010.0m段含大量水泥，未见陷落柱	
3-2	1040	904	136	936.0m见奥灰，936~975m孔段含有水泥块，未见陷落柱	
3-3	1040	860	180	920.75m处见水泥，之下岩石完整不漏水，未见陷落柱	

续表6-7

孔号	工程量/m			探查结果	备　注
	孔深	起始深度	进尺		
4	1001	0	1001	931m 揭露奥灰，927m 处冲洗液全部漏失，孔深 936m	奥灰顶部注浆孔
4-1	1005	928	77	进入奥灰，冲洗液少量漏失，未见陷落柱	奥灰注浆检查孔
5	1005	0	1005	孔深 886.7m 揭露陷落柱，掉钻 2.3m	控制陷落柱东部边界
5-1	1005	860	145	奥灰顶界面深度较正常地层低 10m 左右，基本不漏水	陷落柱注浆检查孔
5-2	945	860	85	935m 见奥灰不漏水，未见陷落柱	确定陷落柱东北部边界
5-3	1005	860	145	大青以下层位正常不漏水，未见陷落柱	控制陷落柱东南部边界
6	935	0	935	869.0m（伏青灰岩）以下岩层杂乱，岩性为碎石、水泥、石子（1 号孔注入）等胶结体	陷落柱探查孔
6-1	1005	820	185	852.0 ~ 861.0m、870.0 ~ 884.0m 和 920.0~924m 三段含大量水泥结石体。奥灰之上不漏水，奥灰段少量消耗漏水	陷落柱西部边界探注孔
6-2	957.7	820	137.7	奥灰段不漏水	陷落柱南部边界探注孔
6-3	1005	830	175		陷落柱注浆检查及北部边界探查
6-4	1005	820	185		陷落柱西北外侧奥灰段补注孔
合计			7845.02		

6.7.3.5　探查结果

依据施工的 6 个垂直孔和 15 个分支孔探查，陷落柱的规模和空间特征基本确定。该陷落柱顶端位于 15423N 工作面下 41.5m 左右位置，埋深近千米，平面形态为不规则椭圆形，长轴为近南北方向，长度为 14m 左右，短轴近东西向，长度为 7.2m 左右，面积约 100m^2。空间形态特征为整体细长，似“针”状的微型导水陷落柱。陷落柱平面形态特征参数参见表 6-8，平面位置参见图 6-8，空间形态特征参见图 6-9。

表 6-8 陷落柱发育特征参数

陷落柱发育最高层位	-770m 标高陷落柱范围			距 4 号煤底板距离/m
	长轴长度/m	短轴长度/m	截面积/m^2	
石炭系太原组山伏青底板	14	7.2	100	41.5

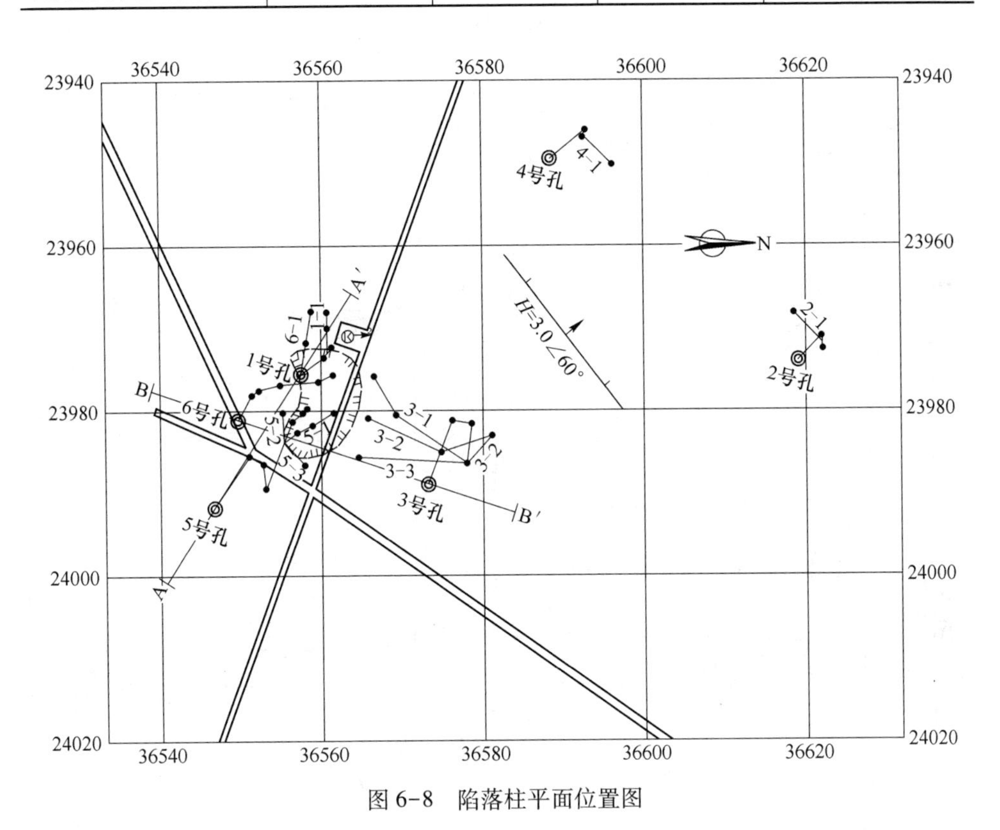

图 6-8 陷落柱平面位置图

6.8 导水陷落柱封堵技术

6.8.1 注浆堵水技术路线

根据探测结果，突水通道空间形态特征为似针状的微型导水陷落柱。探查孔施工进入到奥灰顶部的冲洗液消耗量和岩心（水泥）情况表明，陷落柱周围一定区域范围内的奥灰顶部岩溶裂隙较发育，存在高压奥灰水通过溶裂隙向上导升诱发新的奥灰突水的隐患。为此，确定了“探堵结合，堵源封顶”的注浆堵水技术路线，参见图 6-10。探堵结合就是利用各类探查孔对施工过程中揭露的突水通道和导水裂隙直接进行封堵。所谓“堵源”就是采用灌注骨料和综合注浆相结合的技术手段对导水陷落柱实施封堵，以达到消除水害的目的。所谓“封顶”就是采用注浆封堵技术对陷落柱周围煤层底板裂隙（原生裂隙和采动形成

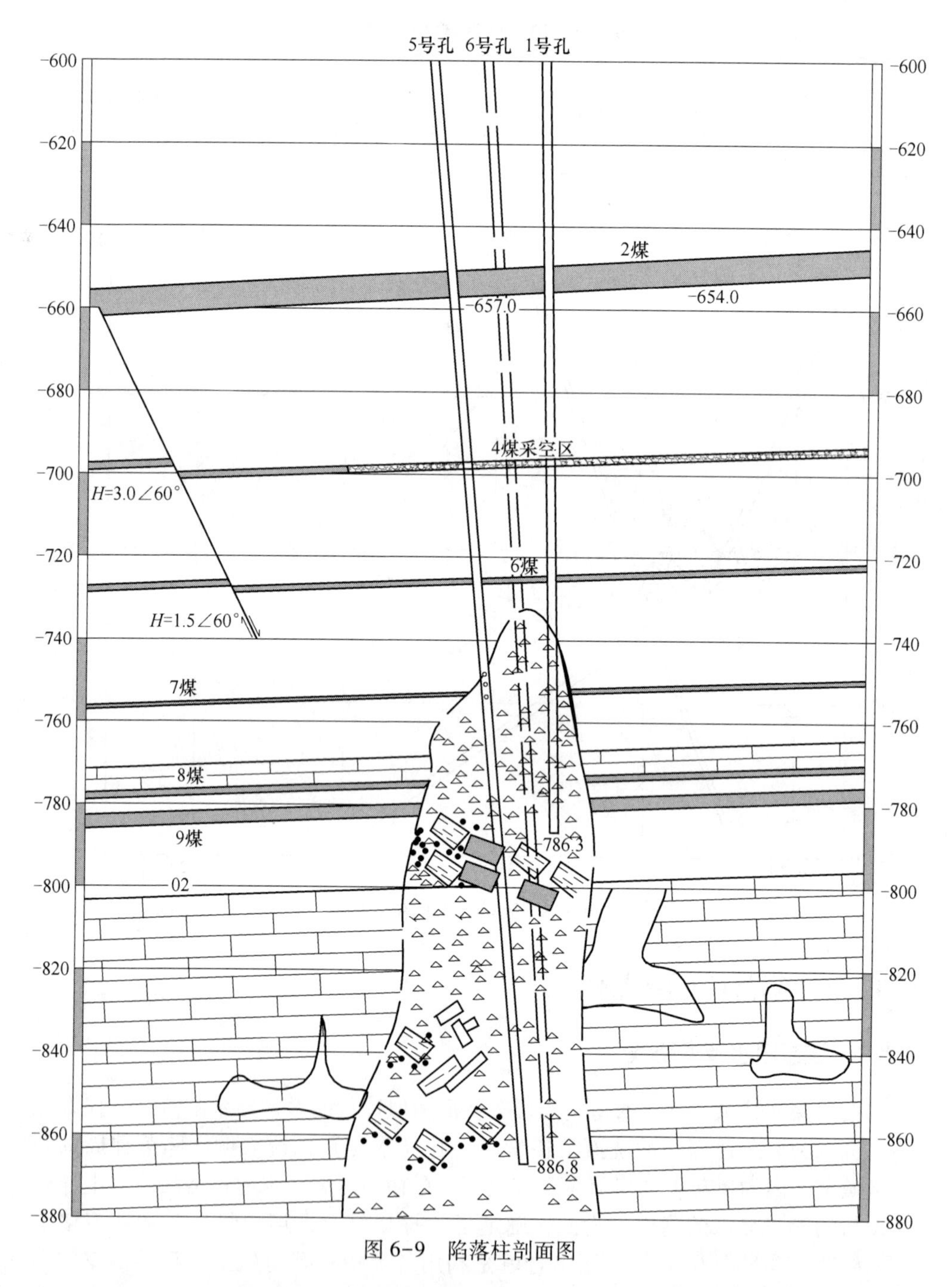

图6-9 陷落柱剖面图

的次生裂隙）以及奥灰含水层顶部岩溶裂隙带进行封堵，从而达到消除水患的目的，为将来临近区域开采创造良好的环境。

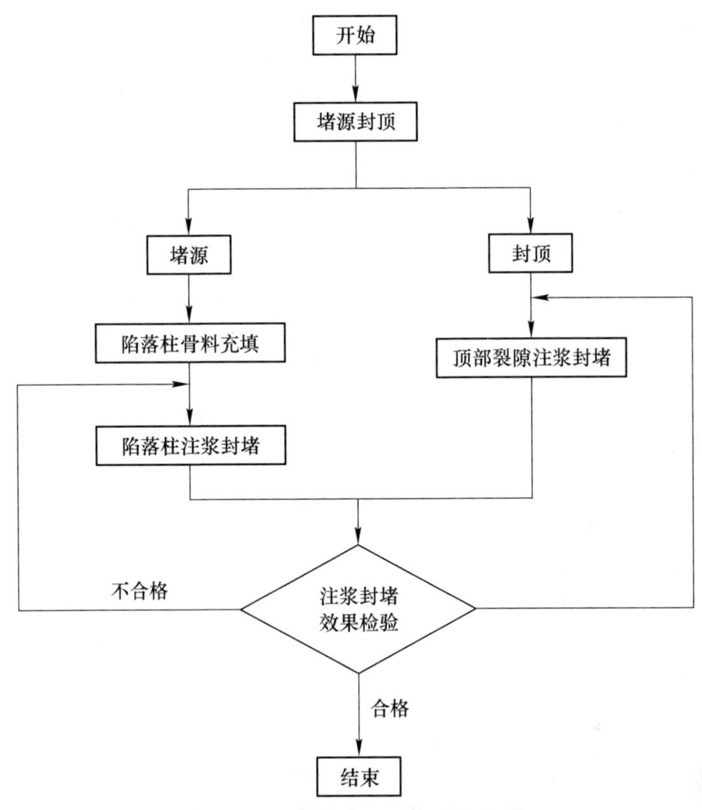

图 6-10　注浆堵水技术路线框图

根据探查孔具体施工情况，注浆堵水工程分三个序次实施。第一序次为利用较早施工的揭露陷落柱的 1 号孔，在动水条件下对陷落柱进行骨料充填；第二序次为在陷落柱骨料充填完成后，利用揭露陷落柱的 1 号孔、5 号孔、6 号和分支孔采用分段注浆工艺对导水陷落柱进行彻底封堵；第三序次为利用 2 号、3 号和 4 号及其余分支孔，对奥灰含水层顶部岩溶裂隙进行注浆封堵，以消除奥灰含水层对邻近区域采煤的隐患。

6.8.2　注浆堵水参数确定

6.8.2.1　骨料充填参数确定

A　水固比

水固比与注入骨料的粒径和通道充填程度有关，粒径小时水固比小，骨料达到陷落柱顶端期间水固比达到最大。根据现场多次试注最终确定水固比为 6∶1~20∶1，最佳水固比为 6∶1~10∶1。即为注水量为 160m^3/h 时，粒径小的配比每小时注 25m^3，粒径大的配比每小时注 16m^3，当灌注的骨料达到接顶阶段时，水固比调整为20∶1。

B 骨料粒径

在动水条件下，在对突水点的封堵过程中，注入骨料的粒径的确定是首先考虑的问题之一。骨料粒径过大，易造成骨料充填的区域过小或堵塞钻孔，既达不到充填的效果，又影响施工进度；骨料过小，又容易被强大的水流带走，既浪费骨料，又会降低工效。因此，确定合理的骨料粒径范围，直接关系到整个堵水工程是否能按计划进行。

最小骨料粒径确定：主要依据泥沙动力学中的泥沙起动流速公式可得出 d 与 u 的关系式确定，即：

$$u = 1.34\left(\frac{H}{d}\right)^{0.14}\sqrt{\frac{\gamma_s - \gamma}{\gamma}gd}$$

式中 u——为临界流速，m/s；

H——水深，m；

d——泥沙颗粒直径，m；

g——重力加速度，m/s^2；

γ_s——泥沙容重，kg/m^3；

γ——水的容重，kg/m^3

依据九龙矿突水现场情况（突水后所有水泵都开启排水量约4000m^3/h，过水面积按3m^2×2m，水深按2m考虑，泥沙容重按1250kg/m^3），计算得出骨料最小粒径 d=0.96mm。即在所有水泵全部正常排水的动水条件下，在骨料填充过程中，只要骨料粒径大于0.96mm都可以形成稳定的松散体。考虑到现场的影响因素的不确定性，以及计算公式本身的适用条件，最终确定最小骨料粒径为1mm。

最大骨料粒径确定：主要由骨料注入段的钻孔直径确定，为避免在注入过程中的因骨料过大造成卡孔，影响施工进度，要求骨料最大粒径应不大于孔径的三分之一。1号孔灌注骨料段的孔径为152mm，则灌注骨料最大粒径应小于50mm，最终确定骨料最大骨料粒径为30mm。

依据上述分析并结合现场具体情况，最终确定选用米石（ϕ1~5mm）、05号石子（ϕ5~10mm）、1-2石子（ϕ10~30mm）作为陷落柱充填的骨料。

C 单位注入量

单位注入量主要依据现场试注确定，由小到大开始试注，每个级别的注入量由2~4m^3/h开始，试注无异常后，逐步增加，试注时间不少于2h。依据现场试验结果，最终确定骨料单位注入量为4m^3/h~16m^3/h。

6.8.2.2 注浆参数确定

注浆工程中注浆参数，将直接影响到浆液的凝固时间、强度和扩散距离，以及整个堵水工作的质量和效果。注浆参数主要包括：水灰比、添加剂掺入量、注浆压力等。

A 水灰比和添加剂掺入量

利用现场的浆液配比试验，并参考他人的试验结果（28d 抗压强度指标），通过正交试验方法确定。正交试验就是用正交表来安排和分析多因素问题的试验的一种数理统计方法，即通过在很多试验方案（也称试验条件）中挑选具有代表性强的少数试验方案，并通过对这少数试验方案的正交试验结果的分析，推断出最优方案。

依据九龙矿单液浆配比结果（表 6-9），选择具有代表性的试验方案，考察 3 个因素，3 个水平（参见表 6-10），选用 $L_9(3^4)$ 正交表（参见表 6-11），考核指标为混凝土 28d 抗压强度，混凝土试验配合比设计如表 6-12 所示，正交试验工作性测定结果参见表 6-13。

表 6-9 九龙矿单液浆配比结果一览表

序号	水灰比（W：C）	水泥/t	水/m^3	三乙醇胺/kg	食盐/kg	浆液比重/$g \cdot cm^{-3}$
1	3：1	0.3	0.9	0.15	1.5	1.2
2	2：1	0.429	0.858	0.21	2.15	1.29
3	1：1	0.75	0.75	0.38	3.75	1.5
4	0.9：1	0.811	0.73	0.41	4.06	1.54
5	0.8：1	0.882	0.706	0.44	4.41	1.59
6	0.75：1	0.923	0.692	0.46	4.62	1.62
7	0.7：1	0.968	0.678	0.48	4.84	1.65
8	0.65：1	1.017	0.661	0.51	5.09	1.68
9	0.6：1	1.071	0.643	0.54	5.36	1.71
10	0.65：1	1.017	0.661	0.51	5.09	1.68
11	0.5：1	1.2	0.6	0.6	6	1.8

表 6-10 混凝土配合比正交试验因素水平

水平 \ 因素	A 水泥/t	B 用水量/m^3	C 添加剂/kg
1	0.429	0.858	1.65
2	0.882	0.706	4.85
3	0.968	0.678	5.32

表 6-11 正交表 $L_9(3^4)$

试验号 \ 水平 \ 列号	1	2	3	4
1	1	1	1	1

续表6-11

水平 \ 列号 / 试验号	1	2	3	4
2	1	2	2	2
3	1	3	3	3
4	2	1	2	3
5	2	2	3	1
6	2	3	1	2
7	3	1	3	2
8	3	2	1	3
9	3	3	2	1

表6-12　正交试验混凝土配合比汇总

编　号	水泥用量/t	用水量/m^3	添加剂用量/kg	配合比 C：W：Z
1	0.429	0.858	1.65	1：2：0.004
2	0.429	0.706	4.85	1：1.65：0.0011
3	0.429	0.678	5.32	1：1.58：0.0012
4	0.882	0.858	4.85	1：0.97：0.005
5	0.882	0.706	5.32	1：0.8：0.006
6	0.882	0.678	1.65	1：0.77：0.002
7	0.968	0.858	5.32	1：0.89：0.005
8	0.968	0.706	1.65	1：0.73：0.002
9	0.968	0.678	4.85	1：0.7：0.005

注：C代表水泥，W代表水，Z代表添加剂。

表6-13　正交试验工作性测定结果

列号 \ 因素 / 试验号	A	B	C	空白	抗压强度/MPa（Y_i）
	1	2	3	4	
1	0.429	0.858	1.65	1	28.3
2	0.429	0.706	4.85	2	29.5
3	0.429	0.678	5.32	3	30.5
4	0.882	0.858	4.85	3	32.6
5	0.882	0.706	5.32	2	35.6
6	0.882	0.678	1.65	1	33.4
7	0.968	0.858	5.32	2	31.7
8	0.968	0.706	1.65	3	40.3

续表6-13

列号 因素 试验号	A	B	C	空白	抗压强度/MPa（Y_i）
	1	2	3	4	
9	0.968	0.678	4.85	1	42.1
K_{1j}	88.3	92.6	102	103.8	$T=\sum_{i=1}^{9}Y_i=304$
K_{2j}	101.6	105.4	104.2	96.8	
K_{3j}	114.1	106	97.8	103.4	
R_j	25.8	13.4	6.4	7	
因素主→次	A→B→C				

注：表中抗压强度数据参考《早强混凝土配合比正交试验研究》中其混凝土的抗压强度数据，根据其数据中最大最小值的范围随机取值而得到。

由表6-13可知，在试验因素水平变化范围内，以混凝土28d抗压强度为考核指标，极差R_i的大小确定了该因素对试验结果的影响大小。表中R_1（25.8）>R_2（13.4）>R_3（6.4），即各因素影响顺序为：水泥用量>水用量>添加剂用量。

挑选因素的最优水平与所要求指标有关，若指标越大越好，则应该选取使指标大的水平，反之，若指标越小越好则应取使指标小的那个水平，通过分析计算得到的最优方案为$A_3B_3C_2$，即最优配合比为0.7∶1∶0.005，最优水灰比为0.7∶1，添加剂用量4.85kg。

B　注浆压力

注浆压力与奥灰水压、突水通道大小及联通性等因素有关。依据突水后煤层底板标高（-700m左右）、奥灰水位标高（-307m），确定突水通道处奥灰水压在4MPa左右。注浆孔产生压力时钻孔的仅考虑静水压力就可以达到8.4MPa左右，高于奥灰静水压力2倍以上，水泥浆产生的静水压力达到14MPa左右。为加速对陷落柱的封堵和提高注浆效果，注浆孔口压采用奥灰水压的2~4倍，即注浆压力大于2MPa。

C　注浆结束标准

为提高注浆效果，将同时满足吸水率和孔口压力两个指标作为注浆结束标准。

吸水率：吸水率与受注层段的透水性密切相关，可以真实反映受注层的注浆效果，其含义是受注层段、单位水头压力下、单位时间内的吸水量，即1m受注层段，在1m水头压力下，每分钟的压入水量。为彻底消除突水临近区域奥灰对将来采煤的威胁，将吸水率小于0.001L/(min·m·m)作为注浆结束标准，即通过注浆将突水通道及周围一定区域的透水性改造为基本上不透水的岩体。

孔口压力：孔口压力达到4MPa以上，并持续15~30min，作为注浆结束的孔口压力标准。

6.8.3 施工工艺

6.8.3.1 骨料充填工艺

骨料充填采用水力射流孔口密闭、砂石自重连续灌注系统，该系统利用大流量清水泵产生的高压水流将骨料送入孔底巷道，孔口设密闭防喷装置。初期灌注骨料以米石为主，然后以不同的比例注入米石和05号石子，并根据实际情况适当加入1-2石子，充填陷落柱中的空洞及裂隙，直到注不进为止。

6.8.3.2 注浆工艺

注浆采用孔口封闭止浆、静压分序分段下行式注浆法。根据施工进展情况和注浆效果分析，合理安排注浆钻孔顺序和调整注浆方案。采用连续注浆、间歇定量注浆、单孔注浆、双孔同时注浆、充填注浆、升压注浆、引流注浆等注浆工艺。

6.8.4 陷落柱注浆封堵（堵源）技术

九龙矿千米隐伏微型陷落柱封堵过程中，由于现场突水水压较大，突水流速快，在保持-600水平保持持续排水的动水条件下，首先要利用地面已施工的探查孔进行砂、碎石等粗骨料的充填，以降低水流速度和过水能力，使水动力条件由管流转变为渗流，为注浆封堵创造条件，从而达到堵源的目的。

6.8.4.1 骨料充填技术

A 骨料充填顺序的确定

骨料充填的目的是改变突水通道中水流状态，为注浆封堵创造条件，考虑到陷落柱内空隙大小的不确定性，骨料大小的充填顺序采用小（初期）—较大（中期）—较小（后期）的顺序进行。初期在保证骨料大部分能充填在陷落柱内部的空隙中（有少部分可能被水流带走），选择米石（ϕ1～5mm）对陷落柱内部大于1mm的空隙进行充分充填，避免采用大骨料充填后在其下方形成空洞影响充填效果。随着骨料的充填，陷落柱的过水断面面积逐渐减小、流速增大，如果一直采用小骨料进行充填，当流速增大到一定程度奥灰水可能会冲破骨料充填体。因此，中期应选择骨料粒径较大的05号石子（ϕ5～10mm）和1-2石子（ϕ10～30mm）进行充填，以增加充填体的稳定性和巩固充填效果，使初期注入的小粒径骨料和中期注入的大粒径骨料形成级配合理的松散体。后期注入较小粒径的05号石子，使其填充到中期骨料的孔隙中和充填陷落柱内部的空隙，以减小充填体的渗透速度，为之后的注浆封堵创造良好环境。

B 骨料充填的技术要求

（1）投注骨料采用水流携带灌注法，注骨料前注清水不少于15min，注水量不小于120m^3/h；

（2）灌注骨料按照粒径与级配过筛，并去除不合规格的大骨料或其他异物；

（3）采用间歇定量灌注骨料，每小时灌注 1 次，间隔注水 10~15min；

（4）如注骨料过程中出现负压减少、溢气、返水等现象，应立即停注，进行孔深探测，并采用相应的处理措施。

C 骨料充填过程

骨料充填与注浆施工由翔龙公司承担，2009 年 1 月 26 日所有灌注骨料机械设备安装、检修、调试完成，已具备灌注骨料能力。1 号孔正式投放骨料自 2009 年 2 月 6 日开始按骨料充填的技术要求进行灌注，至 2009 年 3 月 20 日骨料充填结束。初期（2009 年 2 月 6 日 14：00 至 2009 年 2 月 11 日 14：00）以 $4m^3/h$ 间歇定量灌注米石，累计注入骨料 $247.52m^3$。中期（2009 年 2 月 11 日 14：00 至 2009 年 3 月 5 日 14：00）按一定的配比逐步加入 05 号石子和 1-2 石子，累计注骨料 $4432.86m^3$。后期（2009 年 3 月 5 日 14：00 至 2009 年 3 月 20 日）灌注较小粒径的 05 号石子，2009 年 3 月 21 日钻孔开始反水，1 号孔整个骨料充填结束。各阶段骨料充填情况与时间关系参见图 6-11。

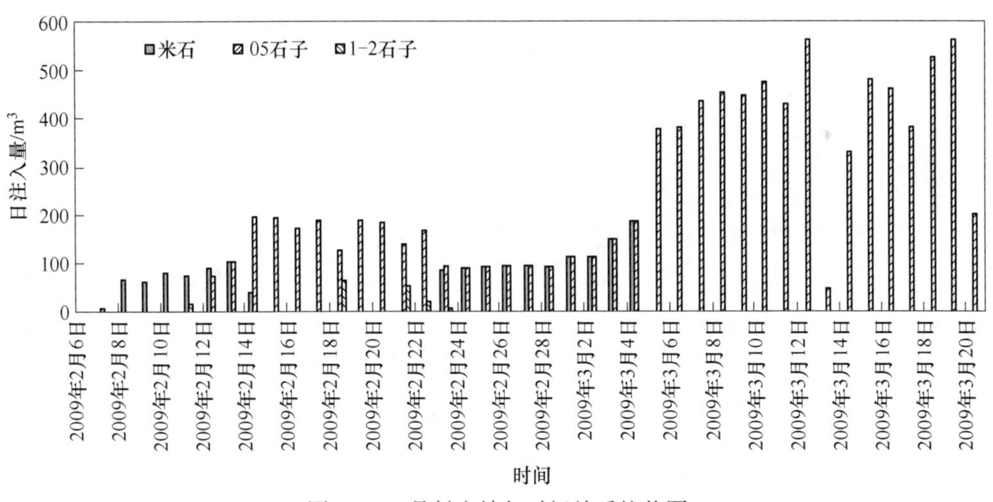

图 6-11 骨料充填与时间关系柱状图

整个骨料充填过程历时 42 天，间歇灌注骨料 43 次，累计注骨料 $11343.84m^3$，其中米石 $1640.45m^3$、05 号石子 $9557.94m^3$、1-2 石子 $154.45m^3$，骨料的累计注入量与时间的关系如图 6-12 所示。

6.8.4.2 千米隐伏微型陷落柱的注浆封堵技术

A 注浆技术要点

（1）全部采用下行式分段注浆，注浆前后向孔内先注水约 10~15min；

（2）注浆采用 32.5 号普通硅酸盐水泥，浆液先稀后稠，注浆初期采取间歇式注浆，后期采用间歇和连续注浆；

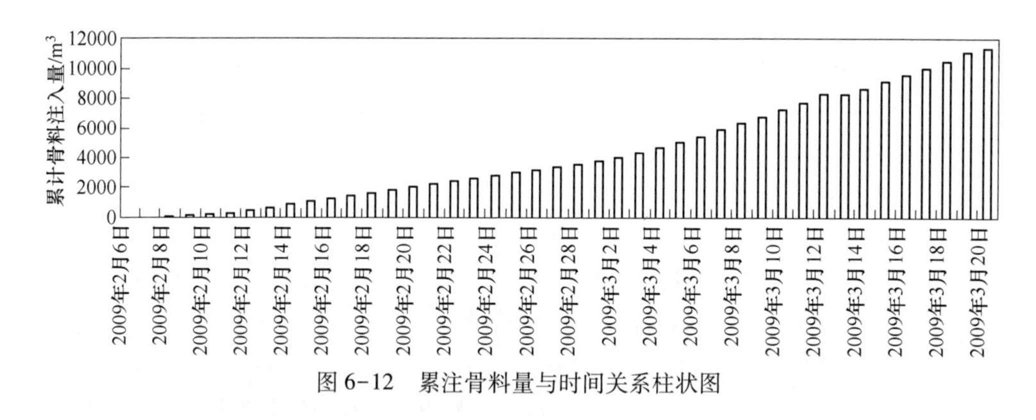

图 6-12 累注骨料量与时间关系柱状图

(3) 发现有串浆现象应对注浆孔同时注浆，孔口应压盖密封防止串浆泄压返水、返浆。

(4) 发现跑浆且跑浆量大，必须调整浆液配比或改用双液浆及加骨料等办法进行处理。

(5) 注浆结束后，注浆孔、串浆孔均应进行扫孔，以防堵孔。

(6) 注浆开始后每小时观测一次注浆孔和临近钻孔的水位，水位变化大时加密观测，同时每隔半小时测一次水泥浆比重及孔口压力，并作好记录，发现孔口升压时随时记录，为下一步注浆工作相关参数的调整提供依据。

B 陷落柱注浆封堵

陷落柱注浆封堵即是堵源过程，主要利用揭露陷落柱的1号、5号、6号及其分支孔对整个陷落柱进行整体封堵。其中，1号孔在骨料充填结束后首先对骨料充填体（陷落柱顶部）进行注浆封堵，之后采用下行式对陷落柱下部进行分段注浆，直到注浆至深度1050m后停止注浆。5号、6号及其分支孔在揭露陷落柱后即刻采用下行式对陷落柱进行注浆，直到设计深度。整个堵源过程总计进行压水试验21次，累计注浆58次，消耗水泥12174.5t，水玻璃28.15t，堵源过程中各注浆孔水泥消耗量如表6-14所示。

表 6-14 堵源过程中各注浆孔注浆量一览表

孔号	注浆开始时间	注浆结束时间	单孔水泥消耗量/t	累计水泥消耗量/t
1	2009. 3. 24	2009. 5. 2	3746. 6	6482
1-1	2009. 5. 3	2009. 5. 16	2680. 4	
1-2	2009. 5. 19	2009. 5. 22	20	
1-3	2009. 5. 31	2009. 6. 1	35	
5	2009. 3. 23	2009. 4. 20	4481	4553
5-1	2009. 4. 29	2009. 5. 9	72	

续表6-14

孔号	注浆开始时间	注浆结束时间	单孔水泥消耗量/t	累计水泥消耗量/t
6	2009. 4. 4	2009. 4. 20	690	
6-1	2009. 4. 21	2009. 5. 5	100	
6-2	2009. 5. 12	2009. 5. 13	200	1139. 5
6-3	2009. 5. 20	2009. 5. 26	105	
6-4	2009. 6. 4	2009. 6. 7	44. 5	
合计			12174. 5	12174. 5

根据各孔注浆量（水泥）统计，1 号、5 号、6 号孔注浆比例分别为为 54%、37%和 9%，1 号和 5 号孔为本次注浆工程的主力注浆孔，注浆量较大。由于 6 号孔成孔较晚，部分裂隙得到充填，因此注浆量最少，其主要作为注浆效果评价检验孔，同时进行后期的补充注浆。

各钻孔的注浆过程简述如下：

1 号孔及分支孔：采用分段下行式注浆，共注浆 28 次，累计水泥消耗量 6482t，其中 1 号孔水泥消耗量 3746. 6t，1-1 分支孔 2680. 4t，1-2 分支孔 20t，1-3分支孔 35t，整个注浆过程可以划分为三个阶段：第一阶段：2009 年 3 月 24 日至 2009 年 4 月 4 日，为水泥浆的试注和充填注浆阶段，主要采用和间歇注浆技术与工艺，对陷落柱中骨料之间的孔隙进行充填，同时进行压水试验确定后续注浆的最佳参数；第二阶段：2009 年 4 月 5 日至 2009 年 5 月 16 日，为陷落柱顶部封堵阶段，主要采用充填注浆、升压注浆相结合的注浆技术工艺，对陷落柱顶部和骨料间的空隙进行彻底封堵，直至达到注浆结束标准；第三阶段：2009 年 5 月 17 日至 2009 年 5 月 22 日，为效果检验和补充注浆阶段，主要通过对 1 号孔及分支孔进行压水试验对前期陷落柱的封堵效果进行检验，利用 1-2 号孔采用高压注浆方式，对陷落柱封堵后残留少量空隙进行补充注浆，确保陷落柱的封堵效果，达到彻底封堵陷落柱的目的。1 号孔注浆量与时间关系如图 6-13 所示。

5 号孔及分支孔：采用分段下行式注浆，共注浆 20 次，水泥用量 4553t，其中 5 号孔水泥消耗量主孔 4481t，5-1 分支孔 72t，整个注浆过程可以划分为两个阶段。第一阶段：2009 年 3 月 23 日至 2009 年 4 月 20 日，为深部陷落柱封堵阶段，主要采用充填注浆、升压注浆相结合的注浆技术，配合 1 号孔分支孔对陷落柱深部裂隙进行充填封堵；第二阶段：2009 年 4 月 29 日至 2009 年 5 月 27 日，为封堵效果检验和补充阶段，主要通过对 5 号孔和 5-1 孔进行压水试验、取芯对前期陷落柱的封堵效果进行检验，利用 5-1 号孔采用高压注浆方式，对陷落柱封堵后残留少量空隙进行补充注浆，确保陷落柱的封堵效果，达到彻底封堵陷落柱的目的。5 号孔注浆量与时间关系如图 6-14 所示。

6 号孔及分支孔：该孔组成孔较晚，将其作为陷落柱封堵后期的检查孔及补

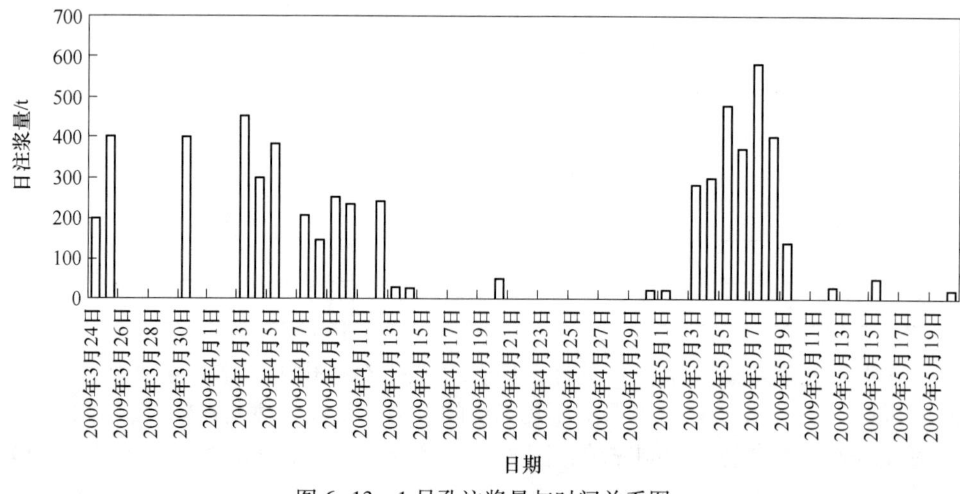

图 6-13 1号孔注浆量与时间关系图

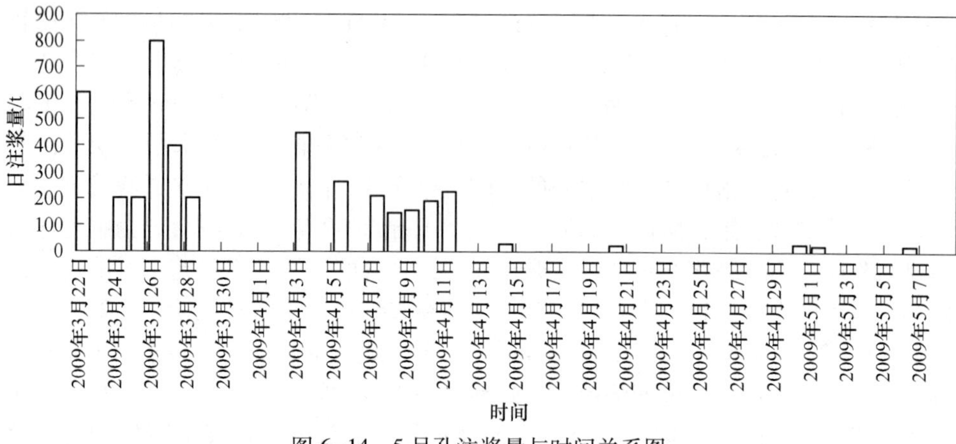

图 6-14 5号孔注浆量与时间关系图

充注浆孔，共注浆10次，水泥用量1139.5t，其中6号孔690t，6-1分支孔100t，6-2分支孔200t，6-3分支孔105t，6-4分支孔44.5t。6号孔注浆量与时间关系如图6-15所示。

现场利用1、5、6号孔及分支孔对陷落柱的注浆封堵历时75天，历经注浆、补充注浆和注浆效果检验三个阶段，堵源工程结束，施工过程中各孔组消耗水泥量所占比例如图6-16所示。图中不同孔组的水泥消耗量，不仅清晰的反映了注浆和补充注浆阶段，更充分说明了堵源工程实施过程中的科学性。

6.8.5 “封顶”技术

根据陷落柱发育机理分析，陷落柱附近部分区域岩层裂隙发育，且已被施工

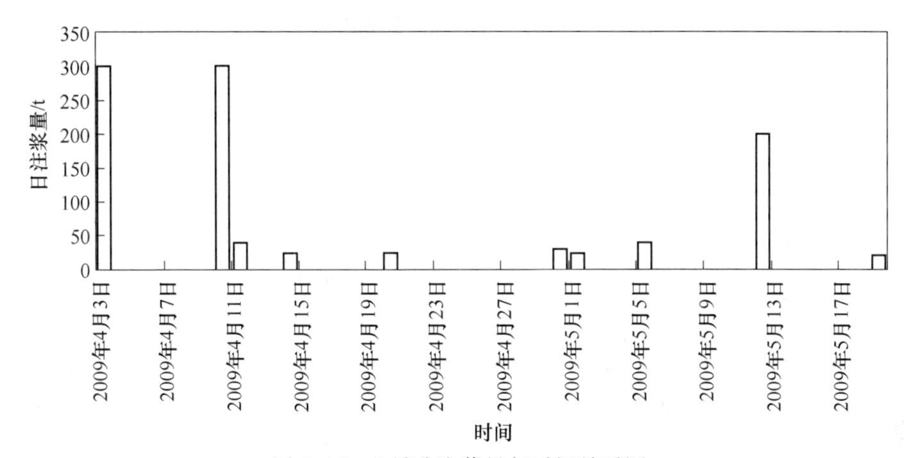

图 6-15 6 号孔注浆量与时间关系图

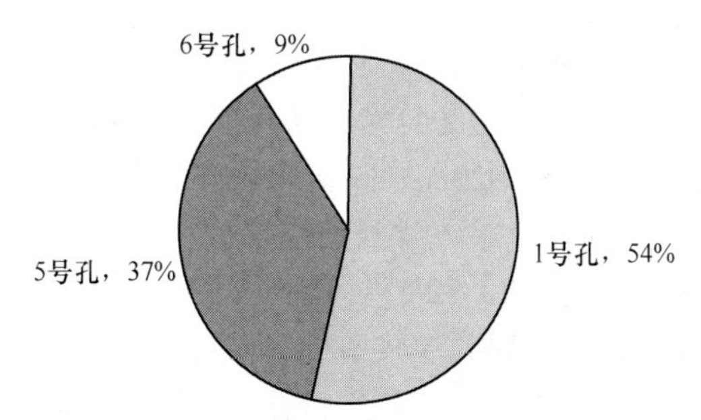

图 6-16 各孔注浆量所占比例分布图

的钻孔证实。依据钻孔揭露资料，部分钻孔钻进至野青煤层底板和奥灰含水层顶部岩层后冲洗液漏失量较大，表明陷落柱附近野青煤层底板裂隙（原生裂隙和采动裂隙）和奥灰顶部岩溶裂隙较发育，煤层底板阻水能力降低。下伏高压奥灰水极易通过这些裂隙向上导升，在邻近区域恢复生产后存在奥灰突水的重大隐患。为消除这些隐患，在对陷落柱进行彻底封堵的同时（堵源），必须对对陷落柱附近野青煤层底板的裂隙和奥灰顶部岩溶裂隙带进行注浆封堵（封顶），以增强煤层底板隔水层的阻水能力，切断下伏高承压奥灰水向上导升的通道，将重新控制在奥灰含水层内，为将来临近区域恢复生产创造良好的环境。“封顶”技术主要采用充填注浆、升压注浆相结合的注浆技术工艺，利用前期施工的探查孔对野青煤层底板和奥灰顶部岩溶裂隙发育带进行封堵。

“封顶”过程：“封顶”过程贯穿于钻孔施工的整个过程，主要利用 2、3、4 号孔及其分支孔对野青煤层底板和奥灰顶部岩溶裂隙发育带进行注浆封堵，整个过程累计注浆 84 次，累计消耗水泥 29446t（包括固管过程中消耗的水泥量），各钻孔“封顶”过程中的基本情况如表 6-15 所示。

表 6-15 各封顶钻孔基本情况一览表

孔号	开钻日期	完工日期	单孔注水泥量/t	累计注水泥量/t
2	09.1.16/17：00	09.4.15/22：00.	13481	13489
2-1	09.4.24	09.6.30	8	
3	09.2.8/12：00	09.3.6/12：30	0	1756
3-1	09.3.9/4：30	09.3.18/4：50	0	
3-2	09.3.23/18：00	09.4.29/22：50	1626	
3-3	09.5.8	09.5.16	130	
4	09.2.1/9：30	09.4.20/16：30	13501	14201
4-1	09.4.23/19：00	09.5.6/12：00	700	
总计			29446	29446

各钻孔的注浆过程简述如下：

2号孔及分支孔：2号孔自2009年1月16日17：00时开始施工，于2009年2月10日钻进至野青采空区下29m时发生钻孔漏水，2009年2月18日钻进至9号煤下12~17m的位置（915~920m）遇裂隙发育带发生塌孔和大量漏水。自2月14日开始采用下行式间歇注浆方式封堵煤层底板裂隙和奥灰顶部裂隙，直至钻进深度至1002m（进入奥灰72.32m）。4月17日依据压水试验结果，注浆达到结束标准，停止注浆。整个过程共注浆34次，累计注浆13481t，2009年4月24日至2009年6月30日施工2-1分支孔进行补充注浆，消耗水泥8t。2号孔注浆量与时间关系如图6-17所示。

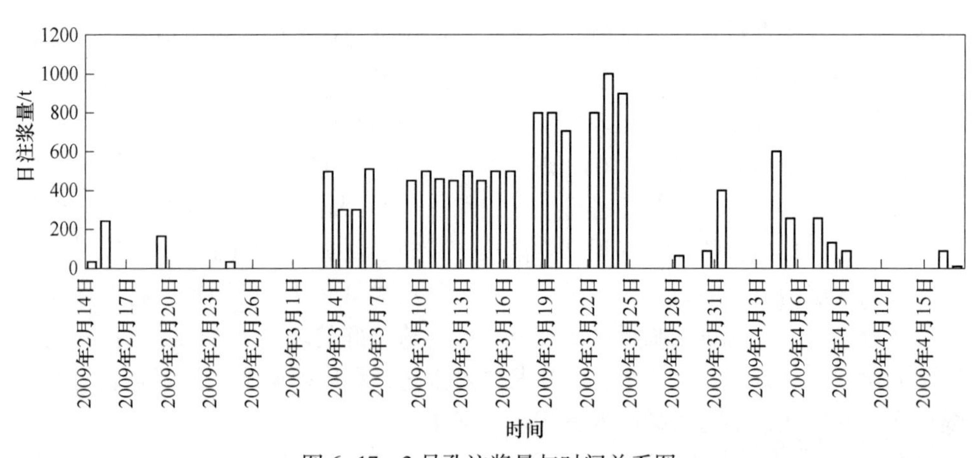

图 6-17 2号孔注浆量与时间关系图

3号孔及分支孔：3号孔自2009年2月8日12：00时开始施工，施工过程中冲洗液漏失量较小，表明该孔附近裂隙较少或部分裂隙已被其余孔注浆封堵，施工的3个分支孔均进入奥灰顶面50~70m。3-1分支孔在施工中没有发生漏水现象，但揭露了相邻钻孔注浆过程中注入的水泥。3-2和3-3分支孔共注浆15次，累注水泥1756t，分别注水泥1626t、130t。3号孔注浆量与时间关系如图6-18所示。

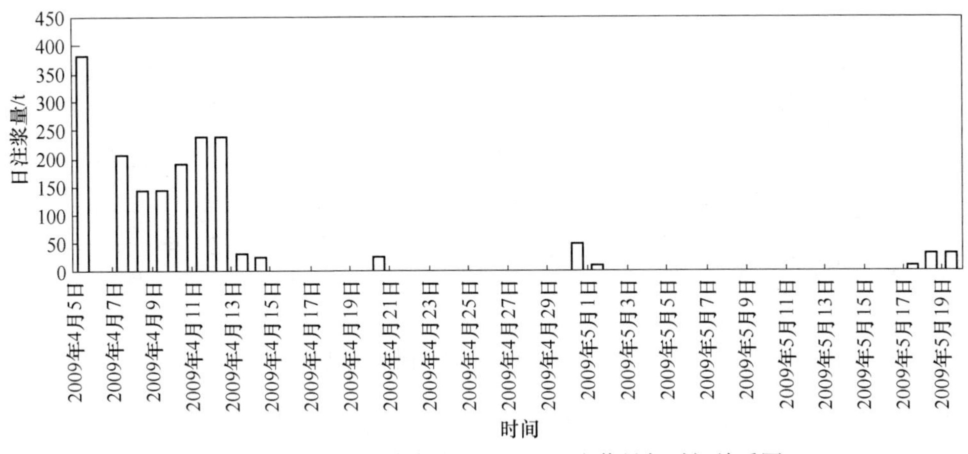

图6-18 3号孔（分支孔3-2/3-3）注浆量与时间关系图

4号孔及分支孔：4号孔自2009年2月1日9：30开始施工，于2009年4月20日施工结束。2009年3月6日钻进至接近奥灰顶部（深度927m，930m见奥灰）时漏水量很大，在936m遇奥灰顶部裂隙夹钻，开始注浆封堵。截止到2009年3月7日14：00已累计注浆210t，据现场注浆后孔内水位的动态反映，4号孔与2号孔有明显的联系，决定采用4号孔与2号孔进行交替间歇注浆。随着注浆量逐渐增大，孔内水位逐渐回升，至4月15日孔口开始反浆，停止注浆。随后钻孔重新扫孔钻进，并分支钻进进行补充注浆，同时测水位，进行压水试验，5月15日已扫孔至原孔深，孔内水位回升至136.305m，压水试验起压达到6MPa，注浆结束进行封孔。在4号孔进行封顶过程中，共注浆35次，累计注水泥14201t，其中4号孔13501t，4-1分支孔700t。4号孔注浆量与时间关系如图6-19所示。

自2009年1月16日开始施工至2009年5月6日，现场利用2号、3号、4号孔及分支孔进行了封顶工程，历经注浆、补充注浆和注浆效果检验三个阶段，封顶工程结束，累计注入水泥29446t。根据施工过程中各孔组消耗水泥量，2号、3号、4号孔组注浆比例分别为为46%、6%和48%。

6.8.6 注浆效果检验

6.8.6.1 单孔注浆效果分析

A 1号孔注浆效果分析

注浆前期，孔内水位呈现一个下降的趋势，表明前期注浆仅封堵了陷落柱中

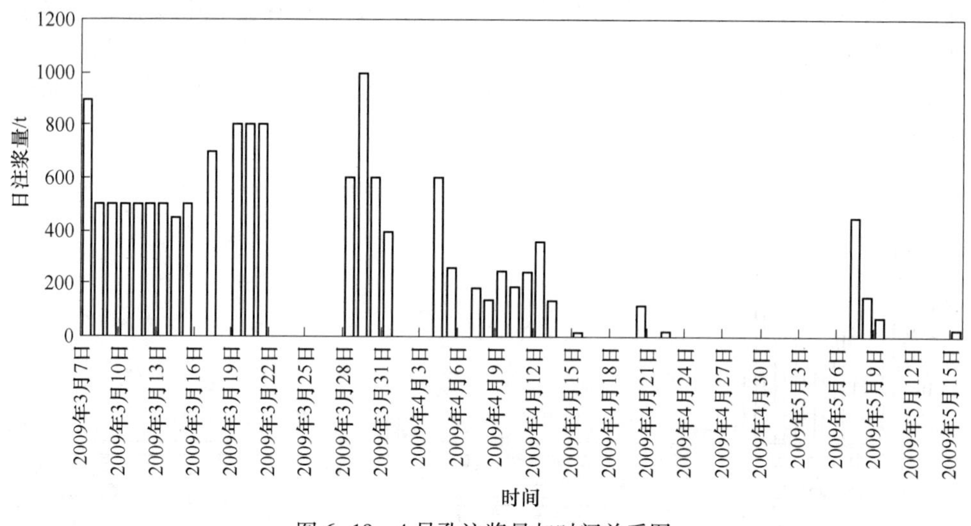

图6-19 4号孔注浆量与时间关系图

的部分空隙。3月25日以后，孔内水位逐渐上升趋势，表明陷落柱大部分空隙被封堵，随着注浆量的增大，更多空隙被封堵。4月22日至4月29日，钻孔进行扫孔，孔内水位又开始下降，说明钻孔周围仍存在没有被封堵或封堵效果不好的空隙，随着注浆量的继续加大，孔内水位又开始回升，至5月4日之后，孔内水位维持在+116.5m，且空口压力达到5.6MPa，表明钻孔周围空隙已完全被封堵，注浆封堵效果良好。1号孔注浆量与孔内水位随时间的变化情况如图6-20所示。

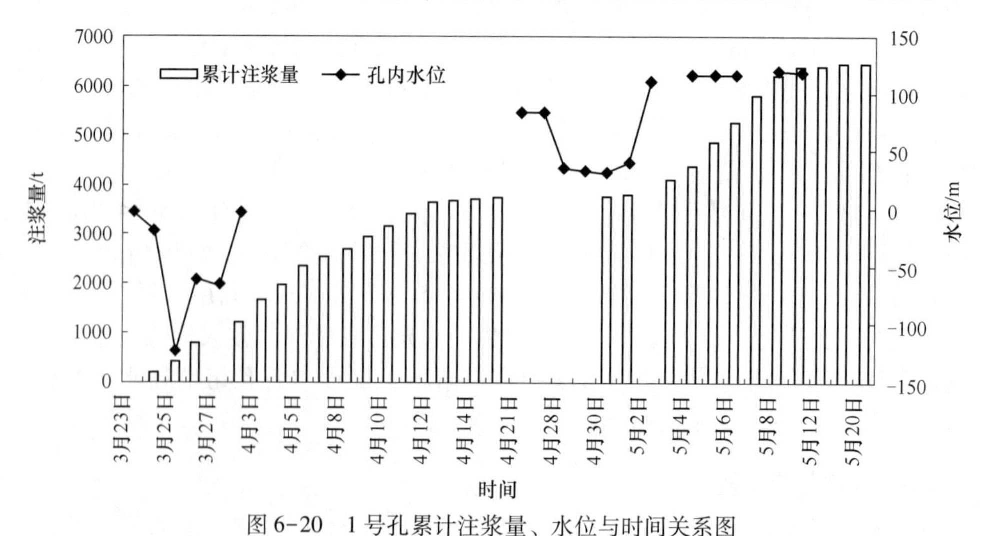

图6-20 1号孔累计注浆量、水位与时间关系图

B 2号孔注浆效果分析

随着注浆封堵过程的进行，2号孔内水位呈现一个波动上升的趋势，表明对

煤层底板和奥灰顶界面裂隙的封堵效果逐渐加强。3月25日扫孔过程中，下钻较困难，进行反复通孔至3月30日，此期间没有注浆，孔内水位又开始下降，表明钻孔周围仍有部分裂隙没有封堵。随后继续进行注浆封堵，孔内水位下降一段时间后开始回升，至4月25日水位稳定在+115m左右，孔口压力达到6.4MPa，并在没有进行注浆的情况下长时间保持稳定，表明经过多次间歇注浆已将2号孔周围的裂隙进行了有效封堵。2号孔注浆量与孔内水位随时间的变化情况如图6-21所示。

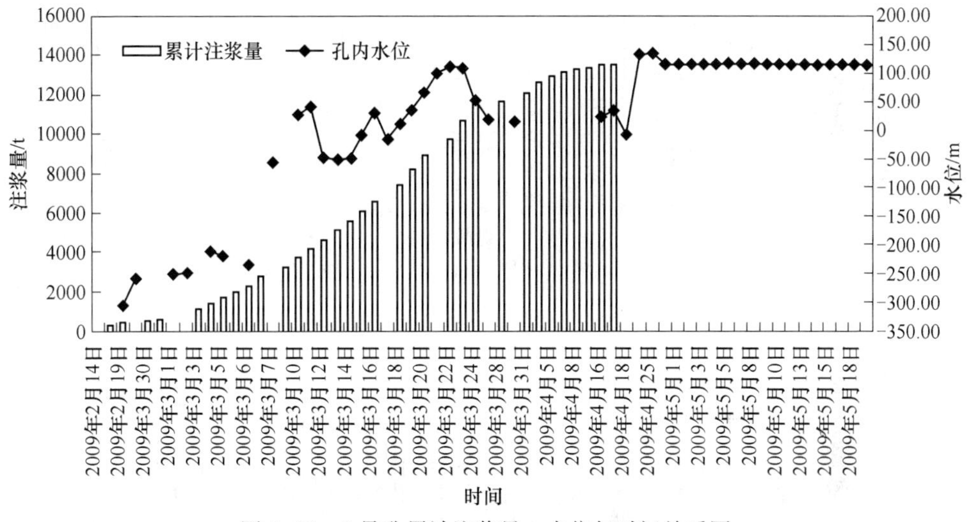

图6-21 2号孔累计注浆量、水位与时间关系图

C 3号孔注浆效果分析

注浆前期（4月20日前）钻孔中水位观测次数较少，随着注浆过程（分支孔3-2）的进行，孔内水位呈波动变化，至4月20日达到水位升高到最大，停注后水位迅速回落，表明仍有大量裂隙与钻孔联通。随着注浆的继续进行，孔内水位开始回升，至5月4日左右水位基本稳定+112m左右，分支孔3-2孔口压力达到8.4MPa，并长时间保持稳定，表明钻孔周围裂隙已被完全封堵。3号孔注浆量与孔内水位随时间的变化情况如图6-22所示。

D 4号孔注浆效果分析

注浆前期，孔内水位持续升高，随着钻孔扫孔和进行钻进，孔内水位呈下降趋势，表明钻孔上部裂隙被有效封堵，但在下部仍存在大量与钻孔联通的裂隙。随着注浆的继续进行，孔内水位又开始回升，表明注入的大量水泥浆封堵了钻孔周围的裂隙。至5月12日，孔内水位保持在+112.5m左右，孔口压力达到10MPa，表明钻孔周围的裂隙已经被完全封堵。4号孔注浆量与孔内水位随时间的变化情况如图6-23所示。

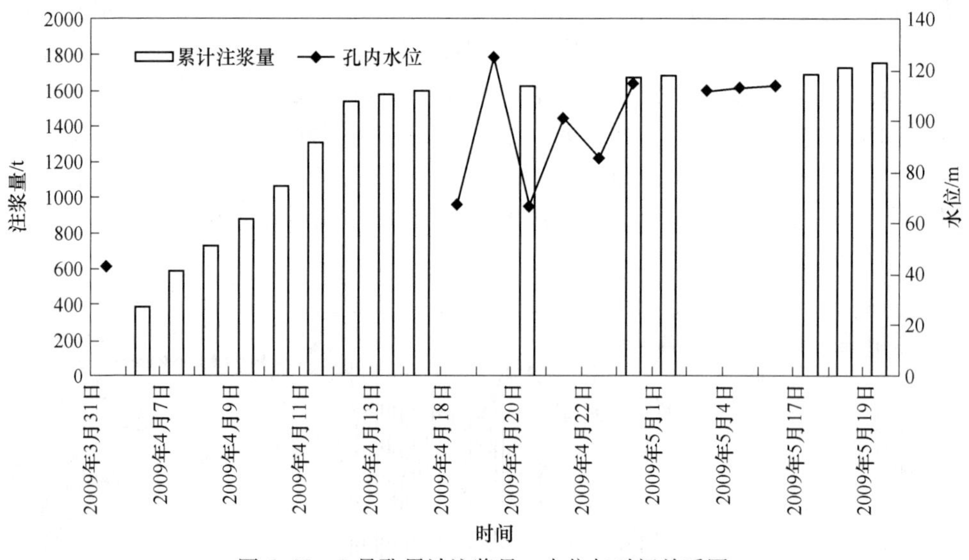

图 6-22　3 号孔累计注浆量、水位与时间关系图

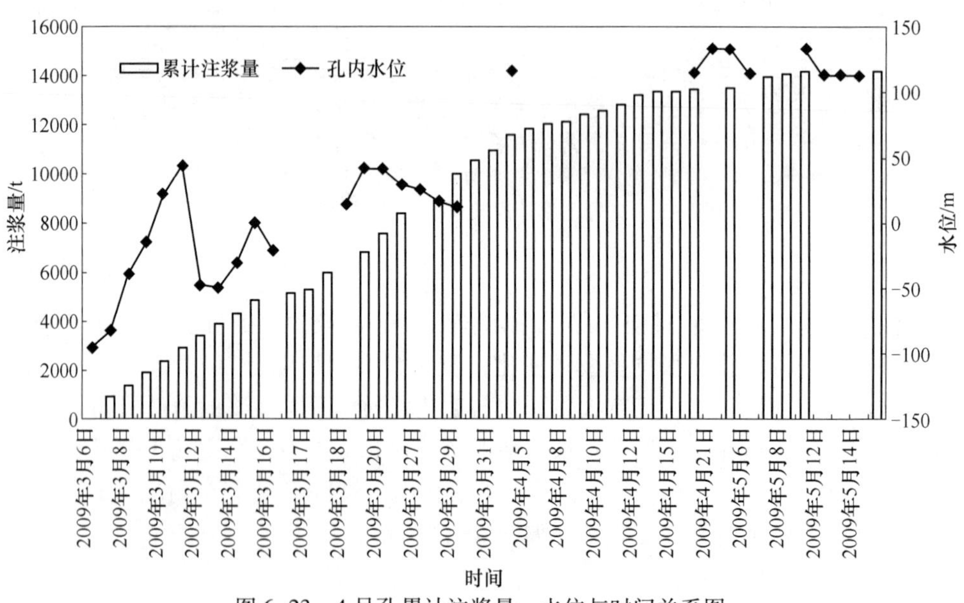

图 6-23　4 号孔累计注浆量、水位与时间关系图

E　5 号孔注浆效果分析

整个注浆封堵过程中，孔内水位波动变化较大，且孔内水位与注浆量关系密切，前期和中期（4 月 30 日之前）孔内水位与注浆量具有显著的对应关系，表现在注浆后水位明显升高，停注后水位很快回落，表明陷落柱中仍有大量空隙没有被封堵。注浆的后期，孔内水位逐渐开始上升至+101. 5m 左右，并基本保持稳

定，孔口压力达到7.4MPa，表明钻孔周围陷落柱的空隙已经被有效封堵。5号孔注浆量与孔内水位随时间的变化情况如图6-24所示。

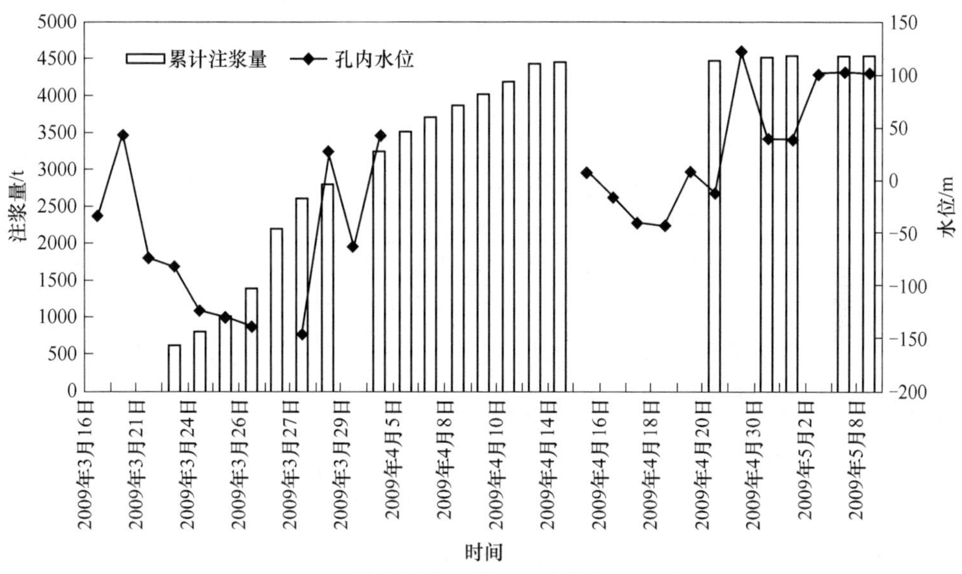

图6-24　5号孔累计注浆量、水位与时间关系图

F　6号孔注浆效果分析

在注浆封堵前期和后期，6号孔孔内水位测定次数较少，中后期孔内水位与注浆量关系密切，孔内水位与注浆量具有显著的对应关系，表现在注浆后水位明显升高，停注后水位很快回落，表明陷落柱中仍有大量空隙没有被封堵。自4月30日重新开始补充注浆后，孔内水位开始回升，孔口压力达到6.4MPa，表明钻孔周围陷落柱的空隙已经被有效封堵6号孔注浆量与孔内水位随时间的变化情况如图6-25所示。

钻孔水位与注浆量关系的分析结果表明，通过注浆钻孔周围的裂隙或空隙已经被有效封堵，所有钻孔注浆结束时的相关参数（参见表6-16）完全满足技术要求，已达到了“堵源封顶”的目的，即陷落柱及其周围煤层底板裂隙和奥灰含水层顶部岩溶裂隙发育带，通过系统的注浆已经被彻底封堵，其透水性类已似于不透水的岩石。

表6-16　各钻孔注浆结束参数一览表

孔号	注浆量/t	结束孔口压力/MPa	结束泵量/L·min^{-1}	单位吸水率 /L·(min·m·m)$^{-1}$
1	3746.6	5.6	118	0.00102
1-1	2680.4	10	118	0.0009

续表6-16

孔号	注浆量/t	结束孔口压力/MPa	结束泵量/L·min^{-1}	单位吸水率/L·(min·m·m)$^{-1}$
1-2	20	3.5	118	0.00081
1-3	35			
2	12916	6.4	118	0.00095
2-1	1002m以上不漏，延深至1040m作为工地临时奥灰观测孔			
3				
3-1	全段不漏水，未注浆			
3-2	1686	8.4	66	0.00077
3-3	70	8.4	118	0.00059
4	13501	10	118	0.00103
4-1	700	8	118	0.00098
5	4481	7.4	118	0.000022
5-1	72	6.0	130	0.00057
5-2	全段不漏水，未注浆			0.00103
5-3	全段不漏水，未注浆			0.0007
6	690	6.4	118	6.78×10^{-7}
6-1	95	6.5	66	0.0003
6-2	200	6.2	118	0.00073
6-3	50	4.8	92	0.00053
6-4	44.5			

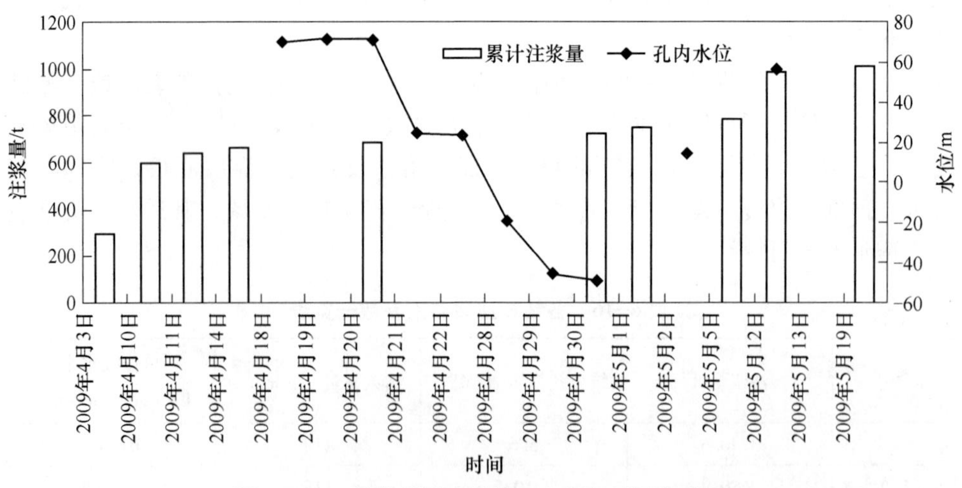

图6-25 6号孔累计注浆量、水位与时间关系图

6.8.6.2 奥灰水位动态变化分析

15423N 工作面突水前，距离较近的奥灰 O_2 新 1 观测孔水位标高为+96.76m（2009 年 1 月 7 日），突水灾害发生后至 1 月 22 日奥灰水位标高-114.58m，最大降深达到 211.34m。随着大量骨料充填及 3 月 3 日“堵源封顶”工程的启动，O_2 新 1 观测孔奥灰水位逐渐回升，至 3 月 20 日 19：00 奥灰水位已超过突水前的+96.76m，上升至+97.10m，到 4 月 21 日奥灰水位已超出历史同期水位标高约 19m 左右，升高到+116.48m，且保持稳定，参见图 6-26。

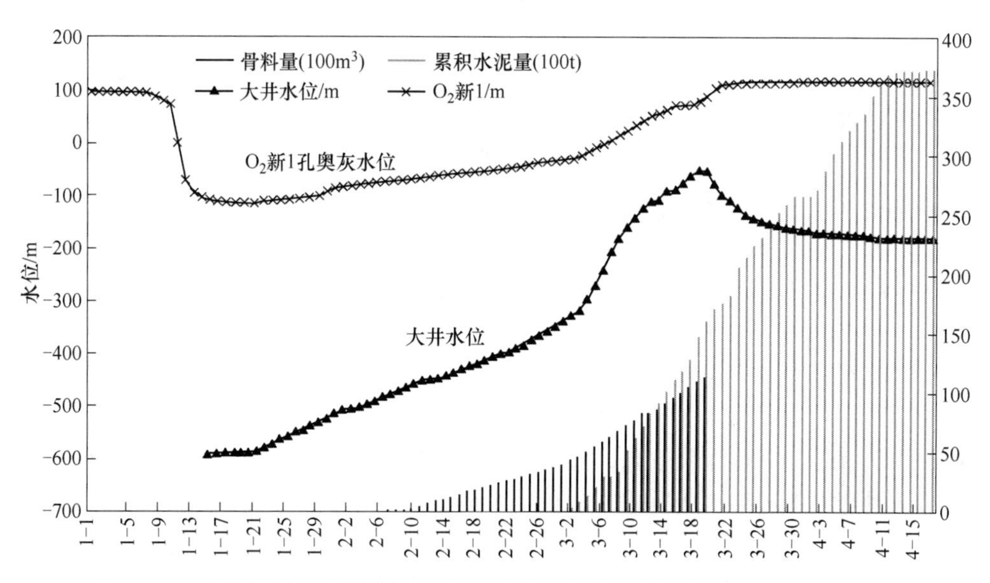

图 6-26 注骨料量、注浆量与 O_2 新 1 孔奥灰水位、井筒水位动态关系曲线图

为检验注浆堵水效果，分支孔 2-1 孔注浆结束后，由原来孔深 1002m 延深至 1040m 作为新的奥灰观测孔，自 5 月 18 日进行奥灰水位动态观测，2-1 孔观测数据与 O_2 新 1 观测孔动态变化接近一致（见图 6-27），表明因 15423N 奥灰突水形成的降落漏斗区已完全消失，奥灰水已经恢复到初始状态，堵水效果明显。

为检验注浆效果以及为恢复矿井提供科学依据，在整个注浆工程的中后期和后期，进行了两次矿井试验排水。

第一次试验排水自 2009 年 4 月 21 日 9：50 至 2009 年 4 月 25 日 2：15，历时 89.05h，总排水量 155500m^3，平均排量 29.2m^3/min。排水结束后，副井水位由-179.48m 降至-326.03m，最大降深 146.55m，奥灰水位由+116.48m 降到+115.37m，最大降深 1.11m。第二次试排水从 2009 年 4 月 28 日 11：00 开始，至 2009 年 5 月 27 日 6：00，历时 715h，总排水量 2422199.5m^3（含第一次试排水量），平均排量 3170m^3/h。主井水位由-278.85m 降到-538.89m，降深

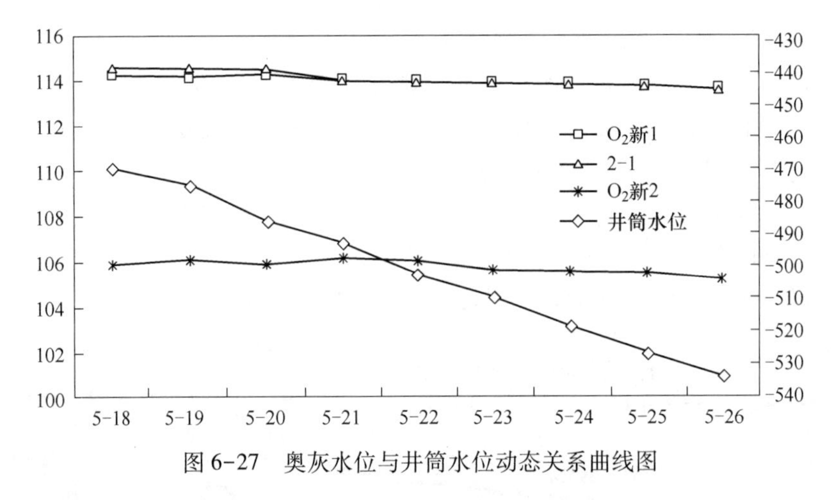

图 6-27 奥灰水位与井筒水位动态关系曲线图

260.04m；O_2 新1孔水位由+115.47m 降到+113.85m，降深 1.62m，O_2 新2孔水位由+108.38m降到+105.69m，降深 2.69m。

通过两次试排水井筒水位降深最大降深达到 260.04m，已降至-538.89m，参见图 6-28。矿井排水包括原矿井涌水量（包括长期存在没有封堵的奥灰出水点）和存在于井巷中突出的奥灰水。在两次试排水期间奥灰观测孔（O_2 新1和 O_2 新2）水位下降了 1.11~2.69m，表明在矿井试排水期间仍有少量奥灰水进入到矿井中。结合单孔注浆效果，分析认为引起矿井试排水期间观测孔奥灰水位下降的原因为原奥灰出水点所致，分析结果被后来的排水复矿所证实。

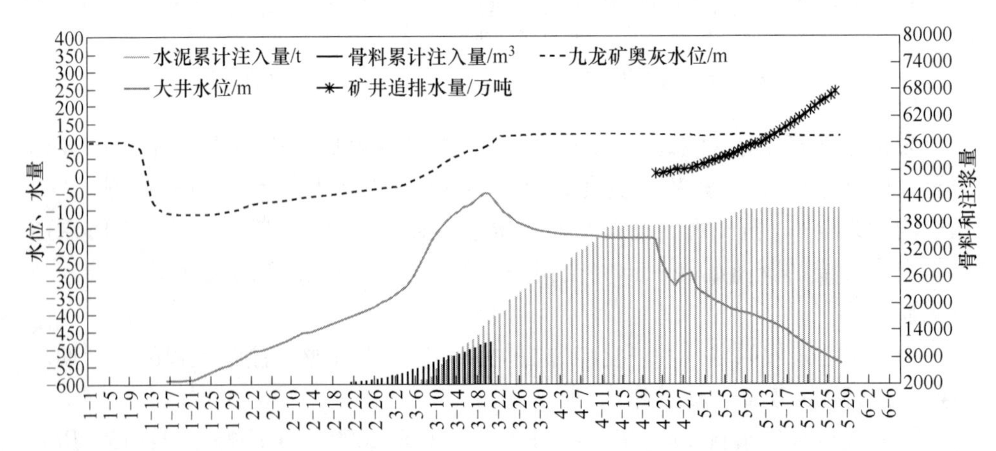

图 6-28 奥灰水位、大井水位和灌注骨料量、注浆量、追排水量关系曲线图

综上所述，在整个注浆过程中，历经骨料充填、升压注浆、间歇注浆和联合注浆的多个阶段，对突水陷落柱及其附近的煤层底板裂隙、奥灰顶部岩溶裂隙发育带实施了有效的封堵，真正实现了“堵源封顶”，达到了根治水害，消除水患的目的。参照主井2号泵的实测排水量和水位恢复资料，测算实际减少涌水量

5530m³/h，整个堵水工作取得圆满成功，为后来的矿井恢复生产奠定了坚实的基础。

6.8.7 九龙矿奥灰特大突水治理关键技术

随着开采深度的不断增大，发生煤层底板奥灰特大突水的风险逐渐加大，如何实现大采深和动水条件下对突水通道的快速封堵是目前急需解决的重要课题。九龙矿千米隐伏微型导水陷落柱特大突水治理结果表明，科学地制定注浆堵水的治理方案和技术路线，是实现动水环境下快速治理的前提；准确确定突水通道类型和规模是实现动水环境下快速治理的关键；采用室内实验和现场试验相结合的方法确定注浆堵水参数，是实现动水环境下快速治理的基础；采用连续注浆、间歇定量注浆、单孔注浆的联合注浆技术与工艺，是实现动水环境下快速治理的有效手段。针对九龙矿千米隐伏微型陷落柱特大突水快速治理的实际情况，大采深和动水条件下奥灰特大突水快速治理的关键技术主要包括：

（1）大采深条件下突水通道探查技术。针对突水通道埋深大、隐伏性强、导水性好的特点，以最大可能突水区域为中心布置探查孔，利用垂直钻孔孔斜校正技术和分支造孔技术结合的探查技术，快速确定了突水通道的类型和空间形态特征。

（2）动水环境下四位一体导水陷落柱综合封堵技术。采用单孔连续注浆、间歇注浆、双孔联合注浆和堵源封顶四位一体的导水陷落柱综合封堵技术，实现了动水条件下突水通道和导水裂隙的快速有效封堵，达到了根治水害、消除水患的目的。

（3）群孔联合间歇注浆人工预卸压技术。在注浆封堵过程中，对于升压 2h 后的注浆钻孔，采取群孔联合间歇注浆人工预卸压技术，使扫孔时间缩短了 6h，加快了注浆堵水进度，提高了注浆效率。

九龙矿特大突水不仅是煤矿突水的典型案例，而且是大采深矿井的缩影。因此，要从理念上，把煤炭资源开发、矿井水防治工作进行统一考虑，才能从根本上改变煤矿事故频发的局面。在突水治理措施上，必须将突水治理工程视为一项系统工程，才能实现快速有效治理的目标。

第7章　辛安矿奥灰特大突水快速治理技术

7.1　矿井概况

7.1.1　概况

冀中能源峰峰集团辛安矿位于峰峰矿区西南部，矿井由辛安井田和辛安井田两部分组成。1971年10月1日投产，原设计年生产能力30万吨，矿井经过一系列技术改造后，2009年矿井核定生产能力为120万吨/年。井田范围北起28100纬线，南至漳河北岸（20500纬线），西部以F_5和上庄井田为界，西南以第X勘探线和F_1断层及申家庄井田为界，东部以F_{55}与F_{38}号断层和三矿及梧桐庄矿井田为界，井田南北走向长约8.0km，宽约3.0km，面积为15.28km^2。

矿井开拓方式为斜井多水平，矿井现布置有四个水平：+32水平、-100水平、-280水平和-500水平。现主要生产水平为辛安区-280水平和-500水平。+32水平和-100（辛安区）水平已没有生产地区，目前主要负担矿井的运输和排水任务，矿井通风方式为抽出式。

矿井共有可采煤层5层（2号、6号、7号、8号、9号），主采煤层为2号大煤，6号煤层及以下煤层受奥灰水威胁暂不能开采，煤质为肥煤。

7.1.2　矿井涌水量和排水能力

矿井实际正常涌水量为32.5m^3/min，最大涌水量为42.5m^3/min，涌水量主要由+32和-100水平构成，-280及-500水平涌水量只有3.5m^3/min（其中-500水平涌水量为2.6m^3/min），各水平排水能力均符合安全规程要求。

辛安矿在+32水平、-100水平、-280水平和-500水平均有排水泵房，共安设水泵31台，矿井最大排水能力为154.7m^3/min。除-500水平为二级排水，排至-280水平外；其他水平均为一级排水，直排地面。+32水平安装MD280-43×6水泵5台，单台流量280m^3/h，MD450-43×3水泵3台，单台流量450m^3/h，最大排水能力为33.37m^3/min。-100水平安装有MD450-60×6水泵7台，单台流量450m^3/h，MD580-60×6水泵4台，单台流量580m^3/h，最大排水能力为74.0m^3/min。-280水平安装有MD280-65×9水泵6台，单台流量280m^3/h，MD360-60×10水泵5台，单台流量360m^3/h，最大排水能力为47.33m^3/min。

-500水平安装有 MD280-43×7 水泵 7 台，单台流量 280m³/h，最大排水能力为 28.0m³/min。

7.2 矿井地质、水文地质概况

7.2.1 地质概况

7.2.1.1 地层与含煤地层

地层：辛安井田位于峰峰矿区的西南部，为半掩盖区，仅西部和北部自老至新依次出露奥陶系峰峰组、石炭系本溪组、太原组，二叠系山西组、石盒子组及零星出露的石千峰组。在勘探深度范围内，揭露的地层由老至新依次为：奥陶系、石炭系、二叠系、三叠系、新近系、第四系地层。地层结构与峰峰矿区一致，岩性及厚度等特征变化不大，在此不再赘述。

含煤地层：辛安井田内含煤地层为石炭系本溪组、太原组和二叠系山西组，煤系地层总厚度 185~220m，平均厚度为 190m，共含煤 12~17 层。其中大部分可采煤层有 5 层，分别为 2 号煤（大煤）、6 号煤（山青煤）、7 号煤（小青煤）、8 号煤（大青煤）、9 号煤（下架煤），局部可采煤层有 3 层，分别为 1 号煤（小煤）、3 号煤（一座煤）、4 号煤（野青煤）。本溪组含煤地层厚度为 6~12m，平均厚度为 10m，含一层尽头煤，煤层厚度小且极不稳定为不可采煤层；太原组含煤地层地层厚度为 111.77~132.57m，平均厚度 124m，含煤 10~12 层，煤层总厚度 7.33m，含煤系数为 5.91%；二叠系山西组含煤地层地层厚度 50.43~90.62m，平均厚度为 66m，含煤 2~5 层，煤层总厚度 6.23m，含煤系数 9.44%。

7.2.1.2 构造

A 断层

经多次勘探和井下巷道、工作面揭露，辛安井田断层非常发育，已累计探明落差大于 10m 断层 50 条，小断层（巷道、工作面揭露）多达 228 条，均为高角度正断层，断层倾角一般在 65°~80°左右，见表 7-1。断层总体走向为 NNE 方向，其次为 NE 和 NNW 向。

表 7-1 辛安井田各类断层数量统计表

断层类型	落差/m	条数	比例/%	备 注
大中型断层	$H \geqslant 20$	31	11.15	勘探和揭露
中小型断层	$H = 10 \sim 20$	19	6.84	勘探和揭露
小型断层	$H < 5$	228	82.01	所有工作面统计
合 计		278	100	

各大中型断层的详细特征分述如下：

F_1 断层：位于辛安区的东北部，走向近 SN～NNE～NE，总体倾向 SE，倾角 80°，落差由北部的 210m 向 SW 减小为 10m，区内延伸长度 1660m，两端延展于区外。-500 水平暗斜井及 210 轨道下山均揭露该断层，补 15、补 16、补 7、补 29、补 39、补 13，补 26 孔也已揭露，控制可靠。

F_{1-1}断层：位于辛安区北部，走向近 SN，倾向 E，倾角 75°，落差 70～100m。该断层为三维地震勘探中新发现断层，为 F_1 断层的分支断层，三维地震中评定为较可靠断层。

F_{1-2}断层：位于辛安区的北部及南部，北部走向 NE，倾向 SE，倾角 74°，最大落差 20m，延展长度 360m，补 35 钻孔揭露该断层，为可靠断层。南部位于采区的西部，走向近 SN，倾向 E，倾角 74°，落差 40～55m，巷道揭露该断层，为可靠断层。

F_{1-3}断层：位于辛安区的西北部，走向 NE，倾向 SE，倾角 73°，落差 21～23m。区内延展长度 220m，巷道过该断层，为可靠断层。

F_{1-4}断层：位于辛安区的西部，走向 NE，倾角 SE，倾角 74°，落差 10～12m，延展长度 190m，巷道揭露该断层，为可靠断层。

F_{37}断层：位于辛安区-500 水平中部，北端交于 F_1，南端延展区外，走向近 SN，倾向 W，倾角 55°，落差 20～73m，延展长度 2040m。8410、补 37、补 8、补 44、补 10 孔揭露该断层，为可靠断层。

F_{38}断层：为辛安区东南边界，北端在 848 孔附近交于 F_{55}，南端延至区外。断层走向 N5°～15°E，倾向 SE，倾角 75°～80°，落差 70～180m，延展长度 550m。848、补 30，补 43，补 28、8412 孔揭露该断层，为可靠断层。

F_{39}断层：位于辛安区的中部，北端交于 F_{55}断层。走向 NNE～近 SN～NNW，倾向 W，倾角 75°，最大落差 145m，延展长度 1420m。补 32、补 27 孔揭露，北端控制程度可靠，南端控制程度较差。

F_{43}断层：位于辛安区东部，走向 NE～近 SN～NNE，倾向北西西，倾角 66°，区内最大落差 40m，延展长度 920m。补 31 孔揭露，北端交于 F_{55}，南端在Ⅸ和Ⅹ剖面之间尖灭，为可靠断层。

F_{55}断层：为辛安矿东部边界断层，走向近 SN，总体倾向 W，落差 425～580m，倾角 75°，延展长度 400m。Ⅰ～Ⅻ剖面在老鸦峪村东地表出露，355、梧 32、梧 37 及各剖面煤层对比控制，为较可靠断层。

F_{55-1}断层：位于辛安区的东部，补 30 钻孔东，为三维地震探勘新发现断层。走向近 SN，倾向 W，倾角 64°，推测落差大于 100m，延展长度 120m。

SF_1 断层：位于辛安区的西南部，补 44 钻孔附近，走向近 SN，倾向 E，倾角 71°，最大落差 26m，延展长度 820m。

SF_6 断层：位于辛安区的东南部，走向 NNW，倾向 SWW，倾角 72°，落差

0~15m，延展长度210m。

SF_8断层：位于辛安区的东南部，走向NE，倾向SE，倾角72°，落差10~42m，延展长度700m。

SF_{14}断层：位于辛安区中部，走向NNW，倾向NEE，倾角60°~75°，落差0~15m，延展长度600m，补27钻孔揭露该断层，为较可靠断层。

SF_{17}断层：位于辛安区的中东部，走向NNW，倾向NEE，倾角66°，落差0~18m，延展长度140m。

SF_{19}断层：位于辛安区的中东部，走向NE，倾向NW，倾角60°，落差0~10m，延展长度200m。

SF_{20}断层：位于辛安区的东部，走向NNE，倾向SEE，倾角70°，落差0~18m，延展长度580m。

SF_{21}断层：位于辛安区的东部，走向NNE，倾向SWW，倾角72°，落差0~12m，延展长度680m。

SF_{23}断层：位于辛安区的中北部，走向NE，倾向SE，倾角70°，落差0~12m，延展长度400m，补32钻孔揭露该断层，为可靠断层。

SF_{24}断层：位于辛安区的中北部，走向NNW，倾向NEE，倾角71°，落差0~10m，区内延展长度160m。

SF_{28}断层：位于辛安区的中部，走向NNW，倾向NEE，倾角66°，落差0~12m，延展长度280m。

F_5断层：为井田西部边界断层，走向近SN，倾向W，倾角70°，落差40~165m，具有中间落差大两端小的特点，并延展至井田以外，控制程度可靠。补19孔、3008孔、301孔均揭露该断层；在南辛安村西地表，大煤底板砂岩与上石盒子组第一段接触，断层迹象明显；上庄村南至南辛安村西有井田外围的小煤矿揭露过该断层。

$F_{新1}$断层：位于辛安井田中部，交于F_5断层。走向N60°E左右，倾向NW，倾角65°左右，西南端落差35m，中部落差20m左右，东北端尖灭于老鸦峪煤柱。辛安井田内大煤和山野青巷道均已揭露，落差及位置均可靠。

$F_{新2}$断层：位于F_5断层下方50m左右，向北交于$F_{新1}$断层。走向N10°E左右，倾向E，倾角60°左右，落差7~12m。该断层中间落差大两端落差小，向南延至南辛安煤柱内尖灭。11614运料巷及溜子道揭露落差为7m，11614运料巷向南渐变至12m，落差与位置可靠。

$F_{新3}$断层：位于辛安井田东南部，走向N55°E左右，倾向NW，倾角65°，落差与位置可靠。253溜子道揭露落差17m，向二端各延伸350m左右尖灭。大煤和山野青采掘巷道及-100水平南大巷均揭露。

F_4断层：位于辛安井田北部，走向近SN，倾向E，倾角65°，落差中间大，两头小，断层落差和位置准确可靠。在Ⅰ剖面落差22m，3108孔揭露，向北500m左右尖灭。232溜子道揭露落差10m，63区上山揭露落差13m，向南延伸至渡槽煤柱内尖灭。

F_3 断层：位于井田西北部，为辛安区与辛安井田的分界断层，走向N10°~40°E，倾向SE，倾角75°左右，断层落差位置可靠。辛安探巷揭露，辛安总排揭露落差90m，-100水平大巷揭露落差95m，255下块揭露落差130m，老鸦峪煤柱内落差185m。Ⅸ~Ⅷ剖面3125孔，3001孔揭露，北部老鸦峪村西地表 P_{1x}，P_{2s1} 与 P_{2s3} 地层接触，断层落差呈现由北东向南西逐渐变小趋势。

F_{34} 断层：位于辛安区1129采区上部 F_3 断层以东100m左右，该断层向南延展到区外，向北交于 F_{44} 断层。走向N20°~50°E，倾向NW，倾角70°左右，落差10~35m。辛安总排揭露落差14m，262工作面揭露落差18m，断层落差和位置可靠。

F_2 断层：位于辛安区-280水平的上中部，北端在老鸦峪村附近交于 F_1，南端交于 F_{44}。走向N20°~40°E，倾角70°，落差10~120m，断层落差和位置可靠。补46、补34、3013、补4孔揭露，28区探巷、282运料巷揭露落差20m，主暗斜井、通风暗斜井联络巷揭露落差110m，291上运料巷井下钻探揭露落差15m，北翼总回及皮带机道揭露落差10m，老鸦峪村附近落差40m。

F_{44} 断层：为 F_2 的分支断层，北端交于 F_3 断层，走向近SN，倾向E，倾角70°，断层位置及落差可靠。262工作面切眼、262下工作面及北翼总回揭露落差20m，297上部揭露落差20m。

F_{45} 断层：位于297工作面下方，走向N5°~20°E，倾向SW，倾角65°左右落差8~20m。根据297工作面及下方探巷标高控制，断层位置落差较可靠。

F_{32} 断层：走向N45°E左右，倾向NW，倾角55°，落差10m左右，断层位置及落差可靠。28区上部842钻孔、井下28区上山揭露。

F_{30} 断层：位于28区上部南段，走向N30°E左右，倾向SE，倾角70°，落差40m左右。该断层邻区小煤矿和申家庄矿揭露，辛安井田内未揭露。

F_{36} 断层：位于283和284工作面上方，走向近SN，倾向W，倾角80°，落差20m，位置落差可靠。3001钻孔、28上4及28上3通路揭露。

F_{31} 断层：北部走向N51°E，南部走向近SN，呈“S”形延伸，倾向SE~E，倾角70°~80°，落差340m。北端在补35孔附近交于 F_1 断层，南端延至区外，在-280m水平巷道、暗斜井等处实见，位置准确可靠。

F_{35} 断层：北部交于 F_{31} 断层，走向近于SN，倾向W，倾角75°，落差40m，-280水平南大巷揭露。

F_8 断层：位于-280水平中部，走向N10.45°E，倾向SE，倾角70°，落差20~40m，落差和位置可靠。该断层中间落差大，两端落差小，北端尖灭于294

断层群中，南端在11284中部逐渐变小至尖灭，284、291和294探巷揭露。

F_{47}断层：位于29区北翼，走向N20°W，倾向NE，倾角60°，落差20m。29区探巷和补46孔揭露，位置可靠。

F_{48}断层：位于294下部，向南与F_8断层交汇，推测向北交于F_1号断层。走向N10°E，倾向SE，倾角67°，落差10~20m，11294溜子道揭露。

F_{49}断层：向南交于F_{35}断层，位置落差可靠，-280水平井底车场揭露落差20m。

F_{50}断层：位于2101运料巷北部，走向N15°E，倾向SE，倾角80°，落差15m，延展长度500m。该断层中间落差大两端落差小，2101运料巷及配巷多处揭露，断层控制程度高。

F_{51}号断层：位于2101运料巷中上部，走向N20°E，倾向SE，倾角80°，落差10~15m，2101运料巷上帮揭露，位置落差可靠。

DF_2断层：走向N10°E，倾向SE，倾角70°，落差15m，系二维地震勘探探明的新断层。

DF_1断层：走向N10°E，倾向SE，倾角70°，落差10m，系二维地震勘探探明的新断层。

F_{42}断层：走向N20°~30°E，倾向SE，倾角70°，落差15~25m，北端交于F_{55}，两端在Ⅸ与Ⅹ剖面之间尖灭。在Ⅷ-Ⅸ剖面有848、849孔控制，两端系推断。

SF_{16}断层：位于辛安区的中部，走向NNW，倾向NEE，倾角60°，最大落差48m，延展长度1260m，为可靠断层。

F_{42}断层：走向N20°~30°E，倾向SE，倾角70°，落差15~25m，北端交于F_{55}，两端在Ⅸ与Ⅹ剖面之间尖灭。在Ⅷ-Ⅸ剖面有848、849孔控制，两端系推断。

SF_{16}断层：位于辛安区的中部，走向NNW，倾向NEE，倾角60°，最大落差48m，延展长度1260m，为可靠断层。

F_{53}断层：位于辛安区南端，走向N15°E，倾向SE，倾角70°，落差15m。补52孔揭露，向南延伸区外，向北在Ⅷ和Ⅶ剖面之间尖灭。

F_{52}断层：为F_{38}伴生断层，走向N20°E，倾向SE，倾角75°，落差15m。在Ⅸ剖面有8411控制，两端迅速尖灭，两端系推断。

F_{46}断层：为F_2断层的伴生断层，位于294上部，其走向N30°E，倾向NW，倾角50°，落差13~40m，在11294上探巷多处揭露，断层位置可靠。

B 褶皱

依据勘探和井巷工程揭露，辛安井田共发现3个规模较小的褶皱，分别为：

(1) 北辛安向斜：位于原辛安井田内，向斜轴位于主斜井北侧，轴向近

EW，经钻孔和-100水平的开采巷道揭露所证实，褶皱平缓，两翼倾角13°~19°左右，位置可靠。

（2）南辛安背斜：位于辛安井田南部至辛安区的北部，南辛安村至马家荒村以北。轴向大致由SW转向N60°E，两翼地层倾角15°左右。背斜西段在南辛安村附近，辛安探巷、28区和29区的采掘巷道均已揭露证实，位置可靠。

（3）马家荒小向斜：位于马家荒村南第Ⅶ~Ⅷ勘探线之间，轴向近EW，两翼地层倾角13°~21°，由见煤钻孔和三维地震勘探资料控制。

C 陷落柱

井田内已揭露陷落柱3个，均为不导水和不含水陷落柱。其中，在原辛安井田1个，位于11202工作面南部，最大直径80m，长短轴比例为2∶1；辛安区已揭露2个，均位于11293工作面溜子道附近，两陷落柱间距较近，相距仅150m左右，陷落柱规模不大，最大直径只有35m。

7.2.2 水文地质概况

主要含水层：根据井田水文地质勘探以及矿井多年采掘揭露，井田内共有12个含水层。自上而下各含水层的主要特征分述如下：

（1）第四系孔隙含水层（Ⅻ）。多分布于沟谷之中，主要由砂、砾石组成，厚度2~5m。主要接受大气降水补给，径流条件好，富水性强，单位涌水量最大可达19L/(s·m)（40、43号水井抽水试验），渗透系数35~202m/d，水质类型为HCO_3-Ca·Mg，水温一般为14℃左右。由于接受大气降水补给，地下水动态变幅大，水位变化可达12m/a。该含水层地下水流向主要受地形影响，基本以辛安矿为界，划分为两个径流区，北部流向滏阳河，南部流向漳河。

（2）新近系裂隙含水层（Ⅺ）。厚度0.2~160m，为裂隙承压水，富水性较弱，单位涌水量为0.375L/(s·m)，初始水位在+187.4m左右，水质类型为HCO_3·Cl-Ca·Mg水，矿化度为0.7g/L，水温为14℃左右。主要分布在井田南部山头上，接受大气降水补给，径流受地形控制。

（3）上石盒子组三段底部砂岩裂隙含水层（Ⅹ）。厚度20m左右，主要为浅部风化裂隙水，富水性较弱，单位涌水量为0.05L/(s·m)，渗透系数为0.1m/d，水质类型为HCO_3·SO_4-Ca·Mg水，矿化度小于1g/L。在露头区大气降水补给。

（4）上石盒子二段中部砂岩裂隙含水层（Ⅸ）。为裂隙承压水，富水性很弱，单位涌水量为0.018~0.14L/(s·m)，渗透系数为0.1~0.7m/d，初始水位在+142~+146m，水质类型为HCO_3·SO_4-Na·Ca，水温16℃。

（5）上石盒子组底部砂岩裂隙含水层（Ⅷ）。厚度为8~15m，为裂隙层间承压水，一般富水性微弱，初始水位标高为+161m，矿化度为0.5g/L，水质类型为

$HCO_3 \cdot SO_4$-Ca·Na，水温为17℃。

（6）下石盒子组底部砂岩裂隙含水层（Ⅶ）。厚度2~16m，为裂隙层间承压水，富水性弱至中等，单位涌水量大于0.017L/(s·m)，渗透系数0.2~103m/d，初始水位为+130~+140m左右，水质类型为$HCO_3 \cdot$Cl-Na·Ca水，矿化度小于1g/L，水温17~19℃。主要在露头区接受大气降水补给。

（7）大煤顶板砂岩裂隙含水层（Ⅵ）。大煤顶板砂岩含水层厚度一般为10~20m，主要由中细粒砂岩组成，裂隙较发育，为承压裂隙水，主要在西部接受大气降水补给，向东南向径流，是矿井主要充水水源。含水层富水性弱至中等，且不均一，单位涌水量为0.008~0.36L/(s·m)，渗透系数为0.04~3.97m/d，水质类型为$HCO_3 \cdot$Cl-Na·Mg，水温16~18℃。回采工作面最大涌水量为30~60m^3/h，目前辛安井田水位已疏至-100水平，涌水量为198m^3/h；辛安区-280水平涌水量在90m^3/h左右。

（8）野青灰岩裂隙含水层（Ⅴ）。该层为野青煤直接顶板、岩性为灰色及灰黑色灰岩，质不纯，厚度为1.48~4.9m，平均3.0m。辛安井田大部分已揭露，涌水量稳定在120m^3/h左右，目前已疏干至-100水平；辛安区也有多处揭露，浅部涌水量最大为30m^3/h，深部涌水量最大为18m^3/h，水质为$HCO_3 \cdot$Cl-Na·Ca，水温为17℃。该含水层在井田西部出露，除接受大气降水补给外，还接受古小煤矿采空区积水补给，总体向东南方向径流和排泄。

（9）山、伏青灰岩裂隙含水层（Ⅳ）。山青灰岩为山青煤层的直接顶板，厚度1.0~2.0m；伏青灰岩为山青煤层间接底板，厚度3.0~5.0m，上距山青煤层1.0~3.0m，由于层间距较小和小断层切割，造成山、伏青灰岩频繁对接，常被视为一个含水层。在井田西部有较大面积出露，浅部富水性强，深部富水性减弱。

经揭露证实辛安原井田-100水平以上该含水层裂隙发育，富水性较强，渗透系数为0.46~0.53m/d，水质类型为HCO_3-Na·Ca，TDS（矿化度）为0.5~0.8g/L。辛安区山、伏青含水层目前巷道尚未揭露，据钻孔资料深部富水性较弱，地下水径流条件差，补给不充分。如2002年在辛安区-280水平施工了5个山/伏青含水层水文孔，单孔涌水量为6m^3/h左右，除辛1孔水位在-40m左右，其余钻孔水位均下降至-200m左右。

（10）小青灰岩含水层（Ⅲ）。该层为小青煤的直接顶板，厚度为1.0m左右，为深灰色灰岩，含泥质较多，井田内不稳定，有时相变为粉砂岩，裂隙溶洞均不发育，属含水性微弱的薄层灰岩含水层，辛安井田+32水平北翼揭露时基本无水。

（11）大青灰岩岩溶裂隙含水层（Ⅱ）。该层为大青煤层直接顶板，厚度3.21~8.07m，一般5.0~6.0m左右，单位涌水量0.06~0.065L/(s·m)，岩性为灰及深灰色石灰岩，层位稳定，井田西部有部分出露。该层初始水位在+130m左右，-100水平以上单位涌水量可达0.7~0.9L/(s·m)，渗透系数1.6~1.7m/d，总体向东南方向径流和排泄。

根据以往的勘探资料，勘探阶段辛安井田大青灰岩含水层水质类型比较单一，均为SO_4·HCO_3-Ca·Mg，TDS都大于1.5g/L。上述特征反映了初始阶段辛安井田大青含水层径流条件较差，处于相对封闭的环境。

辛安区构造比较复杂，大中型断层发育，大青灰岩埋深为250~1050m，区内目前尚未进行大青灰岩含水层的专门水文地质勘探和试验工作。

（12）奥陶系灰岩岩溶裂隙含水层（Ⅰ）。奥陶系灰岩含水层为煤系地层基底，岩性由角砾灰岩、花斑灰岩、白云质灰岩及纯灰岩组成，厚约550m，根据岩性又可分为三组八段。

该层在井田西部鼓山、九山地区大面积出露，接受大气降水补给，补给量充沛，上部溶洞和裂隙发育，径流条件良好，含水丰富，随深度加大，富水性明显降低。井田内埋深一般为80~1100m。根据勘探资料表明，各段富水性差异较大，其中以二、四、五、六、七段为富水段，水位为+120~+135m，水质类型为HCO_3·SO_4-Ca·Mg，矿化度一般小于0.5g/L，渗透系数68.61m/d，单位涌水量可达105L/(s·m)，水温为16~20℃。

辛安井田内共有5个钻孔揭露奥灰含水层，-100水平O_1和O_2孔钻进到奥灰八段，单孔涌水量为12~18m^3/h，+32水平供1和供2孔穿透奥灰七段，单孔涌水量分别为162m^3/h和342m^3/h，辛安区内目前只有一个奥灰供水孔和两个观测孔，穿透奥灰七段，单孔最大涌水量为90m^3/h。

隔水层：根据井田地质勘探和水文地质勘探揭露，在12个含水层之间均分布有一定厚度的隔水层，岩性多以砂岩为主，厚度不一，主要隔水层的特征如表7-2所示。

表7-2 主要隔水层特征一览表

Ⅻ含水层	第四系孔隙含水层
隔水层1	由黏土、亚黏土和黄土等组成，厚40~75m，隔水条件良好
Ⅺ含水层	第三纪裂隙含水层
隔水层2	由中细粒砂岩、粉砂岩和泥岩等组成，厚211~242m，隔水条件良好
Ⅹ含水层	上石盒子组三段底部砂岩裂隙含水层
隔水层3	由粉砂岩、泥岩等组成，厚15~30m，隔水条件良好
Ⅸ含水层	上石盒子组二段中部砂岩裂隙含水层
隔水层4	由中细砂岩、粉砂岩和泥岩等组成，厚126~174m，隔水条件良好
Ⅷ含水层	上石盒子组底部砂岩裂隙含水层
隔水层5	由粉砂岩、铝土质粉砂岩和泥岩等组成，厚29~41m，隔水条件良好

续表 7-2

Ⅶ含水层	下石盒子组底部砂岩裂隙含水层
隔水层 6	由粉砂岩、中细砂岩和煤层等组成，厚 10.03~19.09m，隔水条件较差
Ⅵ含水层	大煤顶板砂岩裂隙含水层
2 号煤	煤层厚度 2.25~6.15m，平均 4.01m
隔水层 7	主要由粉砂岩、泥岩和细粒砂岩组成，厚 22.71~56.13m，隔水条件良好
Ⅴ含水层	太原组野青灰岩裂隙含水层
隔水层 8	由泥岩、粉砂岩、细粒砂岩和煤层等组成，厚 26~42m，隔水条件良好
Ⅳ含水层	太原组山、伏青灰岩裂隙含水层
6 号煤	厚度 0.59~1.18m，平均厚度 0.89m
隔水层 9	粉砂岩、泥岩和中细砂岩组成，厚 9.28~18.67m，隔水条件良好
Ⅲ含水层	太原组小青灰岩含水层
隔水层 10	由粉砂岩、细粒砂岩和煤层等组成，厚 18~26m，平均 20m 左右。隔水条件较差
Ⅱ含水层	大青灰岩岩溶裂隙含水层
隔水层 11	由铝土岩、粉砂岩及煤层组成，厚度 14~28m，隔水条件较差
Ⅰ含水层	奥陶系灰岩岩溶裂隙含水层

各隔水层的阻隔水性能，特别是在煤层开采后三带影响范围内，将随着采动裂隙的扩展而发生弱化。特别是在大中型导水断裂破碎带、导水岩溶陷落柱存在的情况下，原有的隔水层阻水能力将降低。

含水层之间的水力联系：从隔水层特征中看出奥灰和大青灰岩含水层之间及大青和小青灰岩含水层之间的隔水层较薄，岩性又以粉砂岩为主，隔水性能较差，在断层发育、煤层开采和矿山压力联合作用下，上述各含水层发生水力联系的可能性较大。其他含水层之间的隔水层较厚，岩性也以页岩居多，隔水条件良好，水力联系相对较弱。

辛安原井田内煤层埋藏较浅，构造相对简单，受 F_5、$F_{新1}$、F_3 大断层阻隔，各含水层之间的水力联系较弱。辛安区煤层埋藏较深，区内大、中型断层发育，均为高角度正断层，致使某些区域煤层与含水层相互对接，尤其是在井田西部 $F_{新1}$ 和 F_3 断层附近，使奥陶系灰岩含水层与 2 号煤对接。采煤过程中可能会增大奥灰含水层与其他含水层之间的水力联系。

7.3 矿井勘探及防治水工作

7.3.1 矿井地质、水文地质勘探工作

（1）辛安矿于 1958 年和 1973 年在辛安区进行过地质勘探工作，并于 1990 年进行过辛安区补充地质勘探，基本查明和控制了辛安区大中型地质构造。

（2）1999 年辛安矿委托中国煤田地质总局水文地质物测队（邯郸）对辛安

区-500水平进行了二维地震勘探，根据勘探成果，在112124工作面附近除F_{38}断层外未发现大型地质构造。

（3）2004年辛安矿委托河北省煤田地质局物测地质队对辛安区-500水平进行了三维地震勘探，根据勘探成果，112124工作面附近除边界F_{38}和F_{43}断层外，未发现其他的大型地质构造。

（4）2008年至2009年辛安矿委托邯郸市翔龙地质勘探有限公司在辛安区-500水平施工了10个水文地质勘探钻孔，水文勘探钻孔揭露野青灰岩含水层时除XD4钻孔水量为0.3m³/h、XD6钻孔水量为0.5m³/h、XD7钻孔水量为0.5m³/h外，其他钻孔基本无水，揭露山伏青灰岩单孔最大水量只有10m³/h（XSH4钻孔），大青灰岩含水层单孔最大水量也不到20m³/h（XD3钻孔为18m³/h），说明野青、山伏青及大青灰岩含水层富水性均较差，与奥灰含水层无水力联系。

（5）辛安区地质断裂构造虽然较为发育，当大部分都为高角度正断层，辛安区实际揭露的大中型断层，未发现断层有导水现象。

（6）11212采区东部边界F_{38-1}断层，为一倾向SE的正断层，是在相邻11212采区通风下山及南翼112123工作面溜子道掘进时钻探和巷探发现的F_{38}边界断层的分支断层，落差为20~60m，112123工作面近800m长的溜子道均沿F_{38-1}断层下盘布置，该断层走向延伸稳定，不导水，112123工作面自2008年12月开始回采，到2010年5月回采结束，工作面未出现过异常水文地质现象。

7.3.2 矿井防治水工作

在112124工作面设计布置前，辛安矿地质部门根据辛安矿辛安区地质勘探报告、辛安区-500水平二维、三维地震勘探报告和辛安区2号大煤工作面开采及相邻南翼112123工作面采掘地质资料，对112124地区地质及水文地质条件进行了全面分析。分析认为，对112124工作面掘进有直接影响的含水层为大煤顶板砂岩含水层，直接揭露或遇裂隙发育地段时，预计最大出水量为0.5m³/min左右。针对北部NW倾向的F_{55}边界断层，按规定和规程要求留设了84m断层防水煤柱。工作面东部SE倾向F_{38-1}边界断层，因断层不导水且落差较小，对工作面不构成水害隐患，工作面布置时对F_{38-1}断层留设了10~15m保护煤柱。

地质部门根据分析结果编制了《112124工作面掘进地质说明书》，预计了工作面最大涌水量为1.2m³/min，对掘进有一定影响，主要采取疏排为主，要求下山掘进时要做好后路防排水工作。工作重点是探明F_{38-1}断层与掘进巷道的距离，要求掘进过程中应对工作面下方F_{38-1}断层位置进行探测和控制，并要求对F_{55}断层防水煤柱进行校核，保证断层防水煤柱尺寸满足要求。

在112124工作面溜子道掘进至80m时，对该断层进行了钻探和巷探，探明了该断层的落差及产状，经多次对 F_{38-1} 断层巷探和钻探均未发现该断层有异常水文地质现象，且落差有逐渐变大趋势。突水后，辛安矿又委托廊坊市安次区龙港科技开发公司采用 SYT 法对 2124 工作面出水点附近水文地质条件进行了探测，勘探成果出水点附近除 F_{38-1} 断层外，也未发现其他大型断裂构造存在。

7.4 突水工作面概况

112124 掘进工作面位于 11212 采区北翼下部，东部以 F_{38-1} 断层为界，南部以 212 采区下山保护煤柱为界，北部以 F_{55} 断层防水煤柱为界。设计工作面走向长 850m，倾向长 110~125m，煤层倾角为 13°~18°，2 号煤厚度 4~5m，工作面设计可采储量 35.4 万吨。煤层距下伏奥灰含水层顶面间距 150m，距 F_{38-1} 断层上盘奥灰近 210m。工作面于 2010 年 3 月开始准备，巷道规格为 4.5m×3.5m，锚网配“U” 箍支护。截至 2010 年 11 月 19 日，溜子道已掘进 400m，运料巷已掘进 670m，巷道最低标高为-640m。

7.5 突水经过

2010 年 11 月 19 日凌晨 4 点，112124 运输巷在掘进过程中，迎头后路 30m（1 号出水点）及 150m（2 号出水点）在顶板来压时突然发生底板出水，出水量分别为 0.6t/min 和 1.4t/min，因工作面排水能力不足，掘进头被淹。在组织排水泵追排水过程中，于 19 日 17 时巷道底板突水量由 2.0m^3/min 急剧增大到 100m^3/min，远超过了工作面和采区排水能力（4.0m^3/min），18 点 10 分采区排水泵房被淹。20 日 23 时辛安矿启动-500 水平泵房所有水泵进行抢排抗灾，但终因突水量大于矿井最大排水能力，23 时 45 分-500 水平泵房进水-500 水平被淹。

7.6 突水原因分析

7.6.1 突水水源

根据技术人员突水时现场采用容积法估算和依据巷道淹没时间测算，最大突水量为 100m^3/min 左右。结合峰峰矿区及辛安矿几十年开采实践，只有奥灰水有如此大的突水量。

2010 年 11 月 19 日突水灾害发生后，辛安矿距突水点 1700m 的 XO1 奥灰观测孔水位一天内下降了 0.7m，随着时间的延续奥灰水位呈明显下降趋势。到 12 月 28 日水位降深达 1.35m，奥灰水位变幅远超同期正常值。

突水淹到-500 水平后，现场技术人员于 11 月 20 日取水样进行了化验，通过对突水前后奥灰水质分析结果的对比，突水具有明显的奥灰水水质特征。

通过对突水量、奥灰水位动态、水质综合分析，最终确定 112124 溜子道突水水源为奥灰水。

7.6.2 突水通道

通常诱发煤层底板突水的通道为导水断层、导水陷落柱或采动导水裂隙中的某一类或其组合类型。依据峰峰矿区以往的特大突水灾害，能够引起特大奥灰突水的突水通道只能是导水断层或导水陷落柱。

辛安矿开采2号煤层距下伏奥灰含水层顶面正常层间距为150m，在没有大的导水构造的前提下一般不会发生奥灰特大突水。既然发生了奥灰特大突水灾害，表明在突水点附近肯定存在未查明的隐伏导水构造，减小了2号煤底板隔水层的有效厚度和阻水能力，采掘条件下诱发煤层底板高压奥灰水通过导水通道突破煤层底板突出，造成了112124溜子道在掘进过程中发生煤层滞后突水。在后来的突水通道封堵过程中，地面施工的钻孔在2124溜子道2号突水点巷道下方25m附近新发现了一条走向为NE10°、倾向NW落差近120m断层（F_{55-1}）。

7.6.3 突水原因

落差为120m F_{55-1}断层的存在，导致2号煤底板与下盘奥灰含水层之间的间距只有30m，而煤层底板隔水层承压高达7.9MPa。在矿压和高压奥灰水的联合作用下，致使112124工作面运输巷掘进期间高压奥灰水突破巷道煤层底板，发生底板奥灰特大突水灾害。

7.7 突水灾害抢险救援

112124运输巷突水后，冀中能源和峰峰集团领导第一时间到辛安矿组织抢险，并迅速启动了水灾应急抢险救援预案，成立抢险救援指挥部和专业小组，并调动一切力量和物资进行抢险工作。为将突水影响范围降到最小，抢险救援指挥部依据现场的实际情况采取了如下主要措施：

（1）构筑水闸墙：-500水平被淹后，为保证-280水平以上地区安全，在-500通往-280水平的-500进风下山，-500通风下山、-500轨道下山、-500上部皮带道及210轨道下山等五条过水通路上构筑水闸墙，隔离突水区域。

（2）增大矿井-280水平排水泵房排水能力：为确保-280水平安全，在-280水平排水泵房和辛安南风井分别增加9台排水泵和3台大排量的潜水泵，将-280水平总排水能力提高到177t/min以上，做好-280水平强排水准备，为构筑水闸墙和注浆堵水创造条件。

（3）技术人员加强对井上下水文观测、矿井涌水量进行观测，并采取水样进行化验，为制定注浆堵水方案提供技术依据。

7.8 突水治理方案和技术路线

为减少突水灾害造成的损失，控制水害影响范围，制定了区域隔离和突水治理相结合的方案和技术路线。首先，在-500 水平五条过水通路上构筑水闸墙，隔离突水区域，确保-280 水平以上地区安全。同时，利用构筑的水闸墙调控墙体两侧水压为巷道截流创造条件。考虑到过水巷道为周围未受采动影响的长度近400m 的独头巷道，且突水点后路巷道全部为上山，先期在动水环境下对巷道实施截流和封堵，后期再对突水通道实施封堵。为探明突水通道类型和具体位置，在过水巷道封堵过程中靠近突水点的钻孔透巷后应延伸到煤层底板一定深度，若探查到了突水通道即刻对其实施封堵，突水治理的技术路线详见图 7-1。

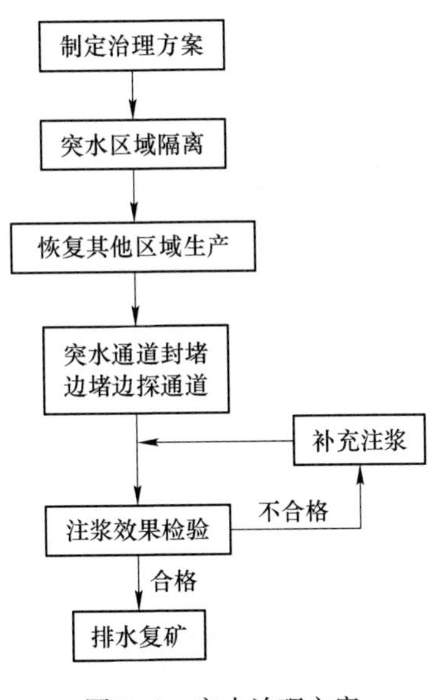

图 7-1 突水治理方案

7.9 构筑水闸墙

为克服动水条件下水闸墙施工的困难，并加速施工进程，水闸墙设计采用了河北同成矿业科技有限公司的“软煤巷道高压涌水条件下快速构筑水闸墙技术”。墙体采用锚索钢筋网为骨架，构建由混凝土墙和化学浆墙组合而成的水闸墙，为抢险堵水提供可靠保障。

7.9.1 水闸墙结构设计

7.9.1.1 水闸墙厚度

水闸墙厚度可以根据防水闸门硐室墙体长度计算公式确定，即：

$$L = L_i + L_0 \tag{7-1}$$

式中 L——水闸墙厚度，m；

L_i——闸门墙体应力衰减段计算长度，m；

L_0——闸门墙体应力回升段长度，取2.0m。

$$L_i = [\ln(\gamma_0\gamma_f\gamma_d P) - \ln f_t]/0.3986 \qquad (7-2)$$

式中 γ_0——结构的重要性系数，取1.1；

γ_f——作用的分项系数，取6.5；

γ_d——取1.2~2.0，水压大、硐室净断面积大时取大值，取2.0；

P——水压，考虑静态水压与动态水压并留有一定富裕系数，取5.0MPa；

f_t——素混凝土的抗拉强度设计值，C30混凝土取1.5。

将上述取值和计算值分别代入式（6-2）和式（6-1）中，计算确定闸门墙体应力衰减段长度 L_i=5.66m，水闸墙厚度 $L=L_i+L_0$=5.66+2.0=7.66m。

考虑到该处巷道围岩破碎且裂隙发育，为了提高巷道围岩整体强度，将水闸墙墙体厚度计算结果乘以1.2~1.5的安全系数，依据施工条件最终确定水闸墙墙体厚度为11m。

7.9.1.2 水闸墙布置与结构

水闸墙应尽量布置在巷道围岩整体性较好、断面较小的地段，同时在满足隔离突水要求的基础上，应尽量靠近突水点，以最大限度地减小突水影响范围。依据现场实际情况，需要在与-500水平相通的5处巷道构建水闸墙，分别为-500轨道下山（1号）、-500通风下山（2号）、-500进风下山（3号）、210皮带道（4号）、210轨道下山（5号）。

为使水闸墙与巷道四周围岩形成密封整体，同时综合考虑承受水压、围岩强度、巷道断面及施工条件，水闸墙结构由5m混凝土墙和6m化学浆墙组合而成，承受水压不小于5MPa。来水方向为化学浆墙，主体结构是两道厚度为1m的端墙，间距4m，墙体两帮及顶、底板掏槽1m，端墙之间充填料石后注化学浆。混凝土墙外侧为一道厚0.8m的料石墙，中间为4.2m长的C30混凝土墙。

7.9.2 水闸墙施工工艺

为防止放水管路被杂物堵塞，需要在来水一侧15~25m处加设钢筋箅子门，以防杂物堵塞放水管路造成墙内积水压力过大影响水闸墙施工。首先施工第一道化学浆墙体，再施工第二道混凝土墙，两道墙体中间充填矸石、片石、料石、砖作为中间墙体部分的骨料，充填物接顶后进行第一次注浆。水闸墙墙体施工完毕后，从预埋的注浆管路中向墙体进行第二次高压注浆，使水闸墙墙体与围岩及墙体内部空隙得到充分充填和加固，注浆材料为高分子材料波雷因。

为保证水闸墙施工质量，锚杆、锚索施工、料石充填、浇注应一次完成。为了实现顶底板与浇注墙体的有效结合及增强墙体与围岩结合的稳定性和强度，施工的锚杆应适当留出一定的外露长度，预埋的注浆管前端应进行保护，以防浇注混凝土时发生注浆管前端堵塞。墙体浇注应分段一次连续浇注，若一次连续浇注确有困难，则连续两次，浇注面必须保持干净，两次间隔时间不得超过 2h。墙体形成后利用预留注浆管进行全方位二次注浆，按照先底部、次两帮、最后顶部的顺序进行不得少于三次的反复注浆，直至不进浆液为止。

7.9.2.1 水闸墙预埋管管路布置

预埋管管路、阀门承压不低于 5.0MPa，所有预埋管均需安装不低于 5.0MPa 的高压阀门。1 号水闸墙在水闸墙距底板 0.5m 处铺设 ϕ325mm 钢管 1 路，距顶部 500mm 处铺设 ϕ50mm 钢管 1 路，作为观测管；2 号水闸墙铺设 ϕ325mm 导水管两路，在顶部铺设 1 吋钢管 1 路作为观察管；3 号水闸墙在水闸墙下部距底板 0.3~0.5m 处铺设 ϕ325 钢管 1 路，作为导水管；在顶部铺设 1 吋钢管 1 路，作为观察管；4 号水闸墙在顶部铺设 2 吋钢管 1 路，作为观察管；5 号水闸墙不用铺设导水管，在顶部铺设 2 吋钢管 1 路，作为观察管。参见 1 号、2 号、3 号、4 号、5 号水闸墙剖面示意图 7-2 和图 7-3。

在浇筑墙体时应在锚索孔内预埋注浆加固管，每 2m 一个循环（最后一个循环 3m），边浇注边铺设，长度伸出墙外 0.6m。注浆管采用 4 分钢管。预埋时，端头用塑料布包扎，并统一编号。

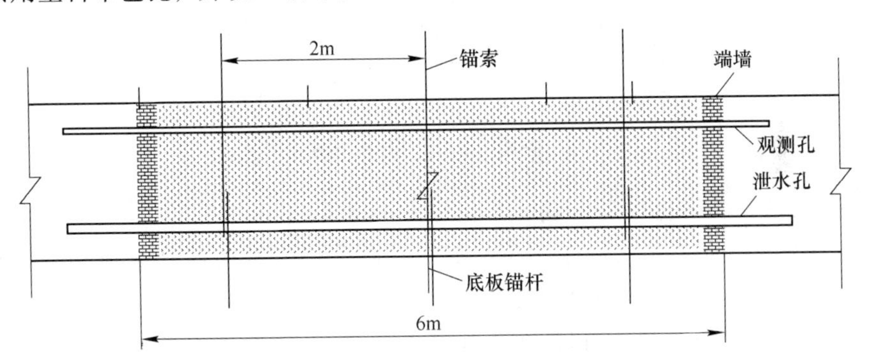

图 7-2 1 号、3 号水闸墙剖面示意图

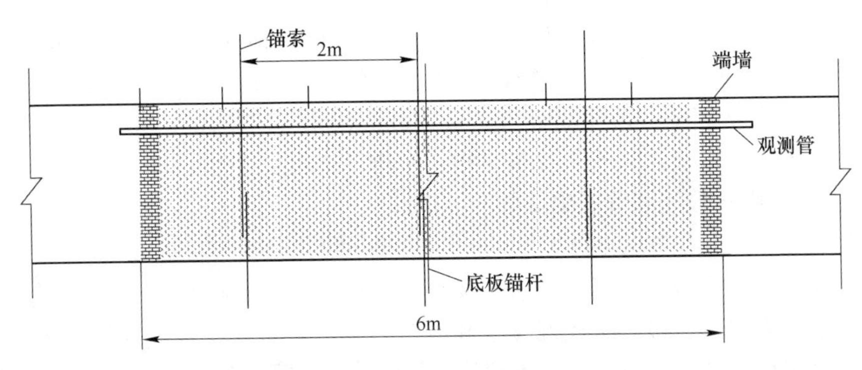

图 7-3 2 号、4 号、5 号水闸墙剖面示意图

7.9.2.2 水闸墙锚索、锚杆网布置

水闸墙墙体在巷道两帮每隔 2m 打一排锚索，两帮锚索规格 ϕ17.8mm×6000mm，每排 2 根，锚索间距 1.0m，要求外漏长度 2m，并将两帮锚索用 U 形卡固定；顶板锚索每排 4 根，规格 ϕ17.8mm×6000mm，间距 1.0m，要求顶锚索孔进入顶板 4m，外漏长度 4m 左右。在底板每隔 2m 打一排锚杆，每排 4 个，锚杆规格 ϕ22mm×2400mm，间距 1.0m，锚杆外漏长度 1.0m。底板锚杆孔尽量与顶板锚杆孔对齐，将顶部锚索与底板锚杆用双 U 形卡固定。在墙体浇注前，顶、底及两帮锚索和锚杆编织成钢筋网，并与导水管固定，参见图 7-4。墙体每 2m 为一个连网、布管、浇注、注浆循环。

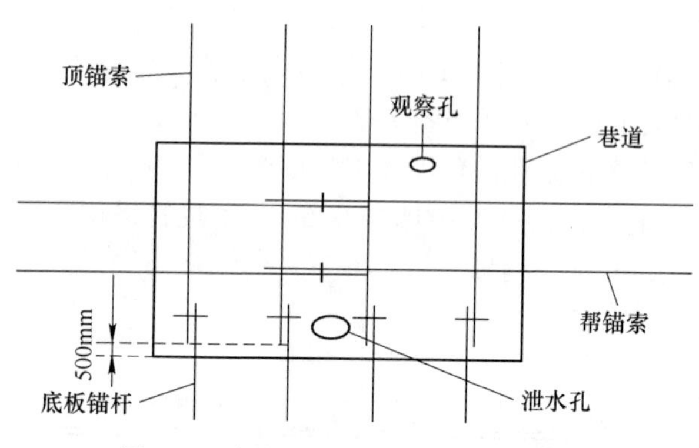

图 7-4 水闸墙锚索、锚杆布置断面图

7.9.2.3 锚索施工与加固

顶及两帮锚索需要边施工边下注浆管，施工锚索孔时浅部 2.0m 用 ϕ42 钻头，然后换 ϕ28 钻头施工达到要求深度，所有锚索均用两根药卷锚固。顶帮锚索孔下 4 分 1m 注浆管用弯头和直管引出墙外 600mm，作为顶帮加固及注浆锚索注浆用，注浆压力 8~10MPa。

7.9.2.4 锚杆施工与加固

在底板每隔 2m 打一排锚杆，每排 4 个，锚杆规格 ϕ22mm×2400mm，间距 1.0m，锚杆外漏长度 1.0m。底板锚杆及注浆孔施工完后，填塞充填物，并将两帮锚索用 U 形卡固定，顶部锚索与底板锚杆亦用 U 形卡固定，底部均用两根药卷锚固。预埋的底板注浆孔每 2m 一排，一排 5 个孔，巷中一个，两边各两个，孔深 1.5m，用 4 分注浆管引出墙外。

7.9.2.5 墙体浇注与加固

端墙构筑完成后，从第一排锚索网开始，每 2m 一个循环，边浇注边铺设管路，直至墙体完成，最后灌注混凝土和波雷因浆液。每孔注浆前要用清水预注，注浆后要用清水冲洗管子内壁。预埋注浆管注浆结束后，对巷道的顶板和两帮施工注浆孔进行二次注浆，注浆压力为 10MPa。顶板注浆孔 3 个，孔距 1m，孔深

3m，向前45°倾角，孔径ϕ42mm；两帮各布置两个孔，孔距1.5m，孔深3m，向前45°倾角，孔径ϕ42mm；底板布置3个注浆孔，向前45°，每排10个注浆孔，排距2m，参见图7-5。

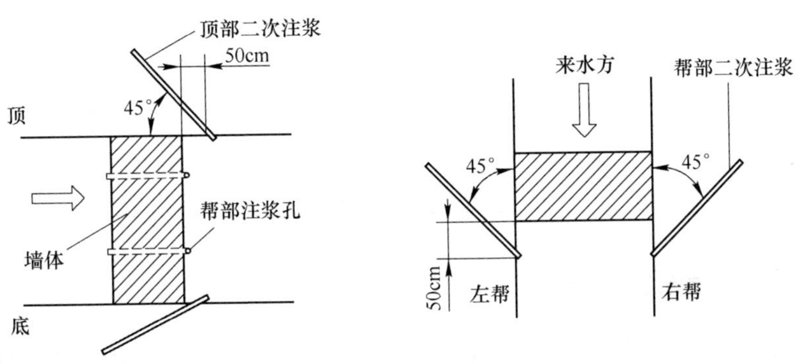

图7-5 二次注浆管布置图

7.9.3 注浆材料与设备

7.9.3.1 注浆材料

考虑到巷道围岩强度、钻孔深度及注浆要求，除常用的注浆材料外，还选用了时间可调、膨胀性较好的波雷因PN-1作为注浆材料。其主要性能和指标如表7-3所示。

表7-3 波雷因注浆材料主要性能和指标一览表

基本组分	A料	B料
密度（25℃）/g·cm^{-3}	1.23	1.03
黏度（25℃）/MPa·s	220	200
包装（塑料桶）/kg·桶$^{-1}$	27	23
混合比	1：1	
抗压强度/MPa	10~50	
黏结强度/MPa	3~5	
开始反应时间/s	120~150	
膨胀倍数	1~3	
阻燃性能	阻燃（检测报告）	

7.9.3.2 注浆设备

灌缝、注浆均采用ZBQ-5/12型气动高压双液化学注浆泵。与注浆设备配套的进风管路为ϕ25mm高压风管若干米，出浆管规格为ϕ10mm，长度10m、5m、2m，各若干根。ZBQ-5/12型气动高压双液化学注浆泵主要性能参数见表7-4。

表 7-4 注浆泵技术参数一览表

序 号	技术参数	技术指标
1	压力比	65 : 1
2	最大排浆量/L · min^{-1}	20
3	供气压力/MPa	0. 2~0. 6
4	耗气量/m^3 · min^{-1}	1. 5
5	重量/kg	60
6	外形尺寸/mm×mm×mm	1025×450×700

7. 9. 4 水闸墙隔离效果检验

辛安矿聘请有资质的单位严格按照工程设计、施工工艺和技术要求组织施工，对工程质量严格把关，完成了五道水闸墙。水闸墙竣工后，按照设计要求对水闸墙注水耐压试验，试验结果表明所施工的水闸墙完全达到竣工验收的要求，实现了-280和-500水平的分区隔离。

7. 10 过水巷道封堵

为了降低对邻近矿井的威胁和为尽快恢复矿井生产创造条件，利用独头过水巷道的有利条件，在动水环境下，实施对过水巷道的封堵，构筑具有一定强度的阻水段，实现对突水区域的隔离。主要是利用地面钻孔向过水巷道灌注骨料形成滤水段，再选择适宜的注浆材料形成阻水段。

7. 10. 1 钻孔布置

过水巷道封堵截流段选在112124工作面的外段，考虑到独头巷道中流速大的实际情况，为了防止在动水环境下灌注骨料截流过程中出现截流段被水流冲破的现象，设计截流段长度为90~240m。为加速过水巷道封堵进度和降低堵水工程成本，巷道截流分两个阶段进行。第一阶段，在截流段长度为90m范围内按间距30m布置施工1号、2号、3号、4号钻孔，依据封堵效果决定是否启用第二阶段封堵；第二阶段，在第一阶段封堵不能满足要求时，为减小水流对第一阶段建造的阻水段的冲击力，在4号孔上游按间距50m布置施工5号、6号、7号钻孔，使截流段长度由原来的90m加长到240m，钻孔平面布置参见图7-6。

7. 10. 2 钻孔结构及施工

设计钻孔均为直孔，1号和2号开孔直径为ϕ215. 9mm，钻进至2号煤顶板上约30~35m，下ϕ177. 8mm×8. 05mm套管并固孔，变径为ϕ152mm裸孔钻进至

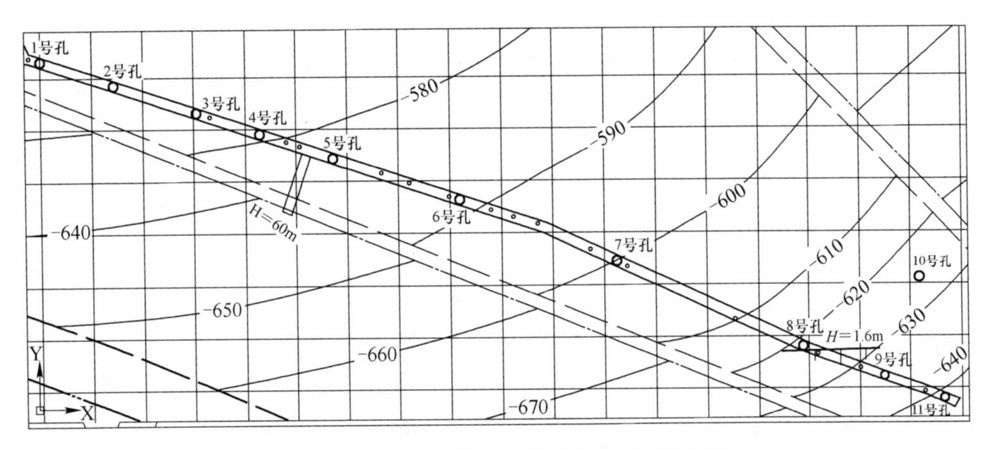

图 7-6 112124 运输巷工作面钻孔平面布置图

2 号煤底板下 5~10m 终孔。其余钻孔开孔直径为 ϕ311.15mm，钻进至第四系地层以下 5~10m 下 ϕ244.5mm 套管，注浆固结隔离第四系地层，变径为 ϕ219mm 和 ϕ215.9mm 钻进至 2 号煤顶板上约 15~25m，下 ϕ177.8mm×8.05mm 通天套管并固孔，变径为 ϕ152mm 裸孔钻进至 2 号煤底板下 15~20m 终孔。

钻孔施工设备为石油钻机一台、车载注浆 T685WS 钻机两台、T130 车载钻机一台，车载 T200 钻机一台。施工过程中各级套管要求用水泥浆进行正循环固管，定期测斜和纠偏，确保每孔必须准确透巷。经过 20 天左右第一阶段施工的 4 个钻孔均准确透巷，为巷道阻水段建造创造了条件。

在地面堵水施工过程中，4 个注浆钻孔全部准确透巷，共计完成钻探进尺 6943.7m，各钻孔施工情况参见表 7-5。

表 7-5 各钻孔施工成果一览表

<table>
<tr><th rowspan="2">钻孔名称</th><th colspan="3">钻孔结构</th><th rowspan="2">孔深/m</th><th rowspan="2">见大煤深度/m</th></tr>
<tr><th>第一层套管</th><th>第二层套管</th><th>终孔</th></tr>
<tr><td>1 号</td><td colspan="2">以 ϕ215.9mm 开孔，钻至 708.5m，下 ϕ177.8mm 套管 708m（只一层套管）</td><td rowspan="3">各孔均为 ϕ152 裸孔终孔</td><td>756</td><td>746.4</td></tr>
<tr><td>2 号</td><td>以 ϕ311.15mm 开孔，钻至 135.69m，下 ϕ244.5mm 套管 135.35m</td><td>二开以 ϕ222mm 钻至 400m，换 ϕ215.9mm，钻至 733.79m，下 ϕ177.8mm 套管 732.77m</td><td>775</td><td>755.4</td></tr>
<tr><td>3 号</td><td>以 ϕ311.15mm 开孔，钻至 151.3m，下 ϕ244.5mm 套管 150.8m</td><td>二开以 ϕ219mm 钻至 518m，换 ϕ215.9mm，钻至 743m，下 ϕ177.8mm 套管 742.34m</td><td>773</td><td>761.8</td></tr>
</table>

续表 7-5

钻孔名称	钻孔结构			孔深/m	见大煤深度/m
	第一层套管	第二层套管	终孔		
4号	以 $\phi 311.15$mm 开孔，钻至 157.76m，下 $\phi 244.5$m 套管 157.75m	二开以 $\phi 219$mm 钻至 540.98m，换 $\phi 215.9$mm，下 $\phi 177.8$mm 套管 743.84m	各孔均为 $\phi 152$ 裸孔终孔	774	766.9
5号	以 $\phi 311$mm 开孔，钻至 172.02m，下 $\phi 244.5$mm 套管 172.32m（高出地面 0.3m）	二开以 $\phi 215.9$mm 开孔，钻至 743.98m，下 $\phi 177.8$mm 套管 744.38m（高出地面 0.4m）		787	770.28
6号	以 $\phi 311.15$mm 开孔，钻至 175.0m，下 $\phi 244.5$m 套管 175.0m	二开以 $\phi 219$mm 钻至 520.16m，换 $\phi 215.9$mm，下 $\phi 177.8$mm 套管 750.75m		900	792.7
7号	以 $\phi 311.15$mm 开孔，钻至 175.7m，下 $\phi 244.5$m 套管 175.38m	二开以 $\phi 219$mm 钻至 585.89m，换 $\phi 215.9$mm，下 $\phi 177.8$mm 套管 734.96m		796	775

7.10.3 巷道截流滤水段建造

为了实现快速截流封堵过水巷道的目的，滤水段建造过程中先通过透巷的钻孔同时投注大量骨料，待形成有效堆积体后，水流由管道流变为渗透流，最后注入浆液封堵过水巷道。

根据钻孔直径和历次工程实践经验选择的充填骨料为沙、米石、石子、1-2号石子、2-4号石子、05号石子、砂子等，骨料灌注采用先进的孔口密闭射流拌和防喷灌注骨料系统，供水量 80~100m^3/h，水固比一般采用 5：1~10：1。

7.10.3.1 第一阶段巷道截流滤水段建造

从12月14日开始在1号、2号、3号、4号孔中灌注骨料进行截流，其中1号、2号、3号钻孔均有明显的喷水和出气现象，灌注骨料效果不理想，只有4号孔能正常灌注骨料。针对此种情况预判单纯靠一个钻孔灌注骨料可能无法达到预期目的，即刻启动了第二阶段3个钻孔的施工准备。随着骨料充填量的增大，排水量由12月9日的 63.5m^3/min 减少到 20m^3/min 左右，至12月17日和18日排水量降到 15m^3/min 以下，且钻孔中水位上升至+73~+89m左右，比井下1号水闸墙所承受水压高近 3.2MPa。但随着时间的延续，钻孔中水位又出现明显下降趋势，排水量又上升至 20~25m^3/min 左右，且1号钻孔喷水时混有煤屑。在4号钻孔持续灌注骨料过程中，在维持排水量不变的前提下截流段多次出现煤壁被压破的现象。上述现象表明，在1号、2号、3号孔不能正常灌注骨料的情况下，仅靠4号钻孔灌注骨料形成的堆集体不能抵抗强大水流的冲击力，无法实现巷道截流，必须启用第二阶段的巷道截流工程。

7.10.3.2 第二阶段巷道截流滤水段建造

2011年2月1日第二阶段5号、6号、7号钻孔全部透巷，利用4个钻孔同时灌注骨料进行截流，期间也多次出现了截流段被冲破、排水量增大的现象。通过对前期截流堵水工作的详细分析和总结，调整了截流堵水方案。通过调节水闸墙放水量控制巷道水压和流速，将截流段承受水压降低到2.5MPa左右，使大部分骨料能在钻孔周围一定范围内堆积，为巷道截流创造条件。在此基础上，调整骨料配比和灌注速度，利用4号和7号钻孔继续注骨料，使1~4号孔之间的截流段和4~7号孔之间的截流段连成一体，提高截流段承压强度。依据调整后的骨料充填方案，到2011年2月18日，累计灌注骨料26443.5m^3，实现了巷道截流，为后续的巷道滤水段注浆加固奠定了基础，巷道截流滤水段建造阶段各钻孔骨料用量参见表7-6。

表7-6 巷道截流滤水段建造各钻孔骨料用量一览表

钻孔名称	见巷深度/m	终孔深度/m	注骨料/m^3	
			砂	石子
1号	746.4	756	126.5	94.5
2号	755.4	775	18	98
3号	761.8	773	62	309
4号	766.9	774	440.5	18291.5
5号	770.28	787	983	2509
6号	792.7	900	171	3314.5
7号	775	796	11	15
累计	钻进5561		1812	24631.5
			26443.5	

7.10.4 巷道截流阻水段建造

巷道截流成功后，随即对巷道截流段的7个截流钻孔进行了注浆加固。注浆材料主要为散装R32.5普通硅酸盐水泥和R42.5矿渣硅酸水泥，水灰比0.6：1~2：1，根据现场需要浆液中按比例加入肠衣盐、三乙醇胺等外加剂，注浆工艺流程参见图7-7。

依据突水巷道底板标高，确定单孔注浆结束标准为注浆压力大于3.5MPa，吸浆量小于40L/min或钻孔吸水量小于0.001L/(s·m·m)，稳定时间在30min以上。注浆过程中运用充填注浆、旋喷注浆、升压注浆、引流注浆等技术，经过

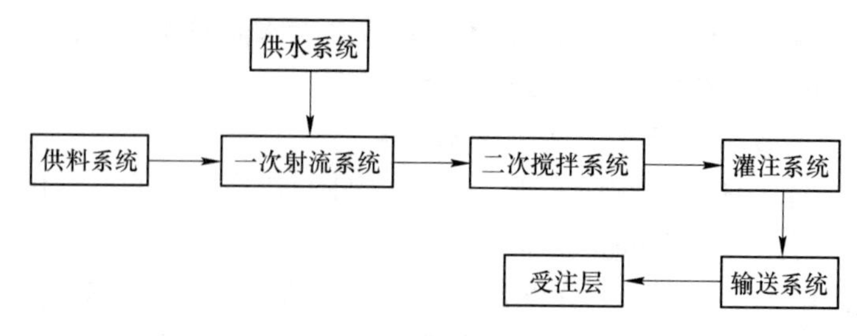

图7-7 注浆工艺流程图

近3个月的注浆加固，各注浆钻孔均达到了注浆结束标准，累计注水泥14690t，其中1号孔注水泥150t，2号孔注水泥266t，3号孔注水泥742t，4号孔注水泥2610t，5号孔注水泥4255t，6号孔注水泥2725t，7号孔注水泥3942t。

经过对截流段的注浆加固，水闸墙承压提高到1.8MPa，排水量和-280水平涌水量减少到3.5m^3/min，基本与-280水平原有水量持平，阻水段6号和1号钻孔水位已全部上升到+100m左右，接近突水前奥灰水位+119.5m，实现了堵水截流段成功截流。

7.11 突水通道探查及封堵

巷道截流阻水段建造成功后，具备了追排水和复矿的条件，但突水通道具体位置、类型和规模依然不清楚。为了彻底根除突水区域附近奥灰水患，必须实施对突水通道的探查和封堵。

在地面利用定向钻进技术布置钻孔查找突水通道，然后注浆封堵突水通道并对奥灰含水层裂隙带进行注浆改造。

7.11.1 钻孔布置

突水通道探查孔以1号和2号突水点为中心，在半径为30m的范围内采用垂直孔（主孔）和分支孔相结合的方式进行探查，共布置8号、9号、10号、11号4个钻孔。每个主孔设计3~4个分支孔（控制范围为30~40m），主孔二层套管均下到2号煤底板以下20~60m处，以便为分支孔探查创造条件。

7.11.2 钻孔结构及施工

各钻孔开孔直径为ϕ311.15mm，钻进至第四系地层以下5~10m下ϕ244.5mm套管，注浆固结隔离第四系地层，变径为ϕ219mm和ϕ215.9mm钻进至2号煤顶板上60m左右，下ϕ177.8mm×8.05mm通天套管并固孔，变径为ϕ152mm裸孔钻进至2号煤底板下20~60m终孔。设计终孔层位为进入奥灰含水层20~45m，孔深为800~900m。钻进至煤层底板以下一定深度定向造斜，分支钻孔结构为孔径ϕ127mm，控制30~40m的范围。

在垂直孔探查过程中一旦查明突水通道，根据导水通道的掉钻及漏水量情况情况采取相应的注骨料及注浆治理措施，最终实现封堵突水源的目的。

结合现场施工条件，探查过程中首先施工位于1号突水点附近的9号孔，再依次施工8号孔、10号孔及11号孔，各探查钻孔施工情况参见表7-7。

表7-7 探查孔结构与施工成果一览表

钻孔名称	钻孔结构			孔深/m	见2号煤深度/m	奥灰顶界面深度/m	备注
	第一层套管	第二层套管	终孔				
8号	以 ϕ311mm 开孔，钻至158.72m，下 ϕ244.5mm 套管159.42m	二开以 ϕ219.0mm 开孔，钻至522.28m，换 ϕ215.9mm 钻至731.0m，下 ϕ177.8mm 套管731.8m	ϕ155.5 裸孔终孔	883	804	870	806.0m 见水泥和煤，806.5m 到巷顶，808.32m 至巷道底板
9号	以 ϕ311.15mm 开孔，钻至152.46m，下 ϕ244.5mm 套管152.46m	二开以 ϕ219mm 钻至567.68m，换 ϕ215.9mm，下 ϕ177.8mm 套管797.29m	ϕ152 裸孔终孔	882		856.9	799.0m 全漏
10号	以 ϕ311.15mm 开孔，钻至149.36m，下 ϕ244.5mm 套管149.16m	二开以 ϕ219mm 钻至405.44m，换 ϕ215.9mm，下 ϕ177.8mm 套管749.5m	ϕ152 裸孔终孔	815.5	797		
11号	以 ϕ311.15mm 开孔，钻至169.61m，下 ϕ244.5mm 套管169.00m	二开以 ϕ219mm 钻至536.14m，换 ϕ215.9mm，下 ϕ177.8mm 套管761.34m	ϕ152 裸孔终孔	900		855.03	823.20m 见铁，890m 全漏

在9号及11号探查孔施工过程中，分别于856.9m和855m探测到奥陶系灰岩，经过煤岩对比，发现在2124溜子道下部8~15m处附近存在一条落差近120m的正断层，导致下盘奥灰含水层与2124溜子道之间的隔水层厚度不足30m，高压奥灰水突破煤层底板隔水层，造成巷道掘进期间的奥灰特大突水灾害，各探查孔揭露断层情况参见图7-8~图7-10。

7.11.3 突水通道封堵

突水通道封堵过程伴随探查的全过程，即边探边堵、探堵结合。考虑到在突水通道探查过程中未发生掉钻现象，且经注水试验测得的钻孔吸水量小于

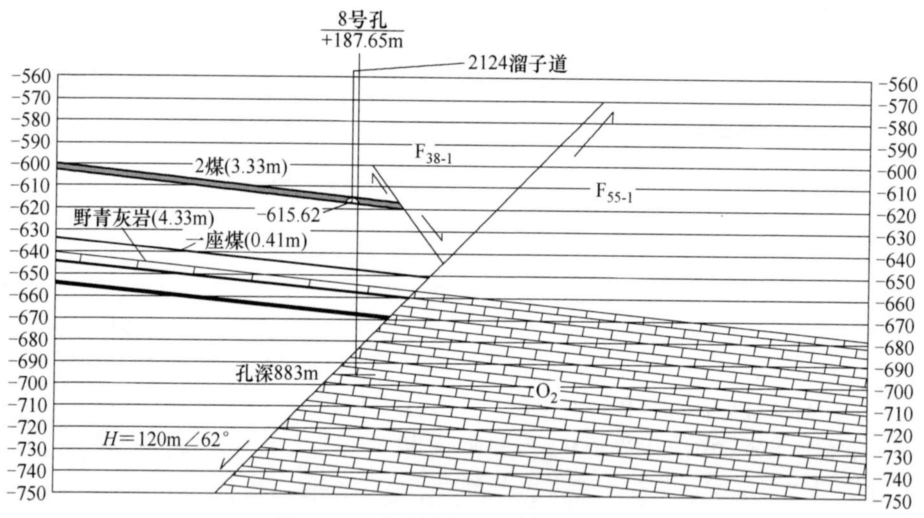

图 7-8　8 号探查孔揭露断层剖面图

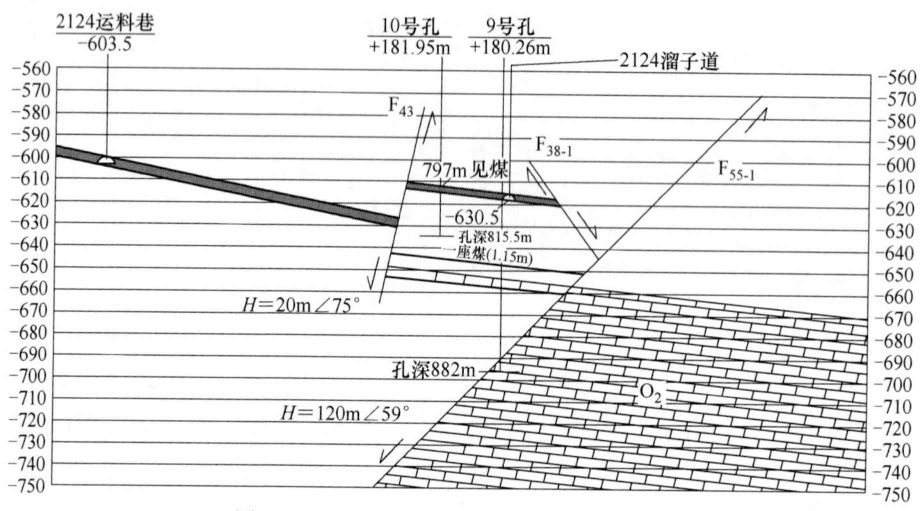

图 7-9　9 号和 10 号探查孔揭露断层剖面图

16L/(s·m·m)，满足注浆封堵的基本条件。因此，可以直接利用 4 个探查孔采用下行式分段注浆技术对突水通道进行注浆封堵。

经试注阶段确定最佳注浆参数和外加剂掺入量后，通过间歇定量注浆对突水通道内部的空隙分段进行封堵。钻进延伸到奥灰以下一定深度后采用充填注浆、升压注浆相结合的联合注浆技术分段对整个突水通道再次封堵，并对突水区域的奥灰顶部岩溶裂隙带进行注浆封堵，以切断下伏奥灰水导升的通道，消除治理段奥灰水对矿井生产的威胁。依据钻孔压水试验，检查孔均达到了注浆结束标准，参见表 7-8。

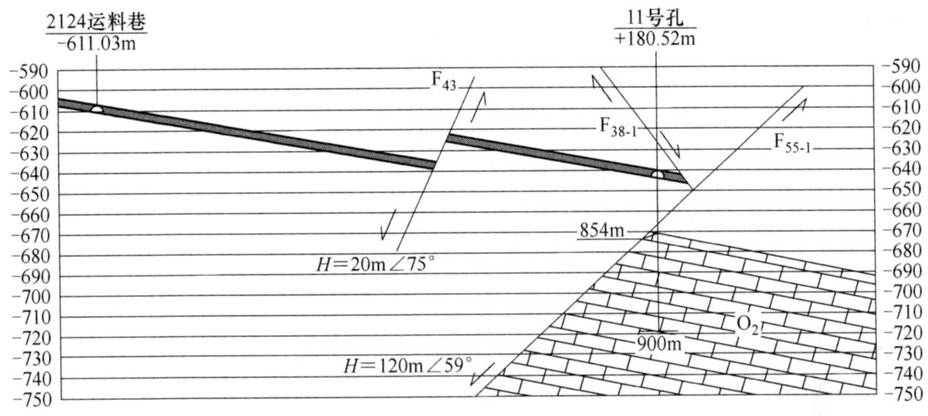

图 7-10 11 号探查孔揭露断层剖面图

表 7-8 注浆钻孔压水试验成果一览表

孔号	水量/L·min^{-1}	孔口压力/MPa	q/L·(s·m·m)$^{-1}$	备 注
2 号	230	5.0	0.00016	巷道截流效果检查孔
7 号	230	8.0	0.00021	巷道截流效果检查孔
9 号	230	6.0	0.00026	突水通道封堵效果检查孔
11 号	230	6.0	0.00011	突水通道封堵效果检查孔

在近 3 个月的突水通道探查及封堵过程中累计钻进 3480.5m，注水泥 13681t，参见表 7-9。

表 7-9 突水通道封堵钻孔注浆情况一览表

钻孔名称	见巷深度/m	终孔深度/m	注水泥/t
8 号	806.5	883	680
9 号	未透巷	882	11981
10 号	797 见煤	815.5	19.97（封孔）
11 号	820	900	1020
累 计	3480.5		13681

7.12 注浆堵水效果检验

7.12.1 奥灰观测孔水位动态

辛安矿发生突水后奥灰水位下降到+40m 以下，巷道截流成功后奥灰水位逐步恢复到+100m，整个堵水工程结束后，奥灰水位恢复到正常水位+119.5m。

7.12.2 矿井追排水试验

依据追排水试验结果，整个突水治理工程完成后排水量快速下降至 3.5m^3/min，与突水前-280 和-500 水平正常涌水量一致，并保持稳定。随着追排水的进行，水闸墙水位标高持续下降，由突水后的-326.9m 下降到治理后的-484.2m。同时，在追排水试验期间奥灰观测孔水位动态未出现大的波动。

奥灰水位动态及矿井追排水试验结果表明，针对突水量大（100t/min）、高水压（大于 7.9MPa）、大断面软煤层及动水条件封堵难度极大的现实问题，辛安矿通过制定合理可行的堵水方案和采取有效的综合治理技术，最终实现了对突水通道及周围裂隙的有效封堵，为恢复矿井生产奠定了基础。

7.13 辛安矿奥灰特大突水治理关键技术

辛安矿此次奥灰特大突水具有突水点水压高、巷道流速大等特点，动水环境下实施截流和封堵难度极大。针对治理过程中上述难点问题，采取了水闸墙调控水压与巷道截流和封堵等关键技术，实现了对突水点的彻底封堵。

（1）水闸墙调控水压技术。针对动水、高水压、大流速条件下对发生突水的独头巷道实施截流和封堵的不利环境，利用在-500 水平 5 条过水巷道上构筑的水闸墙上安装的放水闸门，通过水闸墙调控水压关键技术控制截流巷道水压和流速，改变了因巷道截流段承受水压高和流速大致使煤壁多次被冲破及充填的骨料无法有效堆积的不利局面，为成功实现巷道截流创造了有利条件。

（2）巷道截流和封堵技术。针对巷道截流初期单纯利用 4 个钻孔同时灌注骨料多次出现了截流段被冲破、无法实现巷道截流的困难局面。通过水闸墙调控水压技术将截流段承受水压降低到 2.5MPa，以及调整骨料配比和灌注速度，成功实现了巷道截流。最后运用充填注浆、旋喷注浆、升压注浆、引流注浆等综合注浆技术使各截流段连成一体，达到了巷道封堵的目的。

第 8 章　牛儿庄矿奥灰特大溃水灾害快速治理技术

8.1　邯郸市牛儿庄采矿有限公司概况

8.1.1　概况

邯郸市牛儿庄采矿有限公司（以下简称牛儿庄矿）位于峰峰矿区东北部，东距邯郸市 33km，主井中心地理坐标为东经 114°14′02″，北纬 36°30′38″，隶属于峰峰集团有限公司。

牛儿庄井田东以 F_{18}、FB_7 和 F_{22} 断层为界，东南与羊东矿相邻，东北与新屯矿以 F_{18} 断层为界，南与大力公司以技术边界相邻，西以 F_4 断层为界，北与大社矿相邻，北部边界东段以 F_{11} 断层为界，西段以大煤露头线及技术边界为界，井田面积 7.8km^2。

牛儿庄矿始建于 1956 年底，于 1960 年 5 月正式投产，设计生产能力 60 万吨/年，设计服务年限 61 年，实际生产能力 65 万吨/年，最大年生产能力达 80 万吨，属高沼气低二氧化碳矿井。矿井采用中央并列式、多水平主要石门盘区开拓方式，划分-40、-200、-400 三个生产水平十个盘区，三水平为目前矿井主要生产地区，开采深度超过 600m。井田中央设有主、副井，二水平采用主、副井延深方式，三水平采用暗斜井延深方式。矿井主要开采煤层为 2 号、4 号煤和浅部 6 号煤，厚煤层采用走向长壁倾斜分层全陷法开采，薄层及中厚煤层采用单一走向长壁全陷法开采。

8.1.2　矿井排水设施及能力

矿井 3 个水平均有独立的排水系统，其中一、二水平为一级排水，三水平泵房、盘区泵房为二级排水。即先将水排至二水平后，再将水排至地面。各水平排水设备及能力如下：

一水平中央泵房位于-40 水平，水仓容量 2500m^3，安装 200D43×7、200D43×8 型水泵各两台，额定流量 288m^3/h。正常排水能力 4.8m^3/min，最大排水能力 14.4m^3/min，铺设 Dg250 和 Dg400 排水管路各一趟，管路排水能力 24m^3/min。

二水平中央泵房位于-200 水平，水仓容量 8500m^3，安装 250×200SPDVIII 型水泵12台和MDF-60×8型水泵1台。250×200SPDVIII型水泵额定流量360m³/h，扬程450m，配用IV-6、6kV、650kW防爆电机。MD-60×8型水泵额定流量450m³/h，扬程480m，配用YB630M2-4、6kV、900kW防爆电机。正常排水能力37.5m³/min，最大排水能力67.5m³/min，分别铺设三趟Dg400和一趟Dg250排水管路，管路排水能力58m³/min。

三水平中央泵房位于-400水平，为二级排水。水仓容量800m³，安装MD450-60×5型水泵5台，额定流量450m³/h，扬程300m，配用YB560-M2-4、6kV、710kW防爆电机。正常排水能力15m³/min，最大排水能力30m³/min，铺设两趟Dg400排水管路通过暗斜井至二水平北疏水巷。

8.1.3 井田范围内小煤矿概况

自1970年至1990年，在牛儿庄井田西部、牛儿庄矿与大力公司、大社井田隔离煤柱附近和深部香山村附近共分布小煤矿23个，截至2006年牛儿庄井田内的小煤矿全部关闭和充填。小煤矿生产期间批准开采的煤层为2号、4号边角煤，但大部分小煤矿无视国家法律法规，开采无序，乱挖乱掘，越层越界，甚至开采防水煤柱和矿井边界煤柱，部分小煤矿与牛儿庄矿相连通，其采空区分布范围、积水范围、积水量和水头压力，以及与其他水源的联系等情况均无法实测和调研，成为矿井安全生产的隐患。

永顺煤矿位于牛儿庄井田范围之内的一水平北翼，距牛儿庄矿副井口以西800余米，西南边界分别靠近F_9断层和F_7断层（下盘），东北部边界为牛儿庄矿采空区。始建于1986年4月，批准开采划定范围内的2号、4号边角残煤。永顺煤矿曾开采过2号、4号、6号、7号、8号、9号煤层，其中在开采2号、4号、6号煤时均与牛儿庄矿连通，参见图8-1。

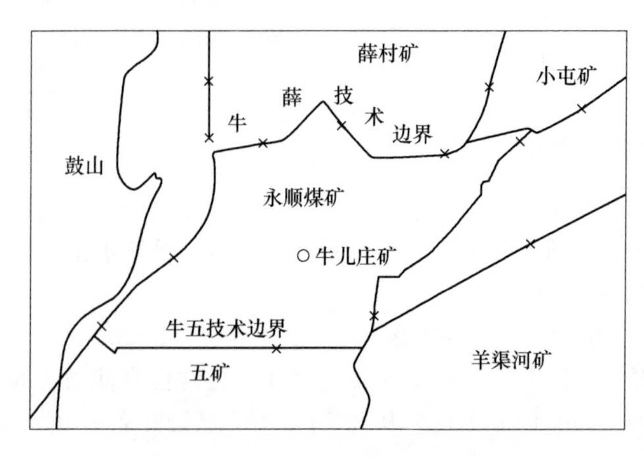

图8-1 永顺煤矿平面位置示意图

8.2 地质、水文地质概况

8.2.1 地质概况

8.2.1.1 地层

牛儿庄井田大部分被厚度为0~20m的第四系松散层覆盖，仅在冲沟深处有零星基岩出露。根据勘探资料及井巷工程揭露，勘探深度范围内涉及的地层由老到新的顺序为：奥陶系（O）、石炭系（C）、二叠系（P）、三叠系（T）、古近系（E）、新近系（N）和第四系（Q）地层。煤层（岩）倾角一般为10°~25°，局部地区可达30°~40°，地层结构与峰峰矿区一致，岩性及厚度等特征变化不大，在此不再赘述。

8.2.1.2 构造

牛儿庄井田位于峰峰煤田的中部，鼓山复背斜东麓以东边缘地区，基本构造形态为一向东南倾斜的单斜构造，内部被密集断层切割控制，呈现断块组合构造特征。井田范围内断层发育具有明显的地域性，北翼断层比较发育，南翼断层不发育，小断层多为大断层的分支断层。目前已揭露证实的主要大断层有19条，断层带宽度均大于0.5m，最宽者达3~5m。井田内以NE和NNE向断层最为发育，东西向断层次之，均为高角度正断层。目前，已探明走向NE落差大于10m的断层8条，走向NNE落差大于10m的断层4条，走向EW规模较大断层仅发现两条。按断层的走向可以将其划分为三组，基本特征如下：

第一组，NE向断层，该方向发育的断层在井田内最为发育，各主要断层包括：

（1）F_9断层：位于井田西部，走向稳定，倾向东南，倾角70°，落差20~40m，向西南延展与F_4相接，沿东北方向延伸进入大社井田。

（2）F_7断层：位于井田中部，呈“S”型展布。在D711孔以北，断层沿NE方向延伸尖灭于五盘区绞车道附近，倾向东南，落差25~38m；D711孔以西呈东南向延伸与F_9相交，倾向南，落差35~45m。

（3）F_{12}断层：倾向北西，落差20~35m，西南方向延伸，尖灭于五盘区绞车道附近，向东北方向延伸进入大社井田。

（4）F_{13}断层：井田内延伸很短，向东北方向延伸与F_{11}断层交接，倾向西北，落差5~15m。

（5）F_{14}断层：倾向南东，倾角65°，落差15m，牛3孔以南向西南方向延伸350m尖灭，向东北延伸与F_{11}断层交接。

（6）F_{15}断层：倾向西北，落差17~7m，由浅至深逐渐变小，向两端延伸较短趋于尖灭。

（7）F_{20}断层：位于井田东南部深部，倾向南东，倾角60°，落差6~12m，断层中部与F_{20}断层相交向南延伸进入大力公司井田。

（8）F_{22}断层：倾向北西，倾角70°，落差35~40m，北与BF_7断层交接，西南延伸进入大力公司井田与F'_{20}交接，落差减小至10m。

（9）BF_7断层：倾向南北，倾角70°，落差340m，南与F_{22}，北与F_{18}断层交接。

（10）F_{18}断层：倾向北西，倾角70°，落差30m，南与BF_7，北与F_{11}断层交接。

第二组，NNE向断层，主要包括：

（1）F_4断层：沿鼓山山麓展布，倾向南东，落差90~120m，沿走向南北延伸分别进入大力公司及大社井田。

（2）F_{19}断层：位于井田南部中，倾向西，该断层为两条同向断层组合，总落差13~20m，向南延伸进入大力公司井田，落差增大至70m，向北延伸在二水平绞车道附近尖灭，落差减少至4m。

（3）F_3断层：位于井田南部，倾向西，倾角45°，落差5~17m，向北延伸尖灭于六盘区绞车道以北附近，向南延伸进入大力公司井田。

（4）F_{20}断层：位于井田深部，倾向西，倾角75°，向南与F'_{20}相交，往北延伸在九盘区皮带坡尖灭，落差10~15m。

第三组，EW向断层，主要包括：

（1）F_{11}断层：位于井田北部边界，沿井田边界东西向展布，倾向南，在牛27孔以东，落差55~110m，以西落差减小至35m，往西延伸约500m尖灭。

（2）F_7断层：该断层走向为“S”形，在井田的北部走向为NE，到D711孔以西地段断层走向转变为EW向。

井田内褶皱均为小型低序次构造，幅度和宽度较小，多为不对称向斜和背斜，褶皱轴向多为S70°~80°E。目前，仅在南翼地区揭露三个不导水陷落柱，其他地区尚未发现陷落柱。

8.2.2 水文地质概况

牛儿庄井田位于鼓山东侧强径流带附近，含水层埋藏深度由西向东逐渐增加，四周由断层边界控制，形成相对封闭的水文地质单元。

8.2.2.1 含水层特征

根据井田水文地质勘探以及矿井多年采掘揭露，井田内共有10个含水层。在这10个含水层中，大青灰岩裂隙岩溶含水层和奥陶系灰岩岩溶裂隙含水层是开采深部山青煤的主要威胁，其余各含水层厚度较小、富水性较弱，易于疏干，对开采山青煤不构成威胁。

（1）大青灰岩裂隙岩溶含水层（Ⅱ）。大青灰岩为8号煤直接顶板，厚度3~6m，一般厚6m，以灰色、致密坚硬的石灰岩为主，分布比较稳定。上距山青煤层底板45m，距小青煤层底板24m，下距下架煤层3~5m，距奥灰含水层28m。该灰岩含水层属裂隙承压含水层，据目前钻孔揭露资料表明，该灰岩裂隙发育程度与含水性不均一，单孔涌水量差异较大，最大为3.9m^3/min，最小仅为0.1m^3/min。水质类型为HCO_3-Na型。

（2）奥陶系灰岩岩溶裂隙含水层（Ⅰ）。奥陶系灰岩为岩溶裂隙承压含水层，为煤系地层基底，厚度420~668m，平均厚度552m，分布稳定。根据岩性变化和沉积特征可划分为三组八段，奥灰顶部峰峰组八段灰岩泥质含量很高，富水性较弱；峰峰组七段岩溶、裂隙发育，富水性强。已揭露奥灰的钻孔单孔涌水量0.8~5.0m^3/min，平均为2.9m^3/min。依据勘探和试验结果，奥灰含水层的富水性具有随深度增大而减小的特点。浅部单位涌水量为0.86~8.01L/(s·m)，水质类型为SO_4·HCO_3-Ca·Na水，深部单位涌水量为0.005L/(s·m)，水质类型转变为HCO_3·Cl-Na·Mg水。

牛儿庄井田范围内奥灰地下水具有雨季集中补给，长年消耗的特点，主要表现在补给后奥灰水位回升，近年来奥灰水位总体呈持续下降趋势。奥灰水位动态变化除受降雨量及强度的影响外，区域内工农业取水和矿井排水对地下水位的影响越来越大。奥灰地下水动态变化可以分为两个阶段：

奥灰水位回升阶段：根据近几年奥灰水位动态变化情况，奥灰水位回升与大气降水集中补给阶段一致，每年的6（7）月份奥灰水位开始回升，每年的10月奥灰水位回升到最大值，而最大降雨量多集中在8、9月份，表明奥灰水水位与降水量之间具有一定的滞后性，一般滞后1~2个月。近年来，奥灰最高水位一般在+122.5m左右波动。

奥灰水位下降阶段：从每年的11月至翌年的5月，在此期间降雨量很少，奥灰水获得补给减少，地下水位持续下降，近年来奥灰地下水位在+115.3~+123m之间变化。

8.2.2.2　隔水层特征

根据井田地质勘探和水文地质勘探揭露，各含水层之间均分布有一定厚度的隔水层，岩性多以砂质页岩、粉砂岩和泥岩为主，厚度不一，天然状态下具有良好的隔水性能。

二叠系石盒子组、石千峰组砂岩含水层之间，皆分布一定厚度的粉砂岩和泥岩，分布稳定，相对隔水性能好；大煤顶板砂岩含水层下距野青石灰岩含水层间距一般为23.00~40.00m，平均37.00m；野青石灰岩含水层下距山青石灰岩含水层间距一般为25.00~31.00m，平均30.00m；山青石灰岩含水层至伏青石灰岩含水层间距一般为2.50~3.70m，岩性为灰黑色粉砂岩，因间距小，裂隙发育，习惯上作为一组含水层对待；伏青石灰岩含水层下距小青石灰岩含水层一般间距为16. 00~23. 00m，平均22. 00m；小青石灰岩含水层下距大青石灰岩含水层一般间距为26. 00~35. 00m，平均32. 00m；上述各含水层之间的岩性主要为铝土泥岩、粉砂岩、泥岩、及少量的细粒砂岩，天然状态下具有良好的隔水能力；大青石灰岩含水层至奥陶系中统石灰岩含水层一般间距为16. 72~44. 66m，平均间距为30. 97m，其间岩性主要为铝土泥岩、粉砂岩。

8. 2. 2. 3　含水层之间的水力联系

自然条件下，大气降水可以直接补给第四系孔隙含水层和石盒子裂隙含水层，对于其他深部含水层，由于埋深较大和含水层之间隔水层的存在，使得它们可以得到大气降水的补给极少。在开采条件下，受采动裂隙的影响，在裂隙影响范围内的含水层在降水季节可以得到一定数量的大气降水的补给。由于各含水层之间具有厚度不等的隔水层，以及大部分断层带的导水性差，在正常条件下，各个含水层之间的水力联系相对较弱。在巷道掘进和煤层的开采过程中会造成采动裂隙，煤层开采后在采空区还会产生一些次生裂隙，这些裂隙发育到一定程度会改变隔水层的隔水性能，使不同含水层之间发生不同程度的水力联系。

根据-200和-400水平大青放水试验结果，井田内大青灰岩含水层划分为三个相对独立的水文地质单元，彼此之间大青水力联系条件很差，各自的水文地质特征明显的不同。

第Ⅰ水文地质单元：位于 F_4 与 F_9 断层之间的区域，为独立的水文地质单元，与井田相邻地区不发生大青水力联系，单元内大青水位标高123m。

第Ⅱ水文地质单元：位于一水平北翼及二水平以下区域，该水文地质单元为相对封闭的单元。根据放水试验结果，仅位于 F_{19} 断层以北150m部分块段（D711孔附近）可能存在奥灰对大青的少量越流补给。该单元大青含水层渗透性和连通性能良好，但径流缓滞，补给和富水性较弱。受井下泄水孔和大青供水孔的长期泄水和供水的影响，大青含水层水位呈逐年下降趋势。

第Ⅲ水文地质单元：为二水平南翼地区，与大力公司中央区大青水文地质单元为一体。根据放水试验结果，该单元大青含水层渗透性连通性能较强，补给条件好，富水性强，在大力公司 F_{11} 断层存在奥灰水对大青水的侧向补给，大青水位高于D711孔的水位+111. 8m。

8.3　矿井充水条件

8.3.1　矿井充水水源

牛儿庄矿开采三水平的2号、4号煤时，矿井主要充水水源主要包括2号煤顶板砂岩裂隙含水层、野青灰岩裂隙岩溶含水层、山青灰岩裂隙岩溶含水层、伏青灰岩裂隙岩溶含水层，上述含水层富水性较弱，正常情况下对矿井安全生产不构成威胁。

8.3.2 矿井充水通道

8.3.2.1 断层

根据生产过程中所揭露断层相关资料，牛儿庄矿断层带充填物多为灰色黏土类物质，胶结差，一般情况下，断层不导水。但开采时，在矿山压力和静水压力的双重作用下，可能促使原来不导水的断层变为导水断层。

8.3.2.2 陷落柱

采掘过程中，仅在一水平南翼和二水平北翼地区 2 号、4 号、6 号煤层中揭露四个陷落柱，其他地区尚未发现。从目前看，陷落柱大多充填压实较好，不含水不透水，未发生导水现象。但不能排除个别陷落柱塌陷物疏松或其部分地段可能成为地下水良好的联通通道。尤其是在深部进行开采活动，潜在的突水危险性是很大的。在矿山压力和静水压力的作用下，地下水很容易通过陷落柱涌出，使陷落柱成为导水通道，造成严重的突水淹井事故。

8.3.2.3 封闭不良钻孔

封闭不良钻孔及未封钻孔可导通上、下含水层之间的水力联系，使地下水涌入矿井，造成突水事故，影响矿井正常生产。在几十年的地质勘探中，牛儿庄矿施工过大量钻孔。各时期所施工的钻孔目的不同，因而对封孔要求不一，封孔所用材料也不统一，封孔质量存在差异，对煤矿安全采煤有一定的影响。一般水文地质观测孔和井下放水孔未封，施工时间较长的孔，在潮湿环境中套管易生锈腐蚀，在下伏高压含水层的作用下产生套管破裂，地下水涌入矿井。为防患于未然，应将各勘探阶段施工的钻孔封孔情况和质量进行评估，以便生产时引起对不良钻孔的高度重视。

8.3.2.4 采空区

牛儿庄矿周边分布有许多小煤矿，小煤矿开采无序，乱挖乱掘，越层越界，甚至开采防水煤柱和矿井边界煤柱，部分小煤矿与牛儿庄矿相连通，对其安全生产埋下隐患，极易造成矿井淹井事故。目前，虽然井田内的小煤矿均已封闭回填，但其采空积水范围、积水体积、水头压力等有关参数均无法调查，给矿井安全生产埋下了隐患，尤其是对今后开采下组煤层时，埋下极大的隐患。

8.3.2.5 采动裂隙

采煤过程中受下伏含水层水压及矿山压力联合作用，煤层底板破坏深度影响范围内，底板原生裂隙扩展，削弱底板隔水层的阻水能力致使奥灰水导升，成为导水通道。

8.4 突水经过和突水原因

8.4.1 突水经过

2004年9月26日零时18分，牛儿庄矿发现一、二水平涌水量突然增大，溃水自上而下直泄，短时间内一水平泵房开关、电机进水，至2时50分一水平泵房被淹。随后在不到7个小时内，矿井新增水量64.4m^3/min，并呈不断上升趋势，超过了二水平的最大排水能力60m^3/min，26日7时40分被迫向三水平放水。30日5时，全矿井涌水量达到108m^3/min左右，其中实测永顺煤矿溃水稳定流量达86m^3/min。30日5时30分，二水平泵房小井返水，很快淹没了泵房，整个矿井丧失排水能力。5时32分下达了井下人员撤离命令，所有人员安全上井。人员撤离后整个矿井很快被淹没，淹没水位以560~700mm/h的速度持续上涨，溃水开始通过牛五、牛薛边界向大力公司及大社矿渗透，直接威胁这两个相邻矿井的安全生产。

8.4.2 突水原因分析

8.4.2.1 突水水源

溃水量高达86m^3/min事故发生后，牛儿庄矿西地水源井奥陶系灰岩含水层水位下降了0.76m，鼓山东坡供水斜井水位由+124m降至+121m。另据牛儿庄矿井下所取水样的水质分析结果，其水质特征与奥陶系灰岩含水层基本一致。综合以上分析，确定突水水源为奥陶系灰岩水。

8.4.2.2 突水原因

牛儿庄矿在一、二水平已无生产地区和采掘活动，不存在因采掘造成突水的可能，周边小煤矿发生突水沿采空区直接溃入矿井的可能性较大。9月26日6时，集团公司、矿有关人员到永顺煤矿进行调查，据介绍9月21日17时在采9号煤时，揭露了一条落差2~10m的断层而发生了底板突水事故，突水后试图用木楔封堵突水点，但未能成功。最初突水量用2寸泵能抽干（估算突水量约0.3m^3/min），9月25日18时突水量急剧增大，造成永顺煤矿淹没，水位上涨至井口以下100m处。根据调查和治理期间探测结果，永顺煤矿下架煤采场突水点标高约+15m，26日井筒实测水位+120m。小煤矿突水经大青石门直泄牛儿庄矿+20~-40m标高（一水平）野青采空区，同时通过井筒山青、野青马头门沿采空区溃入牛儿庄井下。后经多次询问调查和堵水工程的实践证实，永顺煤矿突水除从主副井筒向牛儿庄矿溃水外，突水还有另外三条途径溃往牛儿庄矿，一条是通过F_7断层渗透到牛儿庄二山青石门然后进入一水平，另两条是通过直通牛儿庄矿的小青、大青两条石门溃往牛儿庄矿野青采空区。永顺煤矿发生突水后，引起牛儿庄矿特大溃水灾害的途径和模式参见图8-2~图8-4。

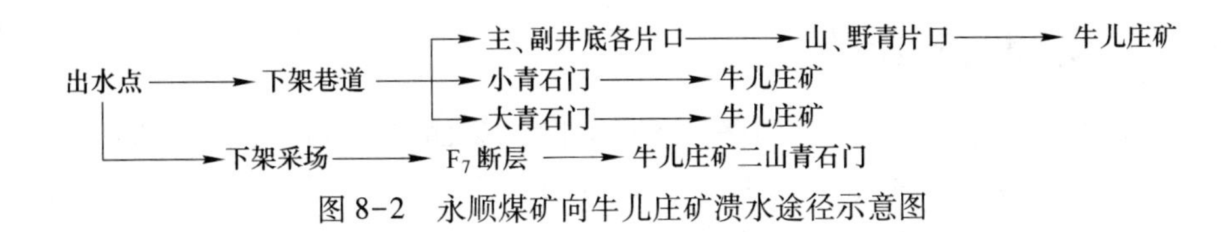

图 8-2 永顺煤矿向牛儿庄矿溃水途径示意图

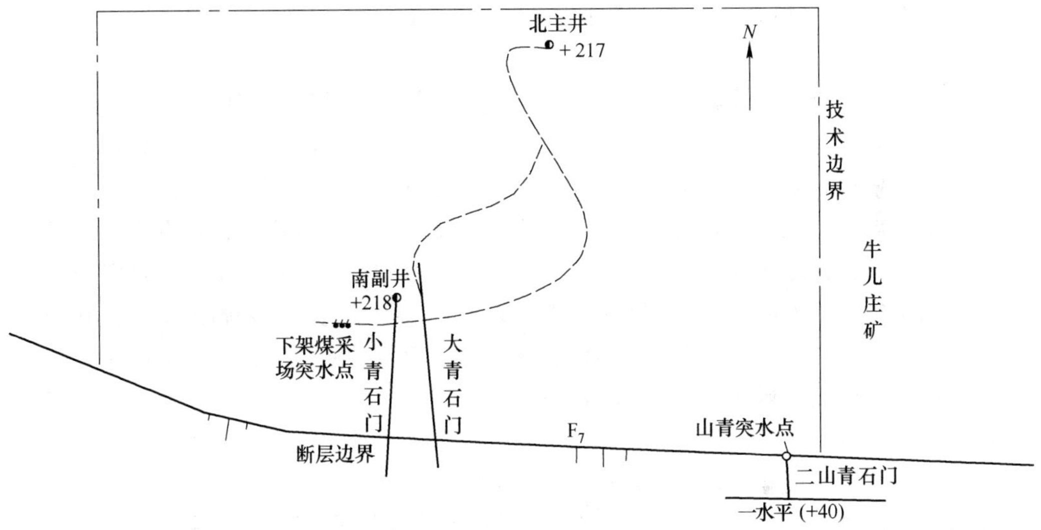

图 8-3 永顺煤矿突水向牛儿庄矿溃水模式示意图（1）

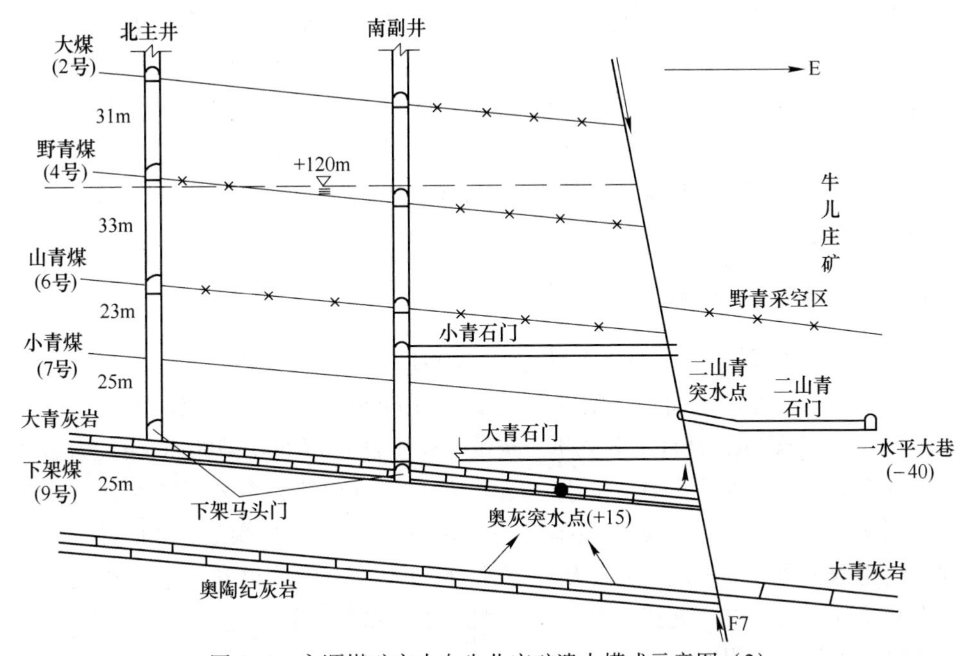

图 8-4 永顺煤矿突水向牛儿庄矿溃水模式示意图（2）

8.5 突水灾害抢险救援

永顺煤矿突水溃往牛儿庄矿事故发生后，集团公司和牛儿庄矿同时启动紧急抢险救灾预案，成立抢险救灾指挥部进驻现场。集团公司董事长和总经理为总指挥，下设指挥中心、专家技术机构、组织实施机构、物资设备供应机构和后勤服务机构，分别由集团公司领导负责，有关部门、专家和技术人员组成。

指挥中心负责抢险救灾重大方案及措施的决策，对抢险救灾整体工作进行指挥、组织和协调；专家技术机构由集团公司总工程师任负责人，负责研究、论证、提出堵排方案，制定工程技术措施，并针对抢险救灾过程中的困难和问题，提出解决议案；组织实施机构下设排水组、堵水组和排水通道组，负责协调组织各施工队伍，具体实施排水方案；物资设备供应机构负责联系落实所需物资及设备，确保抢险救灾需要；后勤服务机构负责接待上级部门和外来施工队伍，并做好供水、餐饮、住宿等工作，为抢险救灾提供生活后勤保障。建立调度协调会制度，定期听取抢险救灾重点工程情况汇报，掌握工作进度，协调解决存在的问题，安排部署下一步抢险救灾工作。指挥部根据抢险救灾需要，紧急组织有关部门和单位调集人员、设备、物资投入抢险救灾，并积极同省内外煤炭企业、科研院所及防排水站联系，聘请专家、调运设备、组织施工队伍。在国家、省煤矿安全监察局的协调下，调集中煤大地公司、开滦集团、河北建井四处、河北煤田地质局水文三队等抢险队伍，调运大流量潜水泵和快速钻机等 40 多套大型设备以及排水管道 8000m，为抢险救灾工作的顺利进行提供有力保证。由于灾情严重，时间紧迫，需要大量人力、物力及机电设备投入抢险施工，集团公司紧急抽调了 10 多个矿、厂施工处的力量，由区科长、班队长、共产党员带领上万职工参加抢险。同时地方政府积极配合，调集警力，疏导交通，保证了抢险物资及人员在第一时间抵达现场。

8.5.1 抢险救灾方案制定

2004 年 9 月 29 日牛儿庄矿二水平（-200）排水泵房淹没以后，经一、二水平抗灾排水和新增井下涌水点实测稳定溃水量 $86m^3/h$，淹没水位以上矿井原有底板出水量 $22m^3/h$，合计 $108m^3/h$，淹没水位上涨速度 560~700mm/h。为最大限度降低奥灰突水对牛儿庄矿的影响，以及避免对相邻大力公司和大社矿的影响，制定了“堵排并举，联动强排”的抢险救灾方案，依梯级序次布置三个矿井抗灾抢排工程。在利用牛儿庄矿三水平（-400）上山巷道和采空容积延滞积水上涨速度同时，在牛儿庄矿井筒安装大功率潜水泵，为快速封堵永顺煤矿主、副井筒过水片口赢得时间。

8.5.2 抢险救灾方案实施

依据抢险救灾方案，首先抢装牛儿庄矿潜水泵，将上涨水位控制在-162m以下（主井筒潜水泵最低吸水标高），以保大力公司不被淹。如果安装的潜水泵不能控制水位上涨，则启动牛儿庄矿、大力公司联动强排，把水位控制在-110m以下，以保大社矿不进水。当再控制不住时，则再进行牛儿庄矿、大力公司、大社矿三矿联动强排控制水位上涨，确保大社矿不淹井，三个矿最大额定联动排水能力达到197m^3/min。

按照抢险救灾堵排并举方案，为缓解排水压力，同时启动永顺煤矿主、副井筒充填封堵过水片口工程。潜水泵安装及永顺煤矿主、副井筒过水片口封堵初见成效后，牛儿庄矿额定排水能力达到127m^3/min，至10月底，溃水减至60m^3/min，对相邻大力公司、大社矿威胁消除，恢复正常生产。

在利用牛儿庄矿8台潜水泵轮换检修、调度开泵控制淹没水位的同时，溃水通道探查和封堵截流工程的地面探测孔与注浆孔施工也在同步进行，突水治理工程全面启动。

8.6 奥灰特大溃水灾害快速治理技术

8.6.1 特大溃水灾害治理工程条件

浅部永顺煤矿发生奥灰特大突水后，井巷积水标高达+120m，大量奥灰水经永顺煤矿大青小青直通石门、山青、野青采空区无煤柱边界、二山青石门溃入牛儿庄矿一水平采空区（标高+20~-40m），水头差达100~160m，属于高压冲溃式淹井灾害。水灾治理工程条件特殊，治理难度极大，主要表现在：

（1）井上下突水点位置无法对照。永顺煤矿属于非正规村办煤矿，无图纸和测量资料图纸测量资料全无，地面仅见两个相距91m的主副竖井筒，井筒淹没水位为+120m。经过访问得知大煤、野青、山青、小青煤已采，下架煤有部分采场，井筒内均有煤层对应的马头门（片口）。根据相关人员口述，抢险技术人员绘制了一张模拟“井巷图”，但过水通道及突水点的位置与深度很难推定，迫使封堵工程布置以井筒中心距2~8m为起点逐步摸索展开。

（2）探查孔需要穿过多层采空区充水，探查难度大。永顺煤矿大煤、野青、山青、下架煤多为采空区且巷道狭小，而且探注孔需多层套管隔离，结构复杂，致使钻探工程十分困难。

（3）溃水通道呈立体网状分布，层位分散，数量多，水力类型复杂。永顺煤矿淹没水位标高+120m以下野青~下架煤采空区、巷道均成为储水空间；主、副井筒与各煤层马头门联络采场巷道构成树枝状辐射网络；大青灰岩由疏干状态变成充水；大青石门亦将上下层位采场沟通。

奥灰含水层地下水经下架煤采场断层带突水之后，经下架煤巷道和马头门涌入主、副井筒。主、副井筒是联结各煤层马头门的枢纽，承压水流相继充入各煤层联络巷和采空区，自煤柱破损边界溃入牛儿庄矿一、二水平。其中大青石门是永顺煤矿向大矿自流泄水通道，从井底水仓直通大矿一水平野青采空区；而小青石门越界进入大矿一水平山青保护煤柱，并与副井筒小青马头门相通。此外大青灰岩重新充水后，补给边界 F_7 断层带并承压上升，自大矿一水平二山青石门尽头涌出。

上述各种涌水通道的水力类型可以归结为三种形式：

1）缝隙型水力通道：如下架煤采场底板突水通道、破损煤柱裂缝透水 $Q=\omega k\sqrt{J}$，其中，ω 为缝隙渗漏面积，k 为紊流阻力系数的倒数，J 为水力坡度。

2）承压水力管道：如主、副井筒与采场联络巷、大青小青石门 $Q=\omega\mu\sqrt{2g\Delta H}$，其中，$\omega$ 为井筒或巷道断面积，μ 为流速系数，g 为重力加速度，ΔH 为上下游水位差。

3）承压三维渗透流：如大青灰岩运动水流补给二山青石门、永顺煤矿采空冒落区淹没水流运动。$[K]\nabla^2H=-\Delta q$，其中，$[K]$ 为三维渗透系数矩阵，∇^2H 为各方向（x、y、z）水力坡度变化率，$-\Delta q$ 为奥灰水源补给量与泄出量之差率（单位面积）。

复杂的通道水力类型表明，治理永顺煤矿涌水的途径，一是使通道或含水层水位 H 静止或水力坡度 J 水压差 ΔH 为零，即相当于沿永顺煤矿溃水边界建立隔水帷幕，显然边界帷幕工程投资巨大且复杂；二是缩小通道涌水断面 ω 为零或改造 k、μ、$[K]$ 为零，即相当于过水通道封堵截流和突水点封闭堵源。

（4）溃水通道封堵需要在动水条件下进行。为确保大力公司、大社矿不遭连锁淹没，牛儿庄矿主副风井筒抢排抗灾潜水泵将淹没水位维持在-162m 标高以下。永顺煤矿溃水通道封堵是在水流量（$86m^3/min$）、高流速（0.5m/s）、淹没水深超过 100m 的条件下进行的。骨料充填和浆液流失难以控制。

（5）突水点封堵截流和封闭位置很难确定。由于采掘巷道杂乱，无图纸及工程测量资料，不仅封堵设计依据不足，而且无法选择适宜巷道段进行注浆，主要表现为：

1）封堵截流巷道只能选择主副井筒附近，工程难以展开而延误时间。

2）只能多孔探测打中巷道作为基点，向上游小步距布孔形成短段堵水。而通常利用长距巷道构筑阻水段-堵水段-加固段，目前只能通过改变工艺方法使三段功能合一，利用 1~2 个钻孔完成封堵截流。同时，因短段操作，也无法利用水流逆坡和枢纽巷段提高封堵功效。

3）小煤矿巷道狭小，溃水冲刷淤积严重，不仅打钻透巷困难，而且骨料充填量少，淤积物加固注浆量增大。

4）突水地段下架煤采场已被冲刷，无煤柱巷道之分，封闭材料使用及工艺操作困难。

8.6.2 水害治理技术路线

针对上述难点问题和突水灾害发生后对牛儿庄矿的影响，确定了先封堵过水通道，再封堵突水通道的治理技术路线。依据过水通道封堵过程中溃水量的增减情况，适时调整治理方案，必要时采用联动强排、控制水位、动水截流、堵排并举的综合治理措施。

8.6.3 注浆堵水工程设备

钻机：在水害治理过程中，预计透巷深度 200m 左右，透巷巷道宽度 1.5~2.0m，需要穿过三层老空区，透巷难度大。为加快水害治理进度，采用的施工钻机有三种型号共计 15 台。其中，2 台美国 T685WS 型车载顶驱钻机，4 台 TSJ 系列、9 台 TXB-1000 钻机。美国 T685WS 型车载顶驱钻机采用风动潜孔锤钻进，高速气流循环携带岩粉，施工速度快、定位准确，钻孔采用电子单点照相侧斜仪测斜，24 小时监视测孔斜情况。62%的钻探任务和主要透巷钻孔由该钻机承担，加快了治理工程的进度。

注浆站：为满足在特大动水条件下高浓度、大浆量连续注浆的要求，在主、副井地面场地附近快速建立了一个大浆量、高浓度注浆站。注浆站有 8 个散装水泥储灰罐（储灰量 200t）、BW-320 型注浆泵 12 台、3SNS 砂浆泵 1 台、JS100-65-200 离心泵 2 台、2.2kW/380V 潜水泵 6 台等组成，综合注浆能力达 960~1200t/d，可同时满足 3 个钻孔注浆的需求，供水能力达 $120m^3/h$。

其他辅助设施：BS-500/200 便携式电测水位计 2 套、CDY-1 型流量仪 1 台、2 台 D450-60×10 型水泵，配套电机功率 1050kW 及相应供电设备和 Dg350 管路 300m、$50mm^2$ 的 1000m 高压供电电缆及供电设备，一趟 Dg200 管路 1000m 和一台 200D43×7 型水泵，配套电机功率 440kW、4 台 D450-60×8 型水泵，配套电机功率为 850kW 和相应供电设备，$\phi426$ 管路 400m、2 台功率 2600kW，排水量 $1100m^3/h$ 的潜水泵，8 台功率 1200kW，排水量 $550m^3/h$ 潜水泵，1 台功率 2600kW 排水量 $1000m^3/h$ 的潜水泵，安装 6 台功率 1000kW 排水量 $550m^3/h$ 扬程 570m 的潜水泵。

8.6.4 钻孔结构设计及施工

钻进过程中，绝大部分钻孔开孔直径为 $\phi311mm$，钻进到 2 号煤顶板上约 20~110m，下 $\phi273$ 套管并固孔，隔离第四系覆盖层和采空区，然后变径为 $\phi190mm$ 继续钻进至相关煤层顶板以上或底板以下一定距离，并下套管并固管，最后裸孔钻进至终孔。如果钻孔未能透巷且爆破也未能透巷，需要施工分支孔，孔径 ϕ120~168mm，深度 30~100m。

由于抢险救灾和治理工程量很大，为了保证工程进度，需要数家施工单位承担钻孔施工的工作，造成施工配套设备的差别。永顺煤矿无图纸无测量资料，井下有 3~4 层采空区，施工难度极大。根据治理工程的需要，在永顺煤矿治理过程中根据治理情况共布置 32 个垂直孔和 2 个分支孔，其中主井布置 4 个钻孔，北 1、北 3 为斜孔，北 2、北 4 为垂直孔；副井共布置 18 个探注孔、2 个分支孔以及 10 个注浆孔（突水点附近）。

依据井下巷道分布情况，分析认为过水通道以管道流为主的通道主要包括：溃入式永顺煤矿主副井筒和马头门、直通式大青溃水石门、小青溃水石门、二山青石门。为尽快消除突水对牛儿庄矿的影响，必须在动水条件下实施对上述通道的封堵。

8.6.5 注浆工艺与技术

根据不同的注浆条件和注浆目的（高速水流巷道封堵截流、低速水流采场突水点封闭），选择不同特性的浆液类型及相应的注浆工艺。根据本次特大突水的条件，选择了多孔联合注双液浆工艺，浆液情况参见表 8-1。

表 8-1 浆液种类

浆液种类	适用条件及目的	浆液配比	浆液特性
普通水泥	在各工程单元普遍使用	P42.5 水泥，$NR_3$1‰，盐1‰	比重 1.4~1.6
高浓度高强度水泥浆	通道、断层带、突水点封闭作加固	P52.5 水泥，$NR_3$1‰，盐5‰	比重 1.5~1.8
水泥粉煤灰浆	充填注浆	煤灰 10%~60%	比重 1.4~1.7
水泥-水玻璃	堵水塞封顶	水灰比（0.8~1）：1，水玻璃：水泥 0.15：1	初凝 10″~1′
BR-CA 水泥浆	动水注浆	水灰比 1.2：1，专用粉 2%，防水剂 10%	
锯末浆，砂浆	动水注浆	以不堵孔逐渐加大掺入量	

在突水点及采空区、破碎带治理过程中采用了定时、定量、间歇注浆工艺技术；高强度、高浓度、大浆量多孔联合注浆工艺技术；双液浆与单液浆相结合的注浆工艺技术；引流注浆工艺技术；轮番交错间歇注浆工艺技术；敞口灌入式注浆工艺技术，详细的注浆工艺技术及操作要点见表 8-2。

表 8-2 注浆方法

方法名称	浆液种类	操作要点
多孔联合注双液浆	水泥—水玻璃	上游孔先注浓水泥浆，下游孔注水玻璃在骨料中混合
高浓度大浆量多孔联合注浆	高浓度单液浆、粉煤灰浆	分通道单元、突水采场，近距离钻孔同时注浆50t/h
定时定量间歇注浆	各类型浆液	每次4~6h，注量150~300t水泥，间隔24~28h
多类型浆液混合注浆	单液、BR－CA双液浆	同一单元孔组，各孔浆液不同，同时注浆
轮番交错间歇注浆	粉煤灰浆、单液浆	分通道单元、突水采场轮番注浆
引流注浆	高强度浆液	利用突水点少量泄水，对断层带延深注浆
敞口灌入式注浆	单液、粉煤灰浆	用单液浆携带粉煤灰，敞孔口灌入

8.7 溃入式过水通道封堵

8.7.1 永顺煤矿主、副井筒截流

永顺煤矿主、副井筒直径2m，深度约190m，砖砌井壁。考虑到永顺煤矿的主、副井筒为溃入式过水通道，流速大，初期试图通过向井筒中投放铁球、袋装黏土、料石、石子、矿渣和矸石等骨料，将淹没水位上下空间全部投料充填，以形成井筒截流。两井筒共填料石20m^3、黏土93m^3、铁球铁块105t、石子600m^3、矿渣275m^3，于2004年9月26日溃水当天充填完毕。料石和铁球铺底，袋装黏土居中建造隔水层，石子和矿渣居上，最后用矸石填平井口，主、副井筒充填物结构参见图8-5。

初期筒充填完毕后，溃水量仅减少约30m^3/min，堵水效果不明显。分析原因，主井筒中部有盖板和钢梁，阻挡充填物下沉，经询问和注浆工程证实，在主井筒中确实存在钢梁，架住了黄泥袋，梁架住，在钢梁下形成约高13m，直径2m的空间，致使钢梁以下仍存在过水通道。同时，经主井筒底层大青下架马头门垂直上升涌入山青野青片口的水流速度太快，充填物随溃水侧向涌入山青采场联络巷道，致使充填物（包括铁件）不能下沉井筒底部。后来北2、北3钻孔钻探发现，在142m孔深透山青片口巷道时，均有活动铁件阻碍钻头，北2孔换小钻头用十多小时方才通过。追水期间，大矿井下排水泵及电机被充填黏土包裹。副井筒充填状况稍好，仍严重漏水，但小青片口被封堵，后来经南8孔探测，直通大矿小青石门水位（+93~+94m）低于副井筒水位（+120m）。

依据现场测定结果，初期井筒充填后，水流流速依然达到0.5m/s，于是转入第二阶段治理。选用密度大、集连续性、透水性为一体的工业铁链为主体骨

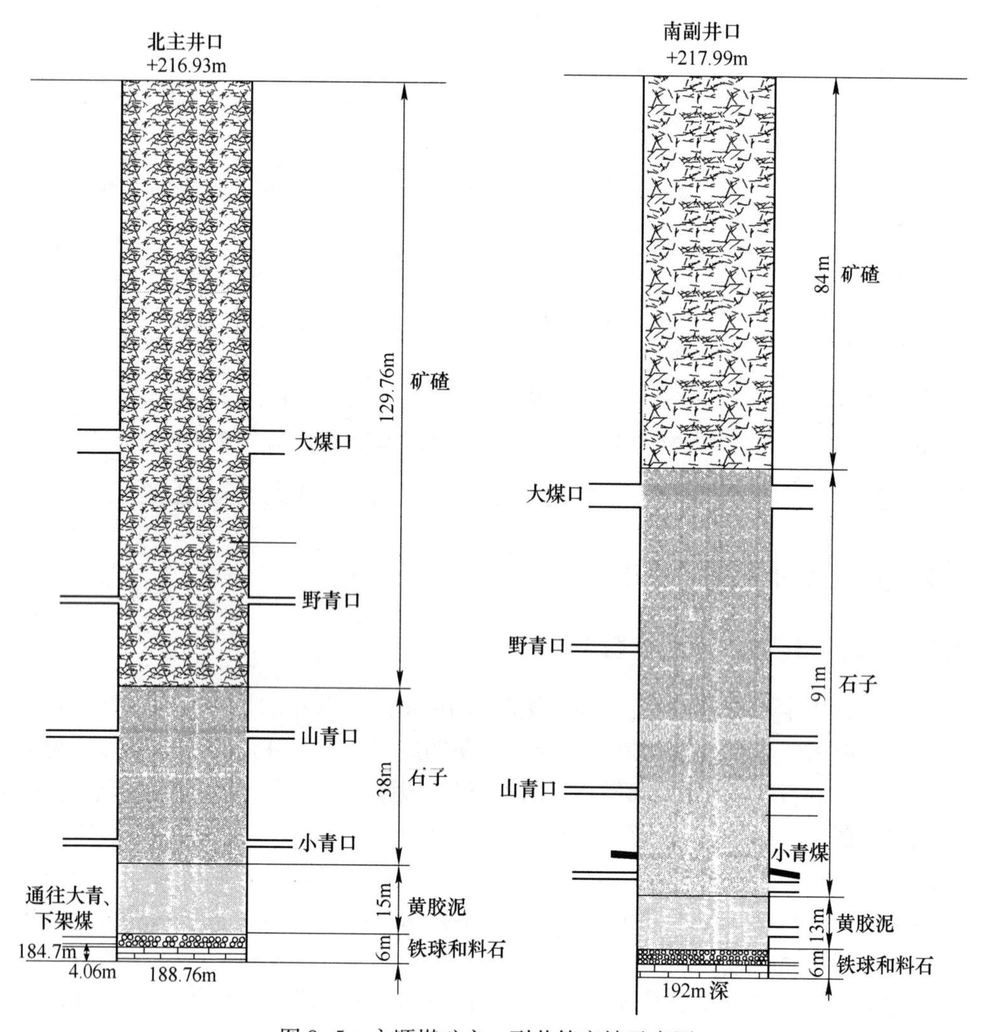

图 8-5　永顺煤矿主、副井筒充填示意图

料，最大限度地减少水流冲击能力，快速建造短距离的滤水帷幕，将管道流迅速改变成大孔隙渗透流。在大大降低了动水流的浮托力后，再在其上充填不同直径的石子，铺盖在铁链之上，以增加渗流路径并降低骨料帷幕的渗透率，快速建成“正滤层截流帷幕”。第二阶段骨料主要根据钻孔透巷后，所透巷道空间的大小、水动力条件的不同因地制宜地选择骨料类型及其组合。选用密度大、集连续性、透水性为一体的工业铁链为主体骨料，最大限度地减少水流冲击能力，快速建造短距离的滤水帷幕，将管道流迅速改变成大孔隙渗透流。在大大降低了动水流的浮托力后，再在其上充填不同直径的石子，铺盖在铁链之上，以增加渗流路径并降低骨料帷幕的渗透率，快速建成“正滤层截流帷幕”。主要包括工业铁链、石

子、米石、水渣。工业铁链用一根长100m，直径为1cm椭圆形环相连，单环长轴10cm，短轴5cm。石子直径分别为1cm、2~3cm、5cm三个等级，米石直径1~2mm；水渣为炼钢烧熔凝固后的炉渣，气孔发育，破碎后形状各异，粒径大于粗砂。

8.7.1.1 工业铁链投放工艺

利用定向钻孔施工到预计巷道，透巷后采用绑有铁丝的铁球探揭露巷道的空间高度，根据巷道空间、高度计算下入铁链的数量。铁链的下入数量可以由第一次投入量来反算，第一次是向北井筒底投入铁链15000m，北井筒直径2m，反算形成底圆直径2m，高11.26m的圆锥体，以此类推以后探测出巷道空间所需铁链的长度。用小绞车做牵引，将第一根铁链用钢丝绳拉住，通过三角架缓慢下入钻孔内，第一根铁链末端到达钻孔口时，再把第二根铁链首端与第一根末端焊接在一起，依次下入孔内。当下入的铁链达到淤积高度时，最后一根铁链末端用4~5个一侧半开口（开口长约4~5cm）的铁环相连接，用钢丝绳缓慢送入孔底，待最后一道铁链到达孔底时可自然脱落。不能让最后一道铁链从孔口自然下滑，以防止在重力加速度的作用下铁链加速下滑，铁链在孔内打结堵塞钻孔。永顺煤矿北井井底投注铁链参见图8-6。

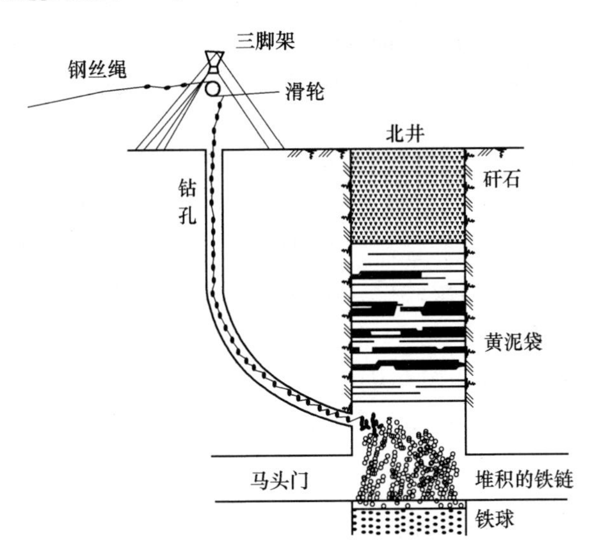

图8-6 永顺煤矿北井井底投注铁链示意图

8.7.1.2 骨料充填的技术要求

（1）开注时先注水30min确认无异常时方可注骨料。停注时应先停注石子，再延长注清水30min以上。

（2）灌注骨料时按照石子、水渣先后次序自孔中投入。要保持射流泵供水正常，下料要匀速，防止堵孔。

（3）要经常探孔深，经常观测其他钻孔水位，以掌握注入骨料的情况及骨料级别的及时调整。

（4）孔口处要设专人负责，如发现孔口喷气，孔内有异响或孔口溢水等异常现象，应立即停止充填工作，及时分析和处理。

（5）出现堵孔后，要用钻机进行通孔、扫孔，后用铁球探测深度，估算空间大小。当反复出现堵孔时，要调整级配，直至不能灌注为止。

8.7.1.3 骨料充填原则

先细后粗，再由粗到细，尽量充填，直至不能充填为止。采用水力冲射方法时的水固比为6∶1～10∶1。当接顶时，减小级配，增大水量，水固比可调为20∶1。

8.7.1.4 水渣灌注原则

适用于长距离巷段的封顶充填，要尽可能利用其比重较轻（与水接近），便于动水搬运及分选，作为充填大孔隙骨料。也可与单液浆混合充填，作为胶结式的充填堆积物。

8.7.1.5 骨料灌注工艺

石子灌注：在不同的巷段石子的灌注采用不同的方法，对于巷道空间大的采用水力冲射方法，在水力带动下冲入孔底，该方法效率高，但容易堵孔；对于巷道空间小，不易注的巷段采用人工均匀灌注，及反复扫孔，再加孔内爆破的方法。

水渣灌注：采用水力射流的强大冲击下冲入孔底，也可用泵直接送入孔中。

从2004年10月3日井壁外北3孔定深定向钻进，10月8日按设计孔深（162.9m）及坐标透井壁下套管，至10月10日从北3孔投放完单根15000m工业废铁链，并于10月11日继续投放在$42m^3$石子形成“正滤层滤水段”。自主井筒底标起（深188.76m，标高+28.17m，断面积$3.14m^2$），15000m铁链堆集高度11.26m，高于井底进水马头门6.04m，$42m^3$石子堆集高度13m（钻杆实测铁链及石子堆积高度），大青下架马头门以上“正滤层滤水段”高度共计18.22m，成功实施截流。

8.7.2 永顺煤矿主、副井筒封堵

这一阶段注浆堵水工程围绕主、副井筒展开，探注孔依据井底马头门访问方位，以井筒中心为原点，放射状布置，最大半径不超过8m，甚至将定向斜孔打入井筒内。由于底层马头门通往大青下架采场，是水源进入通道，在底层巷道注浆可随水流进入井筒胶结充填物（主井内为设计充填的正滤层骨架，副井内为淤积物及9月26日溃水当天的人工充填物）。即使跑浆，也是随水流进入山青野青片口，沿水流路线充填与胶结（如副井筒）。显然，这种注浆堵水模式是针对永

顺煤矿无井巷工程图纸和测量资料，也是封堵树状流水通道的有效方式。为降低注浆材料成本，此阶段大量使用粉煤灰充填料，与水泥重量比达0.8~1.0。

8.7.2.1 主井筒封堵

为了快速封堵主井筒垂直串通水流，设计北3孔经井筒侧壁小青片口以下透入井筒，避开山青野青片口高速侧向水流。北3孔投放工业铁链充填大青下架马头门及井筒垂直串水段，将管道流改变成大孔隙渗透流，动水流浮托力降低之后，仍用北3孔投放碎石，铺盖在铁链之上，增加渗流路径并减小渗透率，最后经北3孔和钻穿底层马头门外侧巷道的北2孔注浆，伴随进入井筒水流将铁链、石子等滤水骨料胶结，在小青片口以下井筒底段形成“正滤层截流堵水塞”，参见图8-7。

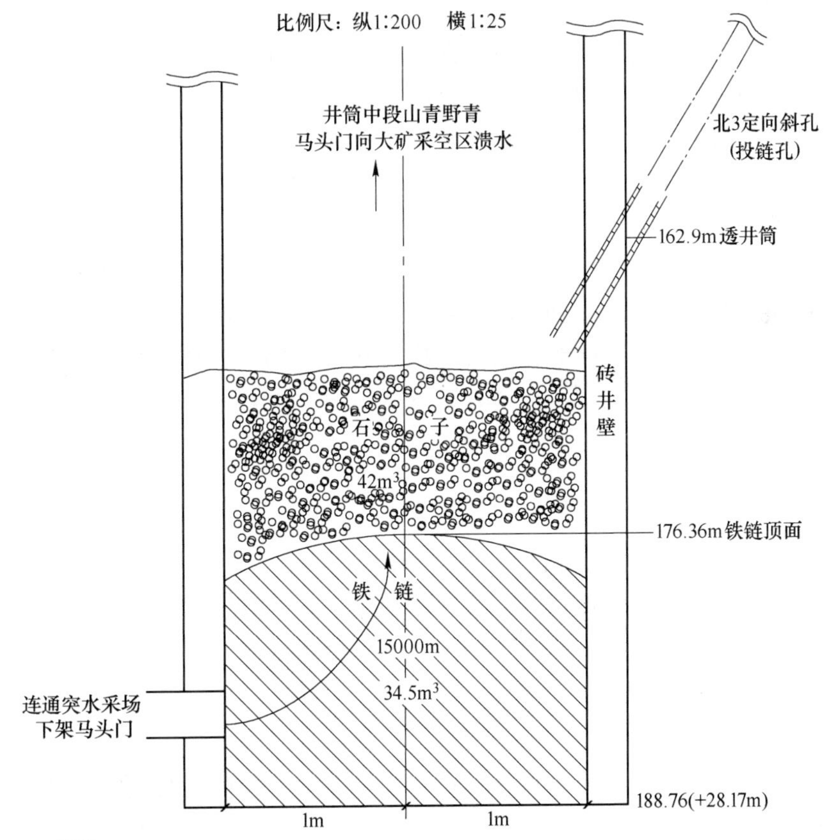

说明：

1. 04.9.26溃水当日，自井口抛投铁球铁块50吨，石子300m³，黏土袋45m³，矿渣140m³；推矸石填平井筒，04.10.8北3孔探井筒底为空腔，下架马头门连通突水采场，井筒串通各层马头门；
2. 04.10.8后自北3斜孔投工业废铁链和石子，形成正滤式充填段.北3、北2(下架马头门外侧)注浆胶结筒内骨料，涌水消失。

图8-7 主井筒“正滤层截流堵水塞”剖面图

经北2、北3孔注浆，主井筒高速动水流已消失，表明主井筒“正滤层截流堵水塞”永久建成。此时，牛儿庄矿一水平中央上山12m³/min溃水断流。

主井筒堵水塞成功的关键，一是利用井壁规整围限依层次投放工业铁链和石子构成正滤层堵水塞的骨架，将管道流逐次改变成渗透流以利注浆胶结骨架；二是工业铁链因其滤水而减小高速水流动能冲击便于集中堆（盘）放，并且单根（每根100m）连接成整体便于在孔口自如牵放而改变骨架形状和长（高）度。从而改变了松散骨料（砂石甚至铁块铁球）在特大动水中长距离充填的堵水历史。在后述的大青石门短段截流封堵工程中得到了进一步应用；三是快速定向钻探形成透井壁的投放孔，保证了铁链经套管准确投放至设计位置。

8.7.2.2 副井筒封堵

2004年10月13~30日，自副井筒外侧定向施工南5、南9井筒探注孔。南5孔在178.74m（小青片口以下）穿透井壁，至副井底（192m）尽被煤矸石淤积，说明料石、铁件等未能全部下沉井底；南9孔于151.4m（山青片口深度152.79m）透空遇铁件，距井底尚有约40m高度，更说明铁体在下投过程中被高速水流（夹带煤屑矸石）托浮，甚至被吸入山青片口。为加固副井充填段，施工南6、南7孔透底层马头门外侧下架煤采场联络巷，与进入井筒内南5孔配合，多轮次联合注浆，既胶结井筒内充填物，又注浆充填联络巷。继10月底溃水量减至60m³/min后，随着主、副井筒及周围巷道充填和加固注浆，11月底溃水量减至50m³/min。牛儿庄矿一水平排水泵房恢复，井下排水复矿工程正式启动。

8.8 直通式溃水通道封堵

主、副井筒封堵之后，相邻采空区分散溃水已经消失，突水点水压开始回升。一水平排水泵房恢复排水后，通过排水量、矿井可测溃水量、灾害前矿井正常涌水量的均衡分析，发现二山青石门涌水量由溃水灾害前0.5m³/min增至12m³/min，经反复询问矿主及小煤矿技术员，并通过南3孔示踪试验，证实还存在牛儿庄矿二山青石门，永顺煤矿小青石门和大青石门等三条直通式通道。因此，快速施工透永顺煤矿主、副井筒底部溃水马头门钻孔，启动动水条件下三条石门的封堵。

溃水石门的骨料选择：根据其水动力相对较弱（水流速0.025m/s），且长距离搬运分选作用，在透巷钻孔中先充填粒径大的石子，其次是米石，最后充填水渣，使比重轻、孔隙大的水渣骨料，长距离充填满巷道，建成一道“反滤层截流帷幕”。将水渣作为动水充填骨料是堵水注浆技术的一次进步，也是二山青涌水巷道仅用一个钻孔长距离充填封堵成功的关键。水渣的主要特性表现在以下几个方面：（1）水碴本是炼钢废弃物，取材便利，成本低，用作铺路、打农舍房顶；（2）比重轻，与水接近，便于动水搬运，水碴随水流长距离搬运将下游平巷充满淤塞，尤其堵截巷段为水流逆坡时，也正是水碴骨料利于浆液充填扩散才结石成牢固堵水塞，作为充填骨料其优点是其他材料不可比的；（3）水渣粒径大于粗砂，炼钢烧熔凝固后，气孔发育，破碎之后形状各异，作为充填堆集物，接触式孔隙度均匀且大于粗砂米石，非常利于单液浆混合浆充填胶结，增强堵水效果。

8.8.1 牛儿庄矿一水平二山青石门封堵

二山青石门上山尽头遇 F_7 断层带出水，水源由大青灰岩补给，最大稳定水量 $5m^3/min$。随永顺煤矿采掘疏干大青灰岩，灾前余水 $0.5m^3/h$。永顺煤矿淹没使大青灰岩重新充水，出水点水量增至 $12m^3/min$，水压 1MPa。巷道断面积 $8m^2$，石门全长 70.5m，上山段长度 56.5m，涌水平均流速 0.025m/s。溃水前在石门平巷段建有两处水闸墙节制涌水，$12m^3/min$ 可测水量即为闸墙外泄水量总和。

8.8.1.1 科学布置透巷钻孔（堵 1 孔）

二山青石门是牛儿庄矿经过工程测量巷道，向永顺煤矿边界为石门上山，通一水平为平巷。溃水经上山顺坡承压（1MPa）下泻，自平巷泄出。钻孔投放骨料将被水流搬至下游，如果下游平巷能被淤塞，封堵巷道即具备条件。综合上述分析，堵 1 孔上距上山尽头距离，是考虑空巷（充填骨料不能逆流搬运）注浆充填的材耗，以及注浆系统能够提供的压力 P，计算公式为：$P=2(P_w+P_c)-hr_c$。式中P_w、P_c、h、r_c 分别为水压（1MPa）、浆注逆坡段反压（0.75MPa）、钻孔长度（243.3m），浆液比重（$1.5t/m^3$）。计算结果说明注浆系统在中低压状态下即可进行全石门及上山充填注浆。实际施工时，加固最高注压为 3MPa。在上山中段依据透巷坐标，确定堵 1 投注孔位置，T685WS 定向钻机施工 5 天，孔深 249m，243.3~247.35mm 精确透巷穿巷。

8.8.1.2 骨料充填形成接巷顶滤水塞

重点是试验水碴骨料能否被水流携带到下游石门平巷段。试投水碴后，在石门口见到水碴随水携出，利用平巷斜巷相接和上山水流下泻搬运骨料等有利条件，在上山中段定向施工堵孔透巷。为防止水碴大量随水流流失，在闸墙外泄水漏水处堆放 300m 工业废铁链形成拦截网。依骨料比重先重后轻充填石子（$2.3g/cm^3$）、水碴（$0.92g/cm^3$），使下游巷段充满大孔隙骨料堆集。因巷道泄流，孔中水位较低，浮托石子水柱较短，投石子时，孔口伴送石子的水量为 $10m^3/h$。随水碴充填下游巷段渐被淤塞，孔中水柱上升，伴送水碴的水量加到 $20m^3/h$。经水流搬运分选作用，钻孔下游近处为石子滤水骨料，远处平巷段皆被随水漂流的水碴充满接巷顶，形成接巷顶滤水塞。

8.8.1.3 注浆封堵

钻孔距上山尽头31m，初期采用粉煤灰与水泥混合浆液（粉煤灰与水泥重量比为（0.2~0.4）：1），高压（大于水压4倍）封堵逆坡尽头，最后用单液水泥浆将上游巷段空顶及下游骨料胶结，二山青石门 $12m^3/min$ 涌水消失。二山青石门封堵仅用一个透巷孔充填注浆，达到了阻塞段堵水段合一的目的，牛儿庄矿一水平二山青石门封堵过程参见图8-8。

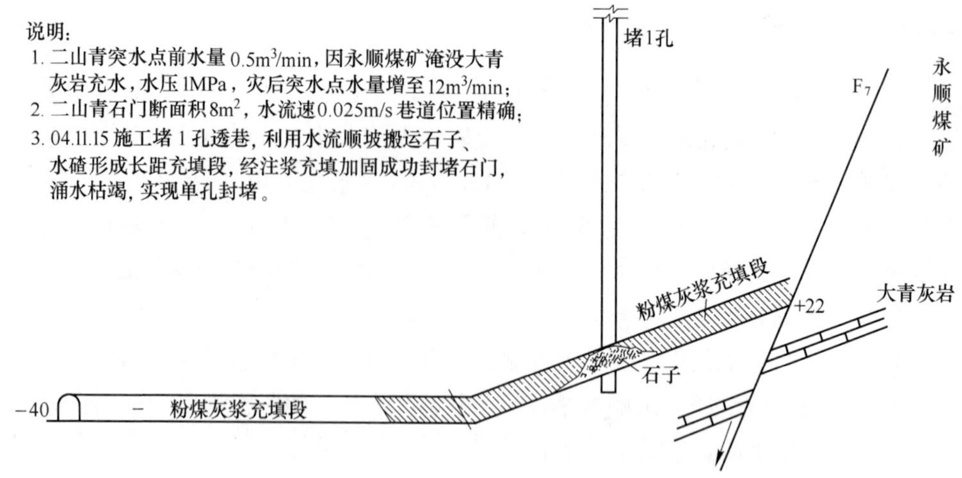

图8-8 牛儿庄矿一水平二山青石门封堵剖面图

8.8.2 永顺煤矿副井小青石门封堵

小青石门自副井筒片口直通大矿 F_7 断层山青保护煤柱。全长大于66m，巷道断面约 $3m^2$。淹没积水自副井筒直通泄往大矿。随着副井筒充填和注浆，小青片口已处井筒阻塞段。经南5斜孔探测小青片口以下井筒已被煤屑矸石填满。

为封堵加固小青石门，在副井筒近侧小青片口方位施工南8孔透巷，发现巷内淤积严重，水位比井筒内低23~24m。经过简易毕托管（用钻杆钻进）测流速、荧光素连通试验，证明巷内水流已接近静止。经水碴充填之后，用粉煤灰混合浆及单液水泥浆将小青石门堵严封死。

8.8.3 大青石门封堵

继主、副井筒过水片口、采场联络巷道充填注浆和二山青石门快速封堵之后，溃水量由 $86m^3/min$ 减至 $47~48m^3/min$。加上牛儿庄矿淹没状态下二、三水平原有出水点涌水量（已处于淹没衰减），井筒潜水泵控制淹没水位的排量仍保持在 $60m^3/min$ 左右。为了拆除潜水泵，开展井下追水工程，必须继续大幅度减小永顺煤矿流向大矿的溃水量。于是2004年12月1日启动大青石门探查与封堵工程。

8.8.3.1　大青石门位置及水力状况探查

经过调查访问得知，永顺煤矿有一条向大矿采空区泄水的大青石门，由于是向采空区泄水且永顺煤矿采掘场地处于井田疏干地段涌水量极小，所以牛儿庄矿井下一直没有发现小矿泄水行为。经过副井筒周围南3、5、6、7钻孔水位对比及与大矿连通试验示踪剂显示速度比较，发现南3孔附近应有大过水通道。于是2004年12月1日施工南13孔，终孔深度185~185.7m穿透巷道，其水位和示踪流速均高于已施工的其他钻孔，断定该巷道为大青石门。随即在南13孔进行试验性投注，因巷道狭小（<3m^2）流速极高（0.2~0.5m/s）且单孔投注，重骨料（石子）堵孔而轻骨料（木塞、棉织物）不能存留，粉煤灰混合浆流失大矿井下。试验探明巷道深度、水力状态与可注性之后，决定先用双孔形成滤水塞，再行充填，最后注浆建成堵塞段。

8.8.3.2　高流速短段巷道滤水塞建造

因无大青石门方位和平面延展测量资料，只能以南13孔为参照推测方位，按7m孔距分别向上下游施工南14、南15孔。结果南14孔打在上游巷道近侧，经定深爆破后，向巷道注入粉煤灰混合浆，但灌注米石和水碴时发生堵孔。南15孔在下游透巷，测得巷高1.5m（与访问资料相符），经对三个终孔水位比较，准确确定大青石门位置。

考虑到巷道流速大，于12月25日选择下游南15孔投放工业废旧铁链，链条末端系于孔口，废旧铁链随机盘放体积（每百米0.23m^3），累计投放长度1210m（2.78m^3），以南15孔巷道断面2.25m^2（高1.5m，宽1.5m）考虑，巷道内铁链堆集巷长约为超过1m。因巷底有淤积物，在铁链自重之下经24小时有少量下沉（孔口铁链由松弛变为绷紧为标志）。根据主井筒用铁链建成滤水骨架的经验，使盘放锥体升高即可缩小巷顶露空面积，再次投放20m旧铁链补空。南15孔投链后，下架巷道（直通突水点采场）和大青石门上游钻孔水位升高（参见表8-3），分析认为大青石门溃水被阻。

表8-3　南15孔投铁链前后各钻孔水位变化一览表

钻孔层位	下架	下架	大青石门上游		投链孔	下架	小青石门
孔号	南2	南7	南14	南13	南15	南12	南8
投链前25日7:00水位	+119.55	+119.29	+119.82	+119.90	+119.79	+120.80	+98.37
投链结束时16:00水位	+120.07	+119.65	+120.09	+120.17	—	+120.75	+98.37
钻孔水位升降	+0.52	+0.36	+0.27	+0.27	—	-0.05	0

高流速短段巷道滤水塞建造进程，在南15孔下游3m处施工南16孔，以加大巷段滤水塞长度和注浆强度，2005年1月7日南16孔透巷。然后逆水流方向在上游两个终孔注入骨料，最后用水渣进行封顶，之后南16孔水位逐日下降，至1月13日已降至+102m，上下游水位差达到20m，表明大青石门巷道内短段滤水塞已经建成，顺煤矿大青石门反滤式骨料充填封堵工程布置参见图8-9。此时，牛儿庄矿井下追水量减至40m³/min，溃水约20m³/min。

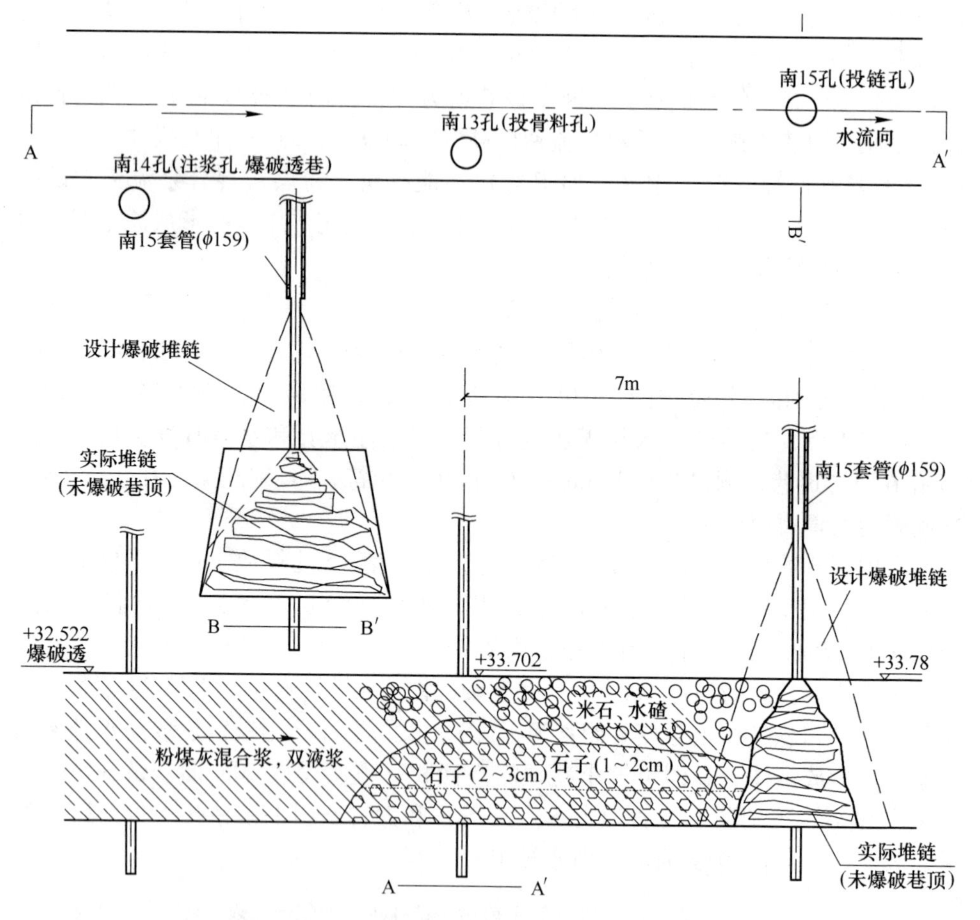

图8-9 永顺煤矿大青石门反滤式骨料充填平剖断面布置图

8.8.3.3 多孔并列双液联合注浆封堵大青石门

1月17~18日，在投链孔上游南14、南13孔及南3孔进行并联多孔并列双液联合注浆，对南13~南15之间7m短段巷道滤水塞进行注浆封堵。为取得良好的注浆效果，注浆前进行了双液浆凝固试验，参见表8-4。

表8-4 双液浆凝固试验结果一览表

试验条件	普硅32.5MPa水泥；浆液水灰比1∶1；水玻璃40°Bé，模数2.99									
掺入水玻璃体积比	0.2	0.3	0.4	0.5	0.6	0.7	0.8	0.9	1.0	1.2
初凝时间	10″	16″	22″	26″	28.6″	37.25″	41.66″	51.56″	1′8″	1′1″

南3孔一路注浆系统注水泥浆，注速260L/min；南14孔二路注浆系统注水泥浆，注速2260m^3/min；南13孔一路注浆系统注水玻璃，注速118L/min。双液浆总注入量以30t水玻璃进行总量控制，水玻璃∶水泥浆=0.15∶1，水泥浆配制按水灰比1∶1，外加剂$NR_3$1‰，盐5‰。

水泥浆和水玻璃浆自不同的钻孔泵入巷道，利用水流携带在滤水骨料中混合凝结，目的是减短浆液流程，减少浆液流失。实际操作时，位于上游的南3、南14孔三路水泥浆提前注浆，随后处于下游的南13孔开始注入水玻璃。将这种在骨料中混合的双液注浆方法称作“多孔并列式注浆法”。

多孔并列式注浆后，在大青石门快速形成了短段堵水塞。堵水塞上游水位为+120~+122m，下游3m处南16孔水位变动在+70~+60m之间，水位差达50~60m。至1月底，完成堵水塞加固，并对大青、下架巷道的探注孔进行注浆充填。永顺煤矿大青石门封堵工程十分艰难，包括调查与探明石门位置及水力状态，试验封堵工艺方法与材料，充填与注浆施工，检验封堵效果等一系列工作，历时60余天终于成功堵截这一主要溃水通道。

大青石门封堵后，牛儿庄矿复矿追水量降至30m^3/min左右，小煤矿向大矿的剩余溃水不到10m^3/min，二水平（-200）排水泵房恢复，牛儿庄主、副风井抗灾潜水泵全部拆除，牛儿庄矿具备了复矿基本条件。

8.9 突水通道封堵

大青石门封堵工程结束后，启动了突水通道注浆封堵工程。依据调查和分析，初步确定可能突水区域。2004年12月施工水1、水2、水3孔探测突水点附件采场情况，钻孔进入下架煤采场巷道北侧煤柱。2005年2月水4、水5、水6孔相继竣工，均透入下架煤采空区。依据水位观测结果，所有钻孔水位差别小，水力坡度平缓，均略低于奥灰水位。探测表明，因受突水冲溃，通过钻孔探查很难区分煤层和巷道。永顺煤矿也没有可以利用的井上下对照图纸，无法通过实地观测，查明突水泄流巷道具体位置，不具备截流封堵条件，突水点帷幕亦无法建立。试验探查、水文地质设计、断层及突水点注浆加固工程设计都缺乏依据，且奥灰充填注浆截源工程量浩大，受抢险保矿时间限制均不能采用。

8.9.1 突水点封堵技术方案

根据对突水点探查所反映的现场情况，直接对突水点实施封堵难度极大，制定了“围点打援”的封堵技术方案。第一步，以围绕突水区域施工的6个钻孔先对突水区域附近的采空区和巷道进行充填和注浆，利用采场泄流巷道低速外泄水流携带浆液的沉淀作用对突水点附近采空区进行充填和注浆加固，直至在突水点上方形成一定规模稳定和牢固的盖层，消除奥灰出水。充填材料以水泥粉煤灰混合浆为主，并加大水玻璃用量，适当使用双液浆，控制浆液扩散。第二步，稳定盖层形成后，巷道集中流消失呈分散流且各孔达到设计孔口压力情况下，每个钻孔逐渐向下延深注浆，利用突水点少量泄水引流作用使突水通道彻底封堵，直至达到注浆结束标准。

8.9.2 封堵工艺和方法

封堵工艺：在突水点及采空区、破碎带治理过程中采用了定时、定量、间歇注浆工艺技术；高强度、高浓度、大浆量多孔联合注浆工艺技术；双液浆与单液浆相结合的注浆工艺技术；引流注浆工艺技术；轮番交错间歇注浆工艺技术；敞口灌入式注浆工艺技术。

采用的突水点封堵方法主要包括：

（1）利用主要溃水通道已经封堵，高速集中水流已成散流和片流的有利条件，对破损采场进行体积充填；

（2）采场泄流巷道利用低速外泄水流携带浆液沉淀充填；

（3）充填材料以粉煤灰混合浆为主，提高水泥标号，加大水玻璃用量，控制浆液流程；

（4）利用水1~水5探注孔反复扫孔注浆封堵突水点，终注压力不小于3MPa。

8.9.3 突水点封堵

采用上述技术方案、技术工艺与方法，历时20余天，成功对突水点进行了封堵。至此整个堵水工程全部结束，牛儿庄矿溃水量为零，矿井涌水量恢复灾前数量。

8.9.4 注浆堵水工程量

在集团公司和牛儿庄矿的支持配合下，建立了两个地面注浆站，安装8套储灰罐，储灰容量达200t。配置12台BW-320型注浆泵，注浆管路千余米，可以同时供三个钻孔注浆。注浆配套能力达960~1200t/d。供水、供电、供器材均自成系统。整个堵水工程，动用了中煤大地公司、省水文三队、翔龙公司集中35台大套大功率钻机和5台扫孔钻机，其中包括国内最先进T685WS型车载顶驱钻机，日夜施工探注孔或伺候群孔骨料充填及注浆。堵水工程共施工31个探注钻孔，钻探进尺5650.39m。总计注入水泥22923.31t、粉煤灰6752.66t、水玻璃520t、肠衣盐128.3t、三乙醇胺23.98t、1~5cm石子512.8m^3、米石715.53m^3、细沙97.76m^3、水碴765.6m^3。滤水塞使用工业废铁链16.230m，约60t。

8.9.5 注浆堵水效果评价

注浆堵水工程配合抢险保矿、追水复矿和堵源根治各阶段中心任务，工程单元及其效果参见表8-5。

表8-5 注浆堵水工程各阶段任务及堵水效果一览表

阶段目标	工程单元	施工时间	工艺方法	效　果
快速减水，支持抢排控制淹没水位，确保相邻矿井安全	主、副井筒初步充填	2004.9.26	堵集充填铁材、黏土袋、石渣	溃水量未减
	主井筒下部堵水塞	2004.10.3~10.12	正滤层方式铁链混凝土塞	一水平立即减水12m^3/min
	副井筒充填段注浆加固	2004.10.13~10.30	马头门外引流注浆胶结井筒内堆集	随主、副井筒马头门外多孔注浆余水60m^3/min
大幅减水，支持复矿追水，为突水点封闭制造静水条件	二山青石门封堵截流	2004.11.16~12.13	单孔投注混合料并注浆	二山青石门过水12m^3/min全部消除
	小青石门充填	2004.12.10~12.17	单孔静水充填注浆	随副井筒充填注浆，石门无水流
	大青石门封堵截流	2004.12.01~2005.04	反滤层方式建成短段堵截段	减水20~30m^3/min
堵源根治	突水点封闭堵源	2004.12.10~2005.04	低流速多孔联合注浆，断层带加固	完成堵源，溃水全部消除

牛儿庄矿特大溃水灾害的治理效果可以从水文地质现象和堵水工程内容两个层面分析验证：

(1) 牛儿庄矿溃水量86m^3/min已经消失，目前矿井排水量即为灾前各出水点涌水量22m^3/min。

（2）主、副井筒及大青石门堵塞段上游钻孔乃至下架突水采场钻孔示踪剂连通试验证明，永顺煤矿积水已不与牛儿庄矿相通。

（3）堵水成功之后，鼓山东侧西地斜井奥灰水位已经恢复与区域水位一致，说明永顺煤矿突水点已停止泄水。

本次堵水工程的治理特点是通过主、副井筒充填堵塞和大青石门封堵，将其上游直通下架突水采场的积水封闭起来。通过突水采场注浆充填又将突水点封严。只要主、副井筒和大青石门不漏水，采场突水点与奥灰水源之间就无压力差，即突水点不会再溃破。井筒之内数十米充填结构不可能被1MPa水压突破，形成堵水塞之后，大青石门堵水塞的上下游巷道作了大注浆量充填，抵抗1MPa水压无任何问题。至于二山青巷头突水点，已被全巷注浆充填封闭。因此，这次堵水效果不仅达到100%，而且已根治溃水灾害。

从2004年9月26日溃水灾害发生到2005年4月1日牛儿庄矿复产出煤，历时近8个月，注浆堵水工程完成，永顺煤矿主、副井筒充填堵塞、多条直泻溃水通道封堵截流、突水点封闭堵流。在极其困难和特殊的工程条件下，短时间完成堵水工程任务，堵水工程效果100%。堵水仅用6个月就阶段性恢复了牛儿庄矿生产，8个月就彻底封堵了此次奥灰特大突水灾害，解除了对大力公司、大社矿安全生产的威胁，使两个矿井恢复正常生产。

8.10 牛儿庄矿奥灰特大突水快速治理关键技术

针对高压冲溃式淹井、治理对象和井巷无工程图纸资料、3~4层采空区、溃水通道立体网状分布、水力类型复杂、特大动水以及难以选择有利巷段施展工艺操作等难题，牛儿庄奥灰特大突水治理过程中所采用的关键技术如下：

8.10.1 动水条件下正反骨料充填段建造关键技术

鉴于主要过水通道水流集中，流速极快，封堵的第一道工序是充填骨料形成阻水段。根据永顺煤矿只能建成短段堵水塞的工程条件，采用工业废铁链作滤水骨架的正滤式、反滤式骨料充填技术，迎着水流方向，骨料米石、石子、铁链依次由小孔隙向大孔隙充填堆集形成“反滤式”结构，形成主、副井筒滤水塞。技术关键主要包括：利用井壁规整围限依层次投放工业铁链和石子构成正滤层堵水塞的骨架，将管道流逐次改变成渗透流以利注浆胶结骨架；其次工业铁链因其滤水而减小高速水流动能冲击便于集中堆（盘）放，并且单根（每根100m）连接成整体便于在孔口自如牵放而改变骨架形状和长（高）度。从而改变了松散骨料（砂石甚至铁块铁球）在特大动水中长距离充填的堵水历史；第三，采用快速定向钻探形成透井壁的投放孔，保证了铁链经套管准确投放至设计位置，从而实现了截流段快速有效的建造。

8.10.2 倾斜巷道单孔投注形成堵水段工艺方法与水碴新型充填骨料技术

利用平巷斜巷相接和上山水流下泻搬运骨料等有利条件，在上山中段定向施工一个钻孔透巷。先充填石子，后充填水渣，经水流搬运分选作用，钻孔下游近处为石子滤水骨料，远处平巷段皆被随水漂流的水碴充满至巷顶。并利用其比重轻（0.92g/cm^3），粒径大于粗砂能随水漂流又非常利于水泥粉煤灰混合浆充填胶结的特点，采用水泥粉煤灰浆液进行了注浆加固，消除了涌水。将水碴作为动水充填骨料，加速了本次堵水注浆工程的进度。

如果石门水流是反向逆坡流动，单孔充填注浆封堵方法相应改成在平巷段施工透巷孔，利用下游上坡巷段阻挡骨料搬运的有利条件，仍用石子水碴为充填料，将平巷段充满，然后注浆建成堵水塞。水碴骨料对二山青石门单孔封堵成功帮助极大，水碴随水流长距离搬运将下游平巷充满淤塞，也正是水碴骨料利于浆液充填扩散才结石成牢固堵水塞。水碴在本次堵水工程中得到广泛应用，占骨料总量的36.6%，已取代各种粒径的砂，使堵水工艺趋于简化。其优点是：炼钢废料水碴取材容易。容重轻（砂石2.0g/cm^3，水碴0.92g/cm^3），便于水流携带搬运充填长距涌水通道，即减少充填钻孔数量。水碴堆积物大孔隙度和孔隙均匀（与熔凝时气孔发育有关）十分利于浆液扩散，结石体牢固且渗透率低，既减少注浆孔数量又缩短堵水段长度。

8.10.3 多孔并列式双液注浆工艺技术

注浆封堵过程在大青石门堵水塞封顶时采用了上游孔（组）注水玻璃，下游孔（组）注浓水泥浆或相邻钻孔一孔注水玻璃，另一孔注浓水泥浆或同一孔先注水玻璃后注浓水泥浆的注浆工艺。即水泥浆和水玻璃浆自不同的钻孔泵入巷道，利用水流携带作用在滤水骨料中混合凝结，缩短了浆液流程，减少浆液流失，快速建成了大青石门短段堵水塞。

在此次特大奥灰溃水灾害治理工程中，冀中能源峰峰集团有限公司发挥科技人员群体智慧，采用国内先进的工程设备，创新堵水方法，采用以工业废铁链作滤水骨架，在短段巷道中快速建造特大动水井巷正反骨料滤水塞新工艺；多孔联合双液井下混合注浆工艺技术；倾斜巷道单孔充填注浆封堵长距溃水巷道工艺技术与水碴新型充填骨料技术实现了快速治理牛儿庄奥灰特大溃水灾害的目标。这次堵水创新的技术为特大水患矿井治理提供了很有实用价值的注浆堵水新工艺和新材料，可在类似条件下推广应用。

参考文献

[1] Funehag J, Gustafson G. Design of grouting with silica sol in hard rock—New methods for calculation of penetration length. Part I [J]. Tunnelling and Underground Space Technology, 2008, 23 (1): 1~8.

[2] Hang Yuan, Zhang Gailing, Yang Guoyong. Numerical simulation of dewatering thick unconsolidated aquifers for safety of underground coal mining [J]. Mining Science and Technology, 2009, 19 (3): 312~316.

[3] Sui Wanghua, Liu Jinyuan, Yang Siguang, et al. Hydrogeological analysis and salvage of a deep coalmine after an underground water inrush [J]. Environmental Earth Sciences, 2011, 62 (4): 735~749.

[4] Sui Wanghua, Zhang Gailing, Wang Wenxue, et al. Chemical grouting for seepage control through a fractured shaft wall in an underground coalmine [C]. // Geologically Active-Proceedings of the 11th IAEG Congress. London: Tailor & Francis Group, 2010: 3617~3623.

[5] Wu Qiang, Zhou Wanfang. Prediction of groundwater inrush into coal mines from aquifers underlying the coal seams in China: vulnerability index method and its construction [J]. Environ Geol, 2008, 56 (2): 245~254.

[6] Wu Qiang, Liu Yuanzhang, Liu Yang. Using the Vulnerable Index Method to Assess the Likelihood of a Water Inrush through the Floor of a Multi-seam Coal Mine in China [J]. Mine Water Environ, 2010, 30 (1): 54~60.

[7] Li H P. Hierarchical Risk Assessment of Water Supply Systems [D]. Loughborough University, 2007.

[8] 杨新安，程军，杨喜增．峰峰矿区矿井突水分类及发生机理研究 [J]. 地质灾害与环境保护，1999，10 (2)：25~29.

[9] 李白英，等．采动矿压与底板突水的研究 [J]. 煤田地质与勘探，1986 (6)：30~36.

[10] 王作宇，张建华，刘鸿泉，等．承压水上近距煤层重复采动的底板岩体移动规律[J].煤炭科学技术，1995，15 (2)：24~27.

[11] 丁同领，张建良．注浆堵水技术在某突水煤矿区的应用 [J]. 西部探矿工程，2006 (122)：73~74.

[12] 苏东风．复合充填注浆材料与扩散充填注浆理论的研究 [D]. 辽宁：辽宁工程技术大学，2001.

[13] 王育伟，薛龙志．综采工作面突水井下注浆封堵施工技术 [J]. 科技论坛（下半月)，2011 (9)：15~16.

[14] 陈轲，王曾光．地面预注浆堵水技术在矿山建设中的应用 [J]. 中国矿山工程，2009，2：36~40.

[15] 刘文永，王新刚，冯春喜，等．注浆材料与施工工艺 [M]. 北京：中国建材工业出版社，2008.

[16] 郝哲，王来贵，刘斌．岩体注浆理论与应用 [M]. 北京：地质出版社，2006.

[17] 胡耀青，严国超，石秀伟．承压水上采煤突水监测预报理论的物理与数值模拟研究[J].

岩石力学与工程学报，2008，27（1）：9~15.

[18] 李松营．应用动水注浆技术封堵矿井特大突水［J］．煤炭科学技术，2000，28（8）：28~30.

[19] 缪协兴，浦海，白海波．隔水关键层原理及其在保水采煤中的应用研究［J］．中国矿业大学学报，2008，37（1）：1~4.

[20] 阮文军．注浆扩散与浆液若干基本性能研究［J］．岩土工程学报，2005，27（1）：69~73.

[21] 施龙青，韩进．开采煤层底板“四带”划分理论与实践［J］．中国矿业大学学报，2005，42（1）：16~23.

[22] 宋彦波．有机高水材料注浆堵水机理及其工程应用研究［D］．北京：中国矿业大学资源与环境工程学院，2005.

[23] 孙斌堂，凌贤长，凌晨，等．渗透注浆浆液扩散与注浆压力分布数值模拟［J］．水利学报，2007，37（11）：1402~1407.

[24] 孙振鹏．中国北部煤矿底板突水机理及预测防治浅见［C］．//第二届国际采矿讨论会论文集．徐州：中国矿业大学出版社，1989.

[25] 王玉钦，冀焕军，杨永利．煤矿井下动水注浆堵水实践［J］．煤炭科学技术，2007，35（2）：30~33.

[26] 王连国，宋扬．煤层底板突水突变模型［J］．工程地质学报，2002，8（2）：160~163.

[27] 杨米加，贺永年，陈明雄．裂隙岩体网络注浆渗流规律［J］．水利学报，2001，7：41~46.

[28] 翟二安，李松营，张森，等．动水条件下特松软煤层大型突水的封堵技术［J］．中国煤炭，2008，34（8）：100~102.